高等职业教育计算机网络技术专业系列教材

计算机网络基础

杜 辉 赵 娜 杨建兴 编 著

机械工业出版社

本书根据职业教育教学特点，结合计算机网络技术专业课程教学改革要求和应用实践经验编写而成。全书共 9 个单元，内容包括认识计算机网络、网络布线、网络参考模型、局域网技术、规划配置 IP 地址、配置路由器与交换机、无线局域网、Windows Server 2008 配置、计算机网络安全。本书以工作过程为导向，以实际项目为牵引，以知识够用为限度，整合了理论知识与实践操练，由浅入深，层层递进，符合学生的认知规律。

本书适合作为各类职业院校计算机网络技术及相关专业的教材，也可作为相关技术人员的参考用书。

本书配有电子课件等教学资源，选用本书作为授课教材的教师可到机械工业出版社教育服务网（www.cmpedu.com）免费注册后下载，或联系编辑（010-88379807）咨询。本书还配有微课视频，读者可直接扫码观看。

图书在版编目（CIP）数据

计算机网络基础 / 杜辉，赵娜，杨建兴编著. —北京：机械工业出版社，2023.4（2025.1重印）

高等职业教育计算机网络技术专业系列教材

ISBN 978-7-111-72385-1

Ⅰ. ①计… Ⅱ. ①杜… ②赵… ③杨… Ⅲ. ①计算机网络—高等职业教育—教材 Ⅳ. ①TP393

中国国家版本馆CIP数据核字（2023）第028736号

机械工业出版社（北京市百万庄大街 22 号　邮政编码 100037）
策划编辑：李绍坤　　　　　　　责任编辑：李绍坤　张星瑶
责任校对：龚思文　赵文婕　　　封面设计：王　旭
责任印制：单爱军
北京虎彩文化传播有限公司印刷
2025 年 1 月第 1 版第 4 次印刷
184mm×260mm・14 印张・328 千字
标准书号：ISBN 978-7-111-72385-1
定价：45.00 元

电话服务　　　　　　　　　　　网络服务
客服电话：010-88361066　　　　机 工 官 网：www.cmpbook.com
　　　　　010-88379833　　　　机 工 官 博：weibo.com/cmp1952
　　　　　010-68326294　　　　金 书 网：www.golden-book.com
封底无防伪标均为盗版　　　　机工教育服务网：www.cmpedu.com

前　言

党的二十大报告中提出"网络强国"，计算机网络技术应用日益普及，并对社会生产和生活各个方面产生了积极的影响，特别是网络作为一种工具被各行各业广泛接纳和使用后，计算机网络的影响力更为显著。因此，很多行业和领域都需要掌握计算机网络基础的技术技能型人才。

计算机网络基础是一门实践性很强的课程，适合开展基于工作过程的行动导向教学。本书结合职业教育教学的特点，以一个公司的网络搭建与管理项目为载体，系统地介绍了计算机网络的发展、网络拓扑结构图的绘制、网络布线技术、OSI 参考模型、TCP/IP 模型、局域网技术、IP 地址的概念与 IP 地址的规划、交换机与路由器的简单配置、无线局域网、Windows Server 2008 的配置以及计算机网络安全等内容。

本书主要有以下特点：

1）本书采用案例引导、项目驱动的方式，通过案例描述、需求分析、知识贯通、任务实施等多个环节依次展开。改变了传统教学中以计算机网络体系中知识点多层累进式教学方式，以解决实际需求的工作过程作为主线，来组织和串联相关知识点完成教学，从而培养学生掌握计算机网络技术的技能点。

2）本书所采用案例来源于企业的真实工作环境，涉及组建局域网络所必备的知识点和技能点，同时本书的单元内容根据网络建设的流程顺序进行设置，有利于为后续课程的学习打下扎实的基础，也有利于学生更快地适应实际工作。

3）本书根据教学对象的认知特点和学习特点，通过实操环节加深读者对于相关知识点的理解和掌握。书中涉及的理论知识通俗易懂、简单明了，着重体现各部分的可操作性，便于教学的开展。同时本书采用项目任务的方式，增加了学习过程的目标性和实用性。

4）立足于立德树人。本书所选案例是将真实企业案例进行适当的拆解，通过案例分析将学生代入真实的工作环境，使学生在掌握技能的同时培养职业精神。书中还融入了计算机网络发展历史、前沿科技案例等相关拓展阅读，旨在培养学生的工匠精神和科学探究意识。

5）本书配备了电子课件、微课视频、课后习题答案等教学资源，是"互联网＋"新形态教材，方便师生的线上、线下教与学。

本书内容及学时安排如下：

内　容	学　时
认识计算机网络	4
网络布线	4
网络参考模型	8
局域网技术	2
规划配置 IP 地址	6
配置路由器与交换机	8
无线局域网	4
Windows Server 2008 配置	12
计算机网络安全	8
总　计	56

　　本书由北京电子科技职业学院的杜辉、赵娜和杨建兴共同编著，防特网信息科技（北京）有限公司的技术经理郝东旭为本书提供了宝贵意见。本书编写过程中，还得到了学院领导的支持和指导，在此表示感谢！

　　由于编者水平有限，书中难免存在不足之处，恳请读者提出宝贵意见。

编　者

案例学习说明

本部分主要针对教学案例进行说明，教学案例中整合了本书中大部分技术点，在后续单元中逐步展开，最终全部实现案例中所描述的各项需求。

一、案例描述

某公司租用了一个写字楼的一层和二层共两层的房间，该公司共有 5 个部门，技术部和技术支持部在一层，技术部有 20 个信息点，技术支持部有 50 个信息点；市场部、总务部、财务部及各部门的部门经理办公室及公司的总经理办公室在二层，其中市场部和总务部各有 10 个信息点，财务部有 5 个信息点，各部门经理和总经理办公室各有 2 个信息点，公司的每个员工在座位上都有 1 个信息点。

公司有一个内部服务器提供文件传输服务、Web 服务、DNS 服务等，服务器放置位置或连接方法不固定。公司对外的网站服务器连接位置无特殊要求。

二、需求分析

项目描述中详细介绍项目内容，但不是项目需求描述。下面将教学案例中的描述内容进行提炼，以技术点的方式进行详细说明。

1．组网基本需求

1）各个部门（包括部门经理）、总经理办公室和内部服务器分别在一个独立的广播域中。
2）各楼层或部门交换机能自动学习和同步核心交换机中的 VLAN 配置。
3）所有端口有端口描述，速率固定并运行在全双工模式。
4）限制在部门经理办公室只有指定 MAC 地址的计算机能连入公司局域网。
5）各部门及经理办公室只能访问内部服务器和 Internet，不能互相访问（ACL 配置）。
6）在路由器上配置静态路由。

2．布线基本需求

1）根据项目需求用 Visio 画出网络拓扑图。
2）根据项目需求分析布线所应用的布线子系统。
3）根据项目需求分析每个布线子系统所应用的传输介质。

3．服务器配置需求

1）操作系统为 Windows 系统。
2）配置 Web 服务、FTP 服务、DNS 服务等。
3）在三层交换机中配置 DHCP 服务器动态分配市场部的 IP 地址参数。

二维码索引

序号	名称	图形	页码	序号	名称	图形	页码
1	01 网络基础知识-网络的定义和分类		2	11	11 TCP 和 UDP 的对比		45
2	02 综合布线标准		22	12	12 交换机 MAC 寻址原理		57
3	03 综合布线系统的组成		23	13	13 网络基础-以太网技术		61
4	04 布线器材和施工工具		26	14	14 基本 IP 子网划分		86
5	05 标准化组织		34	15	15 IPv6 地址		86
6	06 网络通信规则		34	16	16 交换机基本配置		93
7	07 数据链路层的功能		38	17	17 路由器的功能		101
8	08 面向连接的 TCP		45	18	18 路由器查找过程		101
9	09 TCP 报文格式		45	19	19 路由器的启动过程		101
10	10 TCP 链接的建立-三次握手		45	20	20 交换机基本概念练习题辨析		113

二维码索引

(续)

序号	名称	图形	页码	序号	名称	图形	页码
21	21　无线局域网技术简介		114	25	25　密码学的发展历程		182
22	22　WLAN 的数据帧格式		114	26	26　网络攻防技术的分类和挑战		191
23	23　WLAN 的接入过程		118	27	27　漏洞扫描的种类		191
24	24　密码学的基本概念		182				

VII

目 录

前言

案例学习说明

二维码索引

第 1 单元　认识计算机网络

1.1 计算机网络的由来 1
 1.1.1 计算机网络的形成与发展 1
 1.1.2 计算机网络的定义 2
 1.1.3 计算机网络的主要功能 3
1.2 计算机网络的类型及其分类 3
 1.2.1 按地域分类 3
 1.2.2 按传输介质分类 7
 1.2.3 按网络的拓扑结构分类 7
1.3 使用 Visio 绘制网络结构图 9
 1.3.1 网络绘图工具 9
 1.3.2 用 Visio 软件绘制网络
    拓扑图的基本步骤 9
 1.3.3 Visio 常用内容 15
1.4 子项目 1——绘制拓扑结构图 ... 17
单元小结 20
思考与练习 21

第 2 单元　网络布线

2.1 结构化布线技术 22
 2.1.1 结构化布线技术的概念 22
 2.1.2 结构化布线系统的组成 23
 2.1.3 结构化布线的特点 24
2.2 传输介质 26
 2.2.1 基本概念 26
 2.2.2 双绞线 27
 2.2.3 同轴电缆 28
 2.2.4 光纤 29
 2.2.5 无线介质 30
2.3 子项目 2——网络布线规划 31
 2.3.1 公司网络布线规划 31
 2.3.2 子系统中设备选取 32
单元小结 32
思考与练习 33

第 3 单元　网络参考模型

3.1 认识 OSI 参考模型 34
 3.1.1 OSI 参考模型简介 35
 3.1.2 物理层 36
 3.1.3 数据链路层 38
 3.1.4 网络层 41
 3.1.5 传输层 43
 3.1.6 会话层 44
 3.1.7 表示层 45
 3.1.8 应用层 45
3.2 认识 TCP/IP 参考模型 45
 3.2.1 TCP/IP 参考模型简介 45
 3.2.2 网络接口层 46
 3.2.3 网际互联层 47
 3.2.4 传输层 48
 3.2.5 应用层 50
3.3 OSI 参考模型和 TCP/IP
  参考模型的比较 51
 3.3.1 OSI 参考模型和 TCP/IP
    参考模型的缺陷 51

3.3.2 两种模型的比较及其命运 52
3.4 子项目 3——认识 OSI 环境中数据传输过程 53

单元小结 56
思考与练习 56

第 4 单元　局域网技术

4.1 认识局域网 57
 4.1.1 局域网的定义 57
 4.1.2 局域网的基本组成 57
 4.1.3 局域网的技术特点 60
4.2 局域网的参考模型 60
4.3 共享介质的局域网 61
 4.3.1 以太网的介质访问控制方法 61
 4.3.2 令牌环的介质访问控制方法 62
 4.3.3 令牌总线网的介质访问控制方法 63
 4.3.4 无线网的介质访问控制方法 65

4.4 交换式局域网与虚拟局域网 66
 4.4.1 交换式局域网 66
 4.4.2 虚拟局域网 69
4.5 局域网组网技术 70
 4.5.1 以太网标准 70
 4.5.2 10M 以太网组网技术 70
 4.5.3 高速以太网组网技术 72
 4.5.4 常用环形网组网技术 73

单元小结 76
思考与练习 77

第 5 单元　规划配置 IP 地址

5.1 IP 地址 78
 5.1.1 IP 地址的作用 79
 5.1.2 IP 地址的层次结构 79
 5.1.3 IP 地址的编址及表示 80
 5.1.4 IP 地址的分类 80
 5.1.5 特殊的 IP 地址 83
5.2 子网掩码 84

5.3 IP 子网划分及无分类编址 86
5.4 地址解析协议 88
5.5 子项目 4——规划配置公司各部门 IP 地址 89

单元小结 91
思考与练习 92

第 6 单元　配置路由器与交换机

6.1 交换机 93
 6.1.1 以太网交换机 93
 6.1.2 VLAN 介绍 93
 6.1.3 VLAN 实现方法分类 94
 6.1.4 交换机基于端口 VLAN 应用配置 95
 6.1.5 VLAN 接口动态获取 IP 地址配置 96

 6.1.6 交换机 VLAN 接口静态 IP 地址配置 97
 6.1.7 配置 MAC-Address 表项 98
 6.1.8 在交换机上手动添加静态 MAC 地址 99
 6.1.9 ACL 配置 99
6.2 路由器 101
 6.2.1 IP 路由协议概述 102

6.2.2 基本配置 102	6.4.1 任务描述 108
6.3 静态路由 **104**	6.4.2 网络拓扑图 109
6.3.1 静态路由简介 104	6.4.3 主要设备的配置命令 110
6.3.2 静态路由典型配置举例 106	6.4.4 测试网络的连通性 112
6.4 子项目 5——路由器与交换机	**单元小结** **112**
配置 **108**	**思考与练习** **113**

第 7 单元 无线局域网

7.1 无线局域网基础 **114**	**7.3 无线局域网常见名词解释** **121**
7.1.1 无线局域网概述 114	7.3.1 SSID 121
7.1.2 无线局域网特点 115	7.3.2 WEP 与 WPA 121
7.1.3 无线局域网的传输介质 115	7.3.3 无线信道 122
7.1.4 无线局域网标准协议 116	**7.4 子项目 6——扩展企业局域网**
7.2 无线局域网的组网模式 **118**	**满足移动办公的需要** **123**
7.2.1 点对点模式（Ad Hoc） 118	7.4.1 确定网络架构 123
7.2.2 基础设施（Infrastructure）	7.4.2 绘制项目拓扑结构图 123
模式 118	7.4.3 选择 WLAN 组网设备 124
7.2.3 多接入点漫游模式 119	7.4.4 实施 WLAN 组建 125
7.2.4 无线桥接模式 120	**单元小结** **135**
	思考与练习 **136**

第 8 单元 Windows Server 2008 配置

8.1 Windows Server 2008	8.2.2 安装活动目录 147
概述 **137**	8.2.3 用户设置与管理 149
8.1.1 了解 Windows Server	8.2.4 组账户的设置与管理 149
2008 137	**8.3 文件共享** **152**
8.1.2 安装 Windows Server	8.3.1 文件系统概述 152
2008 137	8.3.2 设置共享文件和文件夹 152
8.1.3 配置新创建的虚拟机 140	**8.4 Internet 信息服务** **154**
8.1.4 Windows Server 2008 的	8.4.1 安装 IIS 154
网络组件 144	8.4.2 建立和配置 Web 服务器 157
8.1.5 配置 Windows Server 2008	8.4.3 管理 IIS 160
客户机 145	**8.5 DHCP 服务器配置** **160**
8.2 活动目录和用户组管理 **147**	8.5.1 DHCP 简介 160
8.2.1 活动目录概述 147	8.5.2 安装 DHCP 服务器 160

　　8.5.3　管理 DHCP 服务器 163
8.6　DNS 服务器配置 163
　　8.6.1　DNS 简介 163
　　8.6.2　安装 DNS 服务器ー............... 163
　　8.6.3　创建和配置区域................ 164
8.7　子项目 7——模拟网管招聘 167
单元小结 169
思考与练习 170

第 9 单元　计算机网络安全

9.1　网络安全概述 171
　　9.1.1　网络安全简介 172
　　9.1.2　网络安全面临的威胁 176
　　9.1.3　网络出现安全威胁的原因 178
　　9.1.4　网络安全机制 181
9.2　数据安全 182
　　9.2.1　数据加密与解密.................... 182
　　9.2.2　数据压缩 184
　　9.2.3　数据备份 184
9.3　计算机病毒 186
　　9.3.1　计算机病毒的特性和分类....... 186
　　9.3.2　计算机病毒的识别 190
　　9.3.3　计算机病毒的防治 190
9.4　黑客攻击及防范 191
　　9.4.1　黑客攻击的目的与手段 191
　　9.4.2　特洛伊木马攻击和远程控制 ... 192
　　9.4.3　邮件炸弹与拒绝服务 194
9.5　防火墙技术 196
　　9.5.1　防火墙概述........................... 196
　　9.5.2　防火墙的基本类型 197
　　9.5.3　防火墙产品选购策略和使用 .. 199
　　9.5.4　防火墙技术的发展 200
9.6　子项目 8——某公司瑞星安全
　　　方案服务成功案例.................. 203
单元小结 207
思考与练习 208

参 考 文 献

第1单元
认识计算机网络

案例说明中介绍了贯穿本书的计算机网络设计案例需求,本单元将围绕计算机网络进行展开,了解其由来、发展及分类,要求能够用简单的线条和图形将其结构展现出来。

1.1 计算机网络的由来

最初的计算机价格昂贵,体积庞大,只能放置在专门的机房中,需要计算的时候才去使用它。在这种情况下,计算机很多时候是空闲的,使用者也需要来回奔波,这就造成了资源的浪费。因此当时利用线路将多个位于不同办公室的终端连接到计算机上,大家通过终端来共享一台主机,提高了主机的利用率。这是第一代计算机网络(20世纪60年代中期之前),又称为面向终端的网络。

1969年,两名加州大学洛杉矶分校(UCLA)的研究人员用一根15in(1in=0.0254m)长的灰色电缆,将两台计算机连接起来,试图尝试网络数据交换的新方式,以减少垃圾信息,提高安全系数。从那时起逐步发展,演进成为现在普遍使用的计算机网络。

> **知识链接**
>
> 什么是终端?终端可以被认为是没有计算能力的显示器和键盘的组合。

1.1.1 计算机网络的形成与发展

1. 面向终端的计算机网络

计算机网络的出现历史不长,但发展速度很快,早期计算机网络实际上仅仅是以单个计算机为中心的远程联机系统。系统中的通信主要存在于终端和中心计算机之间,由系统中专门的通信处理模块来负责。

2. ARPA网

第二代计算机网络(20世纪60年代中期至70年代)是多个主计算机通过通信线路互联在一起,这些主计算机均具有自主处理能力,它们之间不存在主从关系。由多个主计算机互联的网络才是通常意义上的计算机网络。典型代表是ARPA(Advanced Research Projects Agency)网,由美国国防部高级研究计划局组建,主要由4个节点组成,也是现在Internet发展的雏形。ARPA网中有专门的通信处理机负责线路的互联,该设备称为接口报文处理机(IMP),当主机发送信息时,只需要把信息发往与之相联的IMP就行了,然后由IMP负责找到对方的IMP,并把信息发出去。IMP采用存储转发的方式,先存储信息,当线路有空闲时再进行转发。这样ARPA网就形成了两级子网的结构,即通信子网和资源子网。

计算机网络基础

> **知识链接**
>
> 资源子网负责全网数据处理和向网络用户提供资源及网络服务，包括网络的数据处理资源和数据存储资源。

通信子网指网络中实现网络通信功能的设备及其软件的集合，通信设备、网络通信协议和通信控制软件等属于通信子网，作为网络的内层，主要负责信息的传输，即为用户提供数据传输、数据转接、数据加工和数据变换等。

3．国际标准化网络

在 ARPA 网时代（20 世纪 70 年代末至 90 年代），虽然网络被划分为通信子网和资源子网，但网络之间的体系结构与协议标准的不统一限制了计算机网络的发展。国际标准化组织（ISO）颁布了开放式系统互联通信参考模型（Open System Interconnection Reference Model，OSI），简称为 OSI 模型，为网络之间的互联互通提供了可能。所有的通信设备、软件和协议都要遵循 OSI 模型。

4．Internet 与高速网络

20 世纪 90 年代初到现在是计算机网络飞速发展的阶段，其主要特征是：计算机网络化、协同计算能力的发展以及国际互联网 (Internet) 的盛行，并且向着互联、高速、宽带方向发展。随着计算机网络的发展，网上的各种应用也变得更为丰富，包括虚拟大学、虚拟社区、电子商务、VOD 系统等，已经对人们的生产、生活产生了重要影响。

钱天白教授 (1945—1998) 被誉为"中国互联网之父"，他之于我国计算机网络事业的意义，就如同詹天佑之于我国的铁路运输事业的意义。钱教授发出了我国第一封电子邮件，从此揭开了国人使用 Internet 的序幕，他代表我国正式注册了顶级域名 CN，他改变了我国的 CN 顶级域名服务器放在国外的历史，在他的推动下，我国的互联网从起步到迅速发展，实现了繁荣局面。

蒂姆·伯纳斯·李（Tim Berners-Lee）被誉为"互联网之父"，1989 年 3 月他正式提出万维网的设想。1990 年 12 月 25 日，他在日内瓦的欧洲粒子物理实验室里开发出了世界上第一个网页浏览器。他最杰出的成就是把免费使用万维网的构想推广到了全世界，让万维网技术获得了迅速发展，深刻改变了人类的生活和工作方式。

1.1.2　计算机网络的定义

计算机网络是指将地理位置不同的具有独立功能的多台计算机及其外部设备，通过通信线路连接起来，在网络操作系统、网络管理软件及网络通信协议的管理和协调下，实现资源共享和信息传递的计算机系统。

扫码观看视频

资源共享观点将计算机网络定义为"以能够相互共享资源的方式连接起来，并且各自具有独立功能的计算机系统的集合"。

1．计算机网络的主要特征

1）实现计算机资源的共享。

2）各计算机之间没有主从关系。

3）联网的计算机必须遵循全网统一的网络协议。

2．计算机网络与计算机通信网络的区别

计算机通信网络以传输信息为主要目的，是用通信线路将多个计算机连接起来的计算机系统的集合，没有资源共享的概念。计算机网络是个更为宽泛的范畴，包含共享子网和通信子网。

3．计算机网络与分布式系统的区别

分布式系统是在计算机网络基础上的一种分布式计算的软件系统。计算机网络为分布式系统提供了技术基础，分布式系统是计算机网络发展的更高形式。

1.1.3 计算机网络的主要功能

计算机网络的功能主要表现在以下几个方面：

1）对分散对象的实时集中控制与管理功能。在各种信息管理系统中都要进行数据库集中管理，如各种网络版的信息决策系统、C/S 和 B/S 应用，常见于企业内网（Intranet）信息管理和政府机构办公自动化系统。

2）资源共享功能。文件、打印、数据、算力和应用软件共享等服务，可以建立通信服务和传真服务等。

3）负荷均衡与分布式处理功能。在分布式系统的管理下将一个大任务分解成一个个小任务，分散到系统中的不同计算机上去执行。

4）综合信息服务功能。WWW、电子邮件、BBS、电子商务、虚拟社区和即时通信等。

1.2 计算机网络的类型及其分类

1.2.1 按地域分类

计算机网络按其地理位置和分布范围分类可以分成局域网、城域网和广域网三类。表 1-1 对三种不同网络进行了比较。

表 1-1 计算机网络类型比较

分布距离	覆盖范围	网络分类	速度
10～100m	房间	局域网	4Mbit/s～10Gbit/s
100～1000m	建筑物		
10km	校园		
100km	城市	城域网	50kbit/s～100Mbit/s
1000km	国家	广域网	9.6kbit/s～155Mbit/s

1．局域网（Local Area Network，LAN）

局域网是指一个在局部区域内近距离的计算机互联组成的网络，通常采用有线方式连接，分布范围一般在几米到几千米之间（小于 10 千米）。一个单位内部的网络多为局域网，由于局域网分布范围较小，一方面容易管理与分配，另一方面容易构成简洁规整的拓扑结构，加上网络延迟小、传输速率高、传输可靠、拓扑结构灵活等优点，局域网得到了广泛应用，成为实现有限区域内信息交换与共享的有效途径。

计算机网络基础

局域网是一种私有网络，一般在一座建筑物内或建筑物附近，比如家庭、办公室或工厂。局域网被广泛用来连接个人计算机和消费类电子设备，使这些设备能够共享资源和交换信息。

（1）IEEE 802 局域网标准

IEEE（Institute of Electrical and Electronics Engineers，电气和电子工程师协会）的总部设在美国，主要开发数据通信标准及其他标准。IEEE 802 委员会负责起草局域网草案，并递交美国国家标准协会（ANSI）批准和在美国国内进行标准化。IEEE 还负责把草案递交国际标准化组织（ISO），ISO 将该 802 规范称为 ISO 8802 标准，因此许多 IEEE 标准同时也是 ISO 标准。例如，IEEE 802.3 标准就是 ISO 802.3 标准。IEEE 802 规范定义了网卡如何访问传输介质（如光缆、双绞线、无线等）以及如何在传输介质上传输数据的方法，还定义了传输信息的网络设备之间连接建立、维护和拆除的途径。遵循 IEEE 802 标准的产品包括网卡、桥接器、路由器以及其他一些用来建立局域网络的组件。

（2）IEEE 802 委员会

IEEE 802 委员会成立于 1980 年初，专门从事局域网标准的制定工作。该委员会划分为三个分会：传输介质分会负责研究局域网物理层协议信号；访问控制分会负责研究数据链路层协议；高层接口分会负责研究从网络层到应用层的有关协议。

（3）IEEE 802 局域网标准系列

- IEEE 802.1：概述、体系结构、网络互联以及网络管理和性能测试。
- IEEE 802.2：逻辑链路扩展协议，定义 LLC 功能和服务。
- IEEE 802.3：载波监听多路访问/冲突检测（CSMA/CD）控制方法，以及 MAC 子层和物理层的规范。
- IEEE 802.4：令牌总线网的访问控制方法以及 MAC 子层和物理层的规范。
- IEEE 802.5：令牌网的访问控制方法以及 MAC 子层和物理层的规范。
- IEEE 802.6：城域网。
- IEEE 802.7：宽带技术。
- IEEE 802.8：光纤技术。
- IEEE 802.9：综合语音与数据局域网 IVD-LAN 技术。
- IEEE 802.10：可互操作的局域网安全性规范 SILS。
- IEEE 802.11：无线局域网技术。
- IEEE 802.12：优先级高速局域网（100Mbit/s）。
- IEEE 802.14：有线电视（Cable-TV）。
- IEEE 802.15：无线个人网络技术标准，其代表技术是 ZigBee。
- IEEE 802.16：宽带无线 MAN 标准——WiMAX。

（4）无线局域网

IEEE 802.11 是现今无线局域网通用的标准，以下为 802.11 比较重要的版本：

- IEEE 802.11，1997 年，原始标准（2Mbit/s，工作在 2.4GHz）。
- IEEE 802.11a，1999 年，物理层补充（54Mbit/s，工作在 5GHz）。

- IEEE 802.11b，1999 年，物理层补充（11Mbit/s，工作在 2.4GHz）。
- IEEE 802.11c，符合 802.1D 的媒体接入控制层桥接（MAC Layer Bridging）。
- IEEE 802.11e，对服务等级（Quality of Service，QoS）的支持。
- IEEE 802.11g，2003 年，物理层补充（54Mbit/s，工作在 2.4GHz）。
- IEEE 802.11h，2004 年，无线覆盖半径的调整，室内（indoor）和室外（outdoor）信道（5GHz 频段）。
- IEEE 802.11n，更高传输速率的改善，基础速率提升到 72.2Mbit/s，可以使用双倍带宽 40MHz，此时速率提升到 150Mbit/s。支持多输入多输出技术（Multi-Input Multi-Output，MIMO）。
- IEEE 802.11ac，802.11n 的潜在继承者，更高传输速率的改善，当使用多基站时将无线速率提高到至少 1Gbit/s，将单信道速率提高到至少 500Mbit/s。使用更高的无线带宽（80～160MHz，802.11n 只有 40MHz），更多的 MIMO 流（最多 8 条流），更好的调制方式（QAM 256）。正式标准于 2012 年 2 月 18 日推出。
- IEEE 802.11af：运用过往电视白区（TV White Space，TVWS）的频段所订立的标准，由于使用白区频段（VHS 的 54～216MHz 及 UHF 的 470～698MHz），有时 IEEE 802.11af 也称为 White-Fi（取 WiFi 一词的派生变化）。
- IEEE 802.11ah：用来支持无线传感器网络（Wireless Sensor Network，WSN），以及支持物联网（Internet of Thing，IoT）、智能电网（Smart Grid）的智能电表（Smart Meter）等应用。
- IEEE 802.11aj：为 IEEE 802.11ad 的增补标准，开放 45GHz 的未授权带宽范围，使世界上部分地区可以使用。
- IEEE 802.11aq：为 IEEE 802.11 的修正案，增加网上探索的效率，以加快网上传输速度。
- IEEE 802.11ax：以现行的 IEEE 802.11ac 作为基底的草案，以提供比现行传输速率加快 4 倍为目标。
- 无线网卡可兼容的相应标准可在无线网卡属性中的高级配置选项卡中查看，如图 1-1 所示。

（5）WAPI

WAPI（Wireless LAN Authentication and Privacy Infrastructure）是无线局域网认证和隐私基础设施，作为一种安全协议，同时也是我国无线局域网安全强制性标准。

当前全球无线局域网领域仅有的两个标准，分别是美国行业标准组织提出的 IEEE 802.11 系列标准（包括 802.11a/b/g/n/ac 等），以及我国提出的 WAPI 标准。WAPI 是我国首个在计算机宽带无线网络通信领域自主创新并拥有知识产权的安全接入技术标准。WAPI 方案已由国际标准化组织 ISO/IEC 授权的机构 IEEE Registration Authority（IEEE 注册中心）正式批准发布，分配了用于 WAPI 协议的以太类型字段，这也是我国在该领域唯一获得批准的协议。

WAPI 是我国自主研发的、拥有自主知识产权的无线局域网安全技术标准。相比 WiFi，对于用户而言，WAPI 可以使笔记本计算机以及其他终端产品更加安全。WAPI 的安全性虽然获得了国际社会的认可，但是一直都受到 WiFi 联盟商业上的封锁，一是宣称技术被中国掌握不安全，即所谓的"中国威胁论"；二是宣称与现有 WiFi 设备不兼容。在无线局域网安全技术标准领域，由于美国的阻击，WiFi 仍处于市场主导地位。

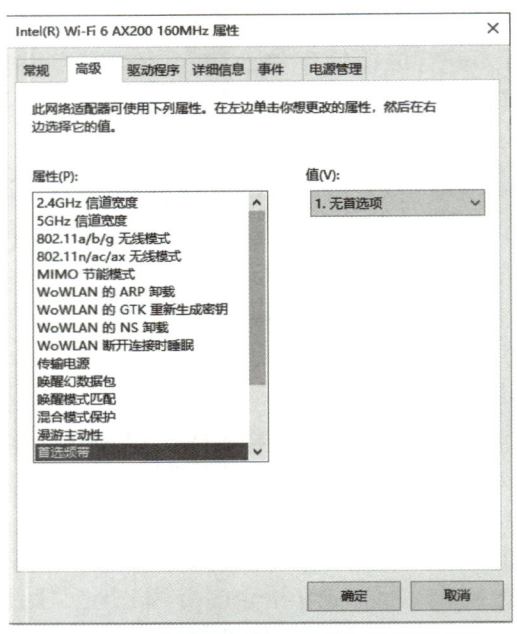

图 1-1　无线网卡属性中高级配置

2．城域网

城域网（Metropolitan Area Network，MAN）的规模主要局限在一个城市范围内，是一种介于广域网和局域网之间的网络，分布范围一般在十几公里到上百公里之间。

城域网与局域网、广域网的区别如下：

1）服务对象不同。局域网或广域网通常是为了一个单位或系统服务的，而城域网则是为整个城市而不是为某个特定部门服务的。

2）建设方向不同。建设局域网或广域网包括资源子网和通信子网两个方面，而城域网的建设主要集中在通信子网上，其中包含两个方面：一是城市骨干网，它与全国的骨干网相连；二是城市接入网，它把本地所有的联网用户与城市骨干网相连。

3．广域网

广域网（Wide Area Network，WAN）是指远距离的计算机系统互联组成的网络，分布范围可达几千公里乃至上万公里，甚至跨越国界和洲界，遍及全球范围。互联网（Internet）就是一种典型的广域网。

广域网通常跨接很大的地理范围，它能连接多个城市或国家，并能提供远距离通信。通常广域网的数据传输速率比局域网低，而信号的传播延迟却比局域网要大得多。广域网的典型速率是 56kbit/s～155Mbit/s，现在已有 622Mbit/s、1.4Gbit/s 甚至更高速率的广域网，传播延迟可从几毫秒到几百毫秒（使用卫星信道时）。

广域网由许多交换机组成，交换机之间采用点到点线路连接，几乎所有的点到点通信方式都可以用来建立广域网，包括租用线路、光纤、微波、卫星信道等。而广域网交换机实际上就是高性能计算机，有处理器和输入/输出设备，能够进行数据包的收发处理。

广域网 WAN 一般最多只包含 OSI 参考模型七层中的下三层，而且目前大部分广域网都采用存储转发方式进行数据交换，也就是说，广域网基于报文交换或分组交换技术（传统的公用电话交换网除外）进行工作。广域网中的交换机先将发送给它的数据包完整接收下来，接着经过路径选择找出一条输出线路，最后交换机将接收到的数据包发送到该线路上去，以此类推，直到将数据包发送到目的节点。

4．广域网的数据交换

（1）虚电路方式

对于采用虚电路方式的广域网，在源节点要与目的节点进行通信之前，首先要建立一条从源节点到目的节点的虚电路（即逻辑连接），然后通过该虚电路进行数据传送，在数据传输结束后，释放该虚电路。在虚电路方式中，每个交换机都维持一个虚电路表，用于记录经过该交换机所有虚电路的情况，每条虚电路占据其中的一项。在虚电路方式中，其数据报文在报头中除了序号、校验与其他字段外，还必须包含一个虚电路号。

（2）数据报方式

广域网另一种组网方式是数据报方式，交换机不必登记每条打开的虚电路，它们只需要用一张表来指明到达所有可能的目的端交换机的输出线路。由于虚电路方式中每个报文都要单独寻址，因此要求每个数据报包含完整的目的地址。

虚电路方式与数据报方式之间的最大差别在于：虚电路方式为每一对节点之间的通信预先建立一条虚电路，后续的数据通信沿着建立好的虚电路进行，交换机不必为每个报文进行路由选择；而在数据报方式中，每一个交换机为每一个进入的报文进行一次路由选择，也就是说，每个报文的路由选择独立于其他报文。

1.2.2 按传输介质分类

计算机网络按网络传输介质分类，可以分成有线网和无线网两大类。

1．有线网

有线网可以划分为两种，一是采用同轴电缆或双绞线连接的网络；二是采用光导纤维作传输介质的网络，又称为光纤网。采用同轴电缆或双绞线连接的网络比较经济，安装方便，但传输距离相对较短，传输率和抗干扰能力一般；光纤网则传输距离长，传输率高（可达数千兆 bit/s），且抗干扰能力强，安全性好，但价格较高，且需高水平的安装技术。

2．无线网

采用空气作传输介质、用电磁波作传输载体的网络。联网方式灵活方便，但联网费用较高，目前正在发展，在后续单元有详细介绍和说明。

1.2.3 按网络的拓扑结构分类

网络的拓扑结构是指网络中通信线路和站点（计算机或设备）的几何排列形式。

1. 总线拓扑

总线拓扑（见图1-2）是最简单的结构设计，其特点是所有的节点都连在一根公共总线上，增加或删除节点都很方便，网络中任何节点的故障都不会造成整个网络的瘫痪，可靠性高。但是传送的数据都要经过总线，当节点数目较多时，易发生网络拥塞。

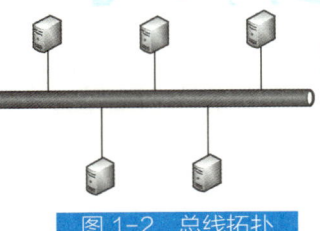

图1-2 总线拓扑

2. 星形拓扑

星形拓扑（见图1-3）的站点通过点到点的链路与中心站点相连，结构简单、容易实现、便于管理。它的特点是增加新站点容易，数据的安全性和优先级易于控制，网络监控易实现。如果一个节点运行遭破坏，很容易把它们从网络中独立出来不会影响其他节点。但中心节点是全网可靠性的瓶颈，中心节点出现故障会造成全网瘫痪。

3. 环形拓扑

环形拓扑（见图1-4）的物理布局是一个连续的电缆环，环将信号从一个节点传输到另一个节点。环形拓扑的实现成本相对较高，但是比总线拓扑易于管理。网络中任何一个节点的故障都会导致全网瘫痪。适用于长距离传输信号，在处理大容量的网络通信方面优于总线拓扑。

图1-3 星形拓扑　　　　图1-4 环形拓扑

4. 树形拓扑

树形拓扑（见图1-5）作为星形拓扑的一种扩展，各节点通过层次关系进行连接，信息交换主要在上、下节点间进行，适用于汇集信息的应用系统。

5. 网状拓扑

网状拓扑（见图1-6）又称无规则型拓扑，它的优点是系统可靠性高，但是结构复杂，必须采用路由选择算法与流量控制方法。目前很多远程计算机网络和流行的Internet的拓扑结构采用了网状拓扑结构。

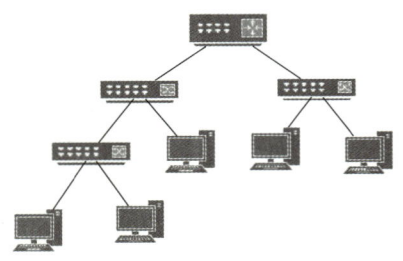
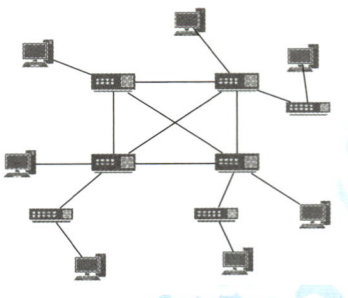

图1-5 树形拓扑　　　　图1-6 网状拓扑

1.3 使用 Visio 绘制网络结构图

图作为一种表达信息的方式，有着文字不可代替的作用。在计算机网络的学习以及网络设计和实施中，都需要读图和画图。

1.3.1 网络绘图工具

计算机中用于绘图的工具有很多种，专业级的 AutoCAD 能绘制各种各样的图形。小型网络拓扑结构中所涉及的网络设备相对较少，图形元素的外观要求也不高，使用简单的绘图软件，如 Windows 系统中的画图软件就可以轻松实现。而对于一些大型、复杂的网络拓扑结构图的绘制，则通常需要采用一些比较专业的拓扑结构绘制软件，比如 Visio、LAN MapShot 等。

1.3.2 用 Visio 软件绘制网络拓扑图的基本步骤

1．打开 Visio 软件选择绘图类型

在计算机上单击"⊞→Visio"打开主执行界面，单击左侧"新建"按钮，选择"类别"中的"网络"，再选择"基本网络图"，单击"创建"按钮，如图 1-7 所示。

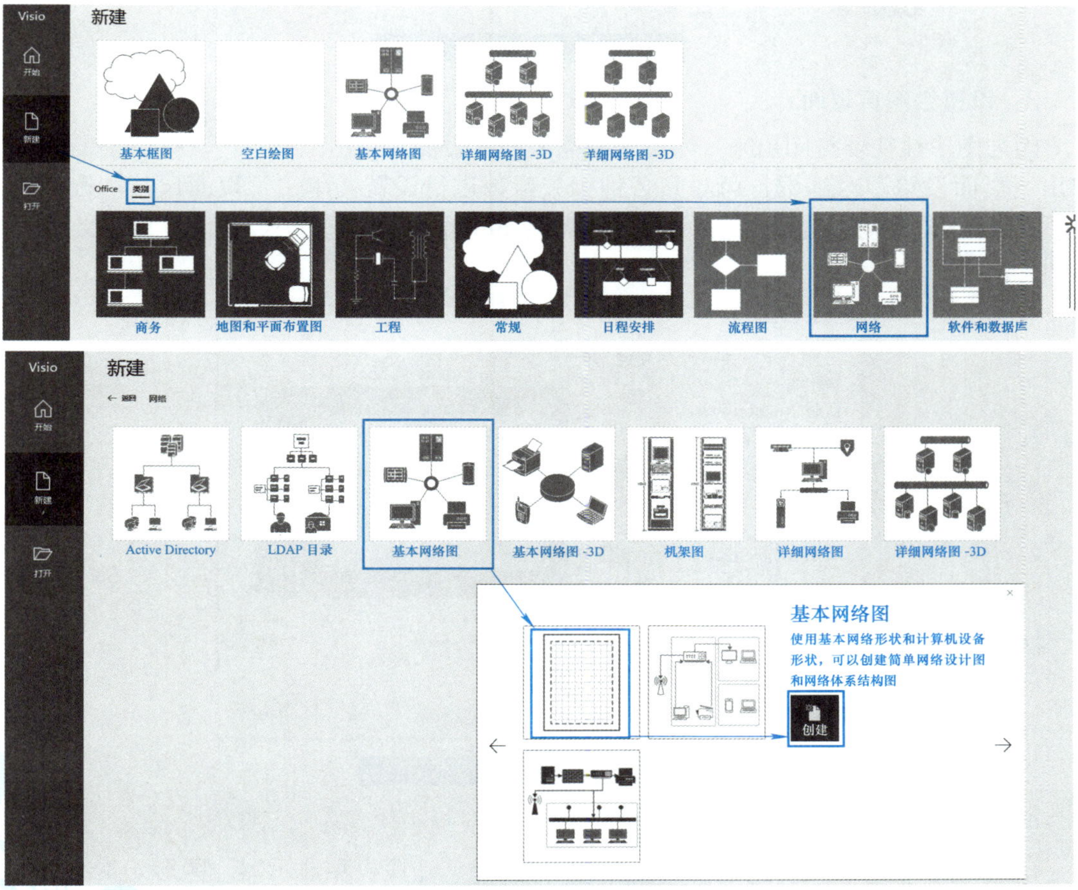

图 1-7 选择绘图类型

2. 选择"开始"新建文件

选择"开始"窗口中的"基本网络图",单击将新建一张绘图页,前提是之前新建过"基本网络图",如图1-8所示。

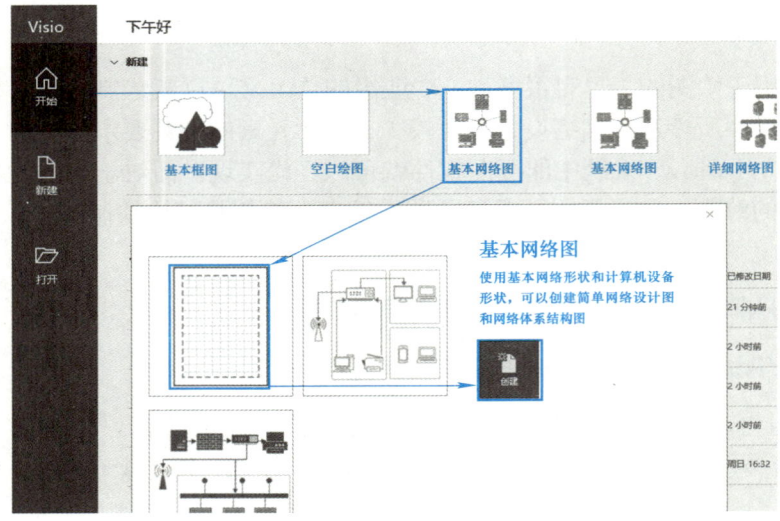

图1-8 新建绘图页窗口

3. 设置绘图页页面

因为图形往往要打印出来,所以一般需要设置页面。单击" 设计 → → 其他页面大小(M) ",弹出"页面设置"对话框,可对其各种相关参数进行设置。单击"页面尺寸"选项栏,在"页面尺寸"中可以选择"允许Visio按需展开页面""预定义的大小"和"自定义大小",如图1-9所示。

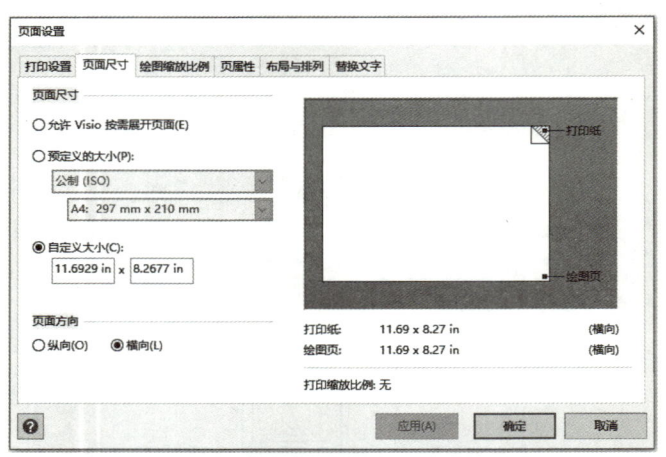

图1-9 绘图页面设置窗口

4. 在绘图页中添加图形

在新建绘图页窗口的左侧栏"形状"下,选择"计算机和显示器"图形元素组标签,打开具体的图形元素,选择"PC"图形,将其拖入右侧"绘图页"上,如图1-10所示。

第 1 单元　认识计算机网络

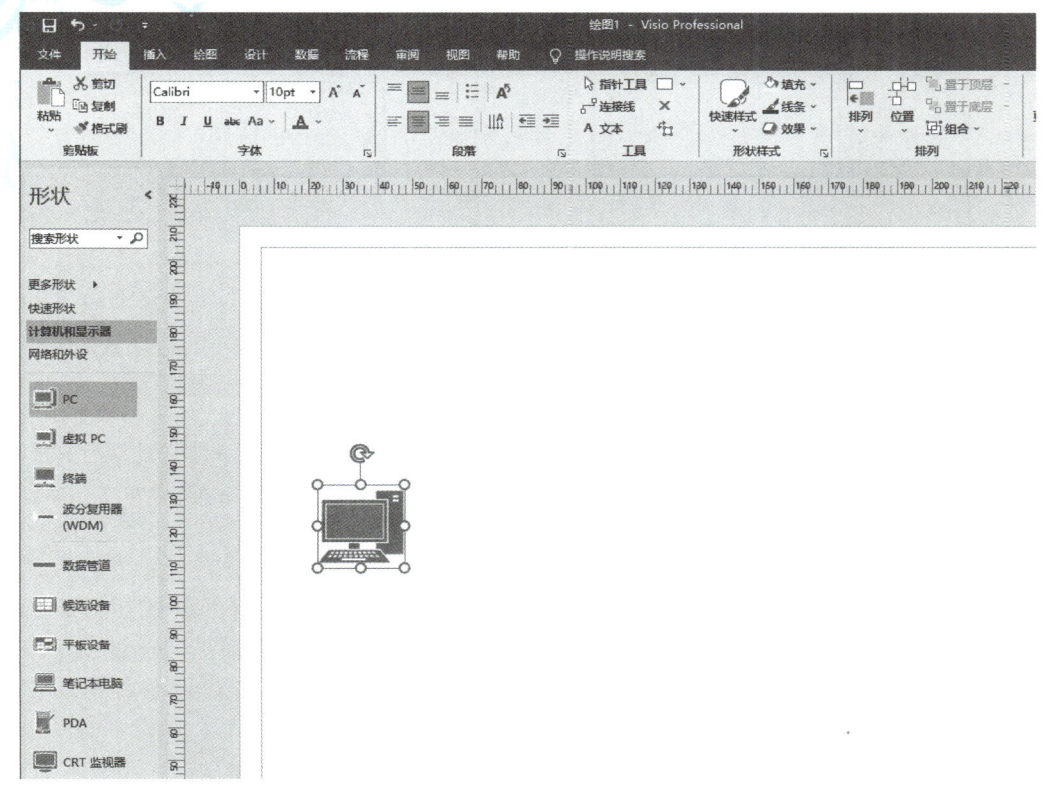

图 1-10　添加图形元素

5．调整图形元素的大小和位置

选中绘图页中的图形元素，拖拽图形周边的八个锚点来改变图形元素的大小。将光标移动到圆形锚点上，按住左键同时移动，可以旋转该图形元素。将光标移动到图形元素中央，光标呈十字形状，按住左键同时移动，可以改变图形元素的旋转中心位置。

6．修改图形元素标注或添加文本框

选中绘图页中的图形元素，通过双击可以修改图形元素的标注文字；或者选中图形元素，单击工具栏上的"工具"按钮 A 文本，修改图形元素的标注文字。如果没有选中图形元素，用鼠标直接拖拽，则在空的位置添加文本框。可以选中文本或图形元素更改文字大小或字体，来改变标注文字的格式。本次操作后，选择"工具"按钮 指针工具，回到可选择状态，如图 1-11 所示。

7．图形元素连接

单击形状中的"网络和外设"，再选择"交换机"拖拽到绘图页上，调整好大小，添加标注文字"交换机"。将交换机图形元素调整为较大尺寸，便于进行后续连接，连接完毕后再恢复该图形元素的大小。

单击"工具"按钮 连接线，然后选中 PC 图形元素，在按住鼠标左键的情况下，将光标移动到交换机图形元素的一侧小圆点上，此时出现一个标示点，松开鼠标左键，连接线两头都显示为红色，表明连接成功。这时候移动图形元素，连接线会跟随图形元素而变化，如图 1-12 所示。

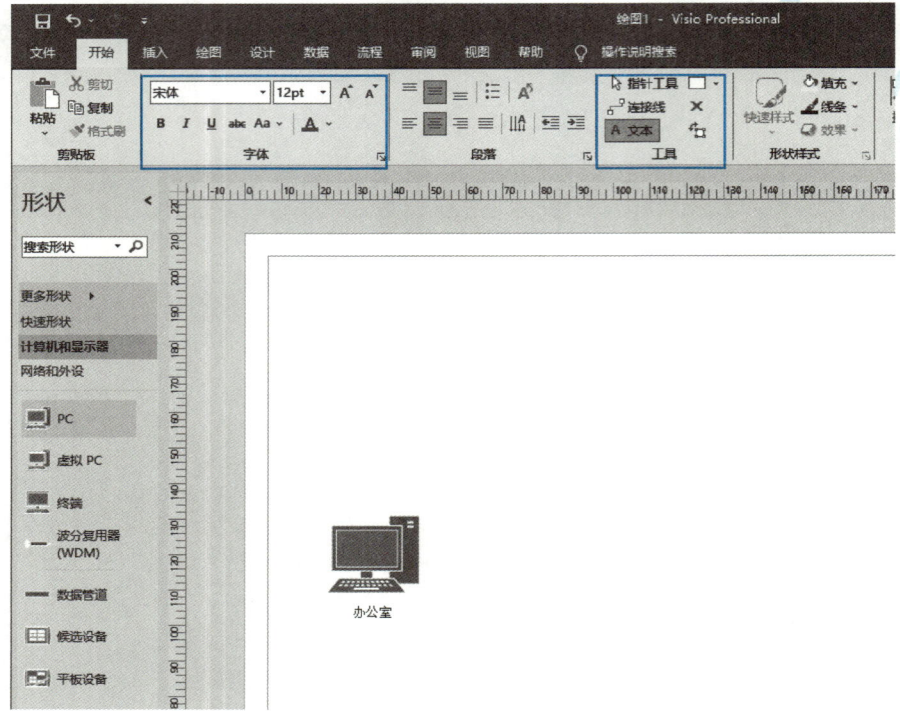

图 1-11 添加文本框

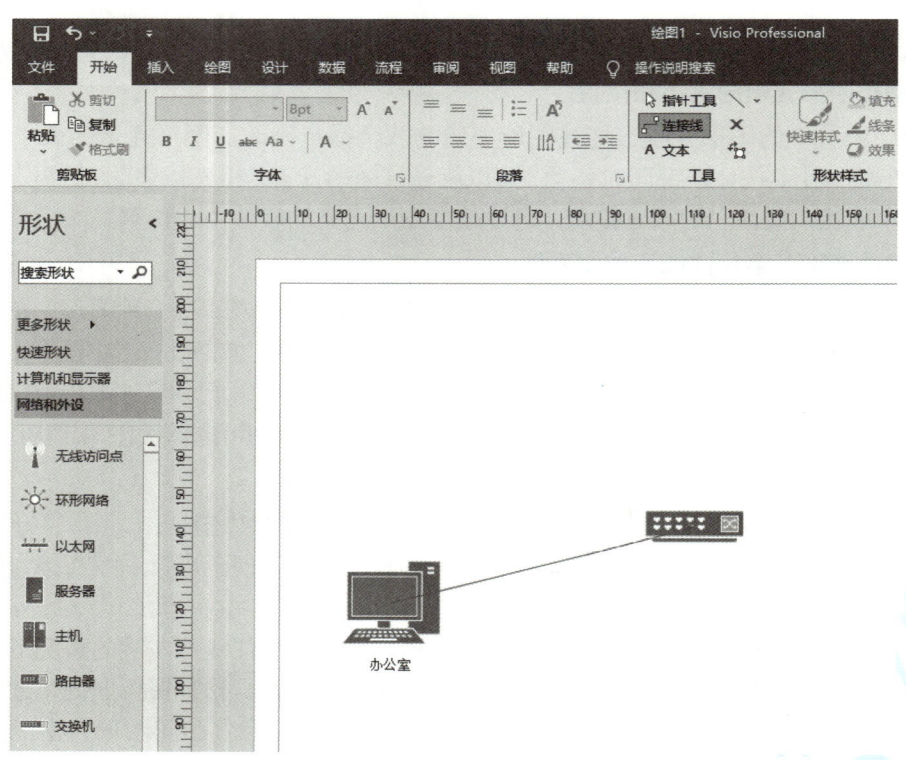

图 1-12 连接图形元素

图 1-12 中连接线在计算机图形上面显示并不美观，需要将计算机图形显示在最上层，先选择 PC 图形元素，再单击鼠标右键，选择，如图 1-13 所示，这样可以将计算机图形显示于连接线的上方。

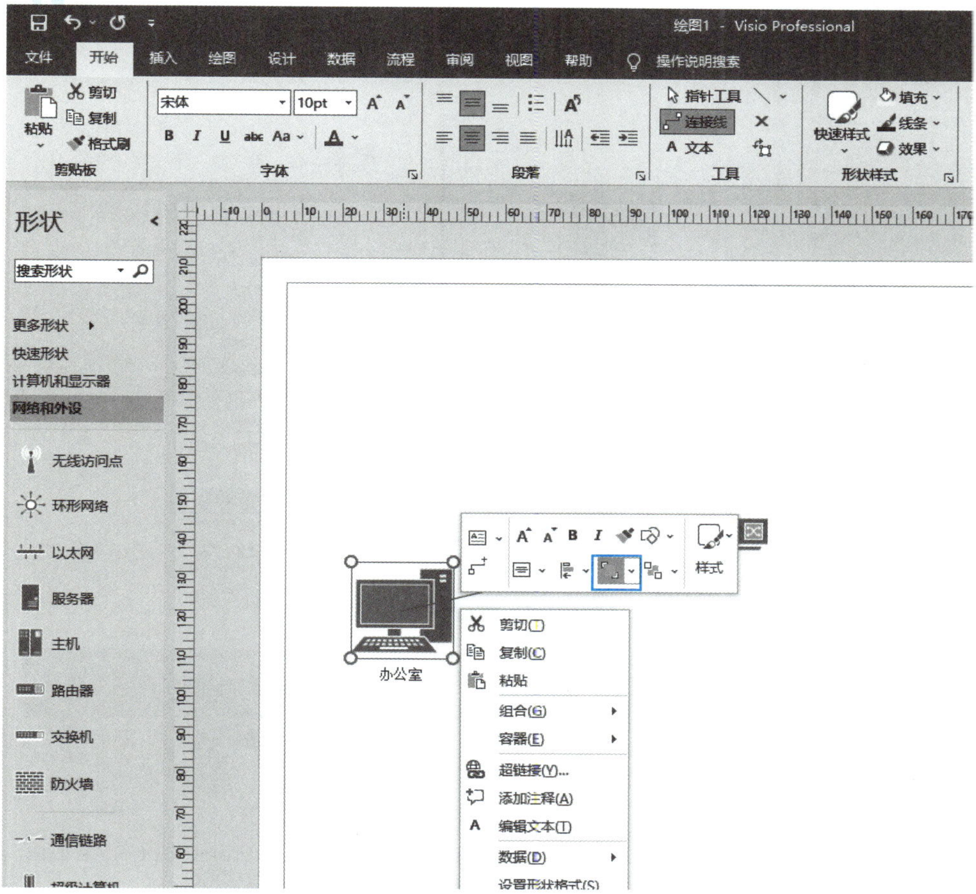

图 1-13 计算机置顶

调整好交换机的大小，然后在连接线上右击选择"直线连接线"，如图 1-14 所示。连接线就改为直线，当然也可以选择"曲线连接线"或"直角连接线"，默认为"直角连接线"。

8．用上述方法绘制其他内容

再拖入两个 PC 图形元素，按照上面的方法进行绘制图形，并且在两个 PC 图形元素中间绘制省略号，如图 1-15 所示。

9．图形元素的选择及组合

在所有图形元素的左上角按住鼠标的左键，移动鼠标拉向所有图形元素的右下方，将所有图形包含在内后，松开鼠标左键，这样就选中了所有图形元素。当然也可以按住 <Ctrl> 键，单击选择各个图形元素。选中后，选择某一个图形元素后右击选择"组合"→"组合"命令，从而将选中的图形元素组合在一起，这样可以看作一个图形元素，如图 1-16 所示。如果不想组合，可以右击选择"组合"→"取消组合"命令来完成。

计算机网络基础

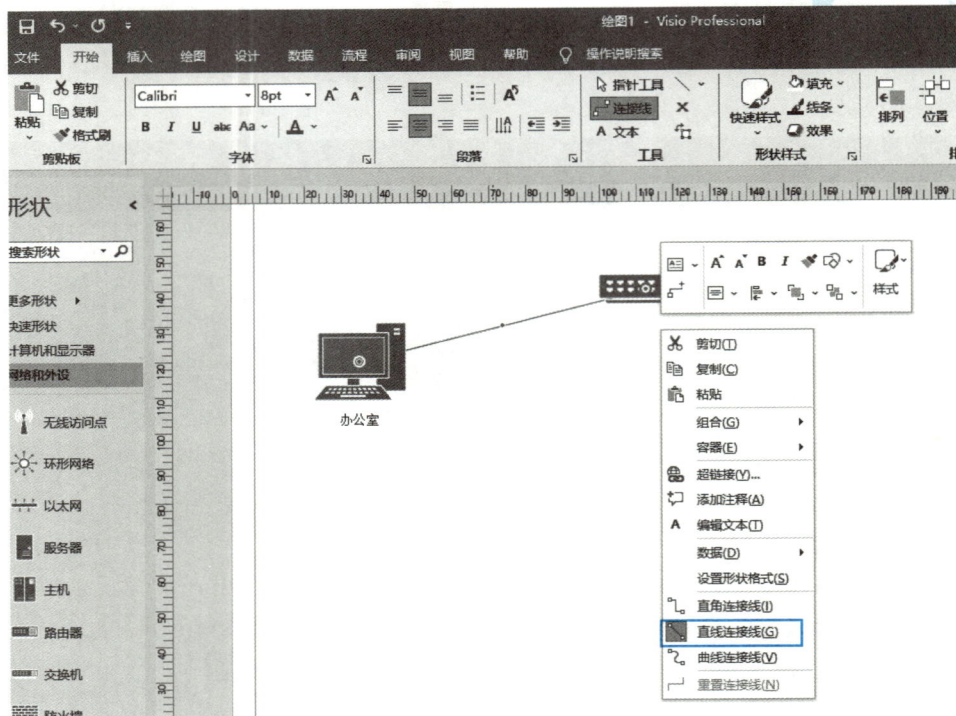

图1-14 直线连接线

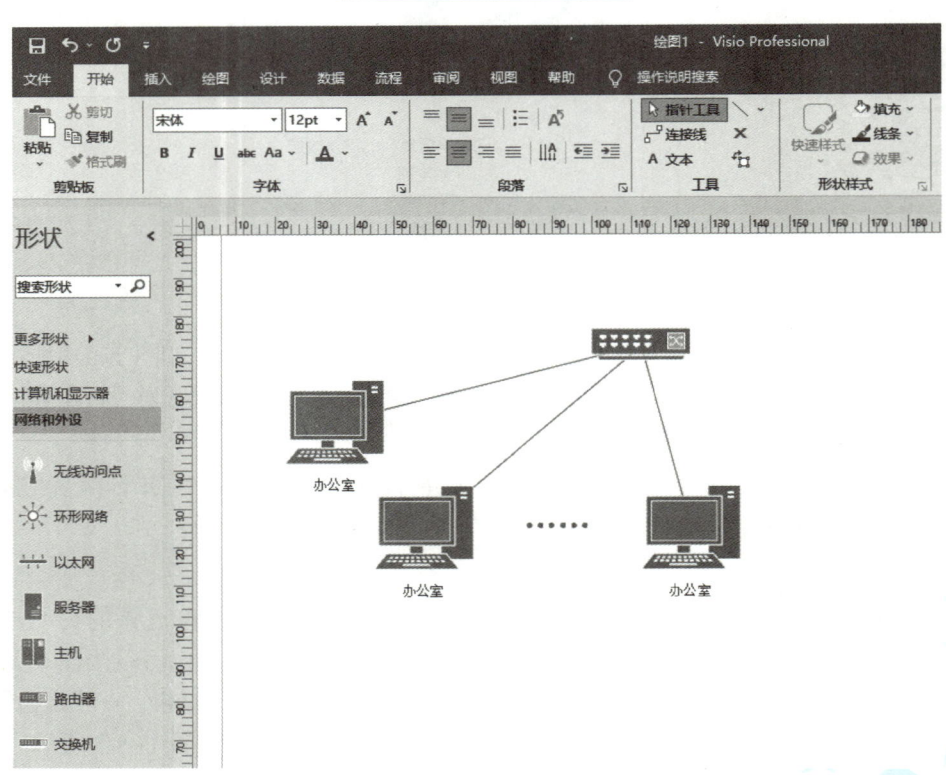

图1-15 网络拓扑图

第 1 单元 认识计算机网络

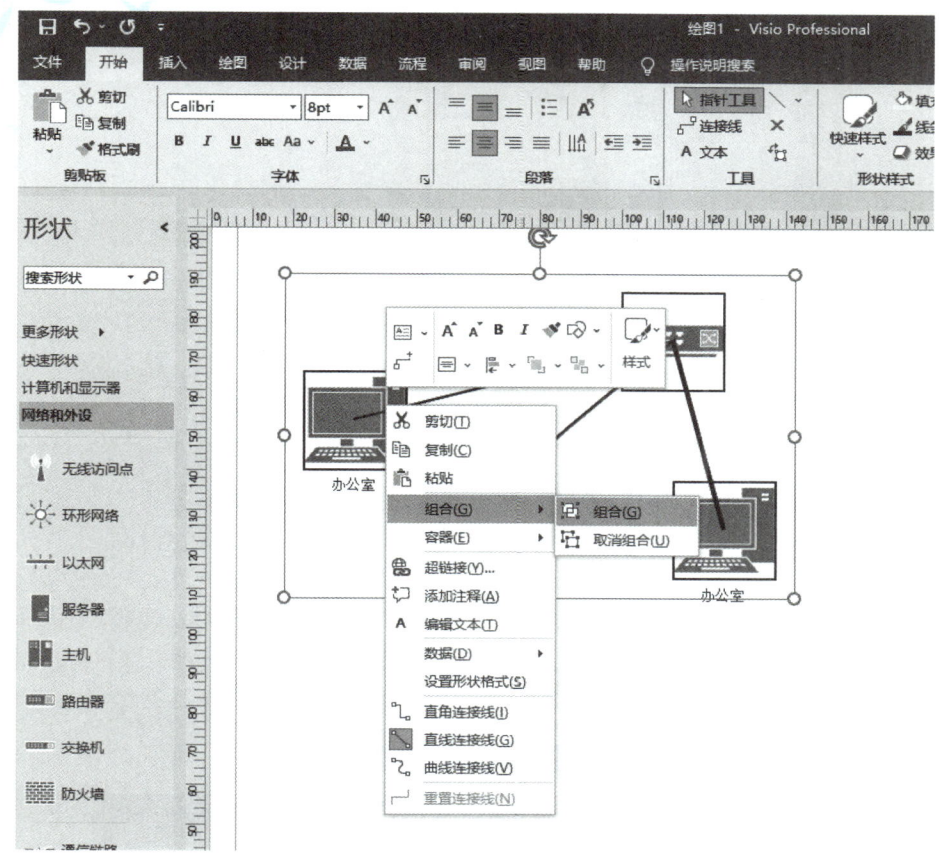

图 1-16 组合图形元素

1.3.3 Visio 常用内容

1．准确调整图形元素的大小和位置

单击菜单"视图"→"任务窗格"→"大小和位置"，弹出"大小和位置"对话框，选中某个图形元素，在"大小和位置"对话框中对其大小和位置进行相关设置，如图 1-17 所示。

2．显示绘图工具

单击菜单"开始→工具→□ˇ"，弹出"绘图"下拉菜单。它提供了矩形、椭圆形、线条、弧形等直接绘图工具。

3．图形元素的添加和查找

在窗口左侧"形状"下的图形元素组内找不到相关图形元素时，可以添加任何一个现有的图形元素组，以满足当前所需。单击"形状"→"更多形状"，在弹出的子菜单中选择某个类别，然后选择一个具体的图形元素组，单击该图元组即可将其加载到当前的任务中，如图 1-18 所示。

还可以在 Visio 众多的图形元素中查找需要的形状。在窗口左侧"搜索形状"的下拉文本框中输入需要查找的形状名，然后单击 按钮，就可以进行查找，找到后可以直接将图形元素拖放到绘图页上使用。

计算机网络基础

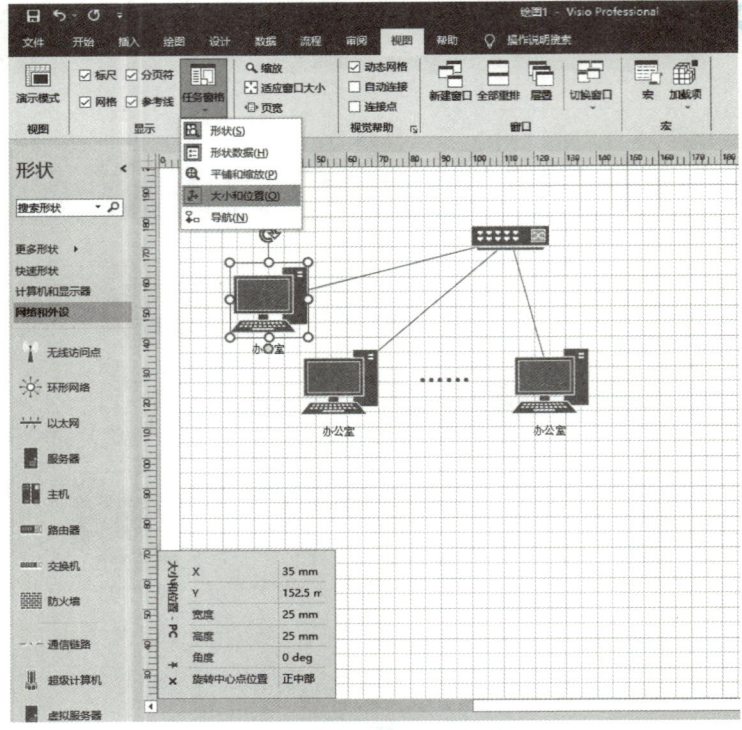

图1-17 大小和位置窗口

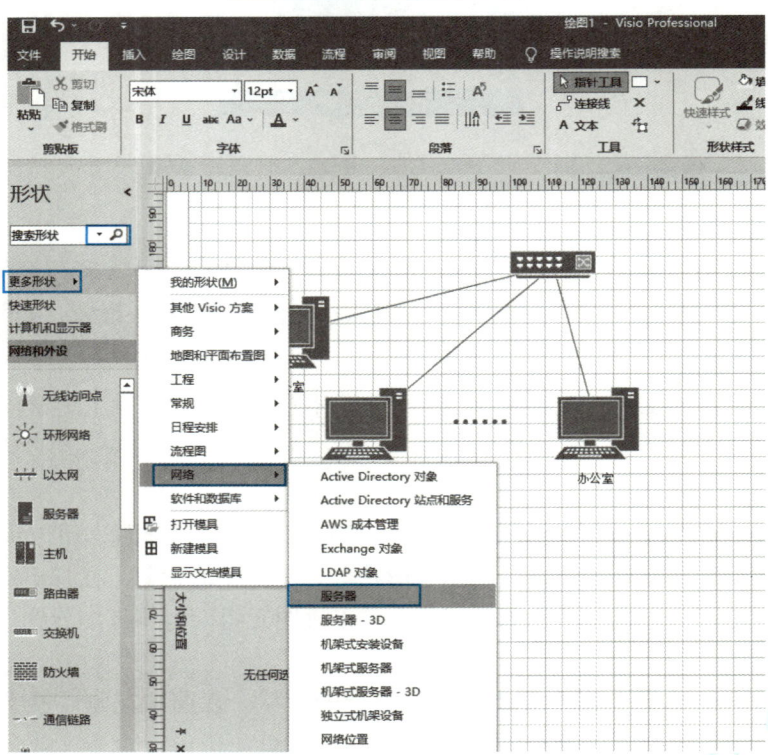

图1-18 增加更多图形元素

4. 排列、位置、排放图形元素

如果需要对于多个图形元素的位置和相互关系进行调整时,可以使用菜单栏中"排列"下的相关功能。首先选中相关图形元素,然后单击菜单"排列"→"对齐形状"或者是"位置"→"空间形状",弹出对应的对话框,再进行相关设置,完成给定的任务,如图 1-19 所示。

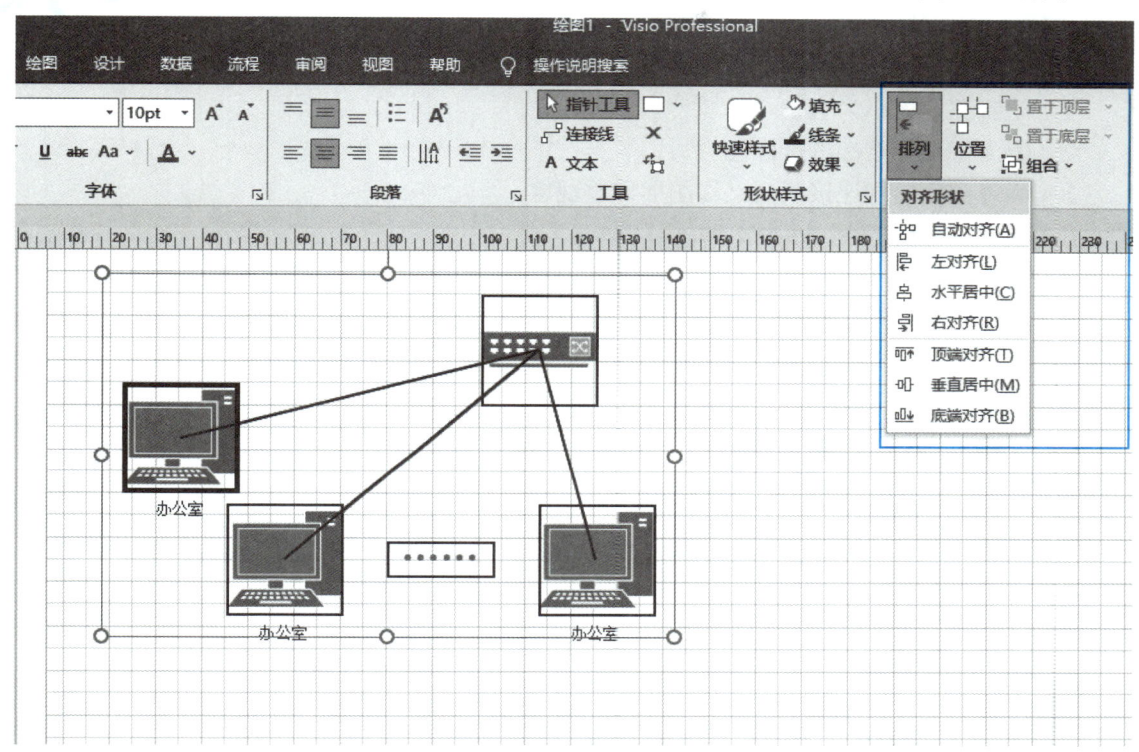

图 1-19 排列与位置

5. 文件输出

Visio 默认的绘图文件扩展名为 .vsd,模具文件扩展名为 .vss,模板文件扩展名为 .vst,也可以将其文件另存为其他类型。单击"文件另存为"后,可以选择 .dwg、.dxf(CAD 使用)、.tif(Photoshop 使用)、.jpg、.bmp 等文件类型进行保存。

1.4 子项目1——绘制拓扑结构图

1. 案例分析

项目实施场景中提到了公司有 5 个部门,一共租用了 2 层楼,其中,工程部和技术支持部在一层,每个部门有 30 个信息点;其他的部门在 2 层,共 25 个信息点。

这里不用画出所有的信息点,只选择 2 或 3 个信息点来标示。但是它们的逻辑关系要标示清楚。

因为市场部、总务部和财务部一共 25 个信息点,而且都位于一层,所以不用为每个部门各自配备一个交换机,共用一个就可以满足需求。

在服务器方面需要有内部的服务器,且可以访问 Internet,所以要绘制出来相关的

设备。

思考： 本案例应该采用何种拓扑结构？典型的树形结构，也就是星形结构的扩展。其中，交换机为星形结构中的中心节点。

思考： 交换机、路由器可以看作网络节点吗？可以简单地认为，交换机、路由器是专门进行传输数据的专用计算机，是网络中的节点。

2．实施要求—— 基本网络拓扑图要求

1）绘制页面大小为A4。

2）要求每个元素都进行标注。

3）尽量避免出现连接线交叉和图形重叠现象。

4）输出文件格式为.vsd。

3．实施提示

拓扑结构如图1-20所示。

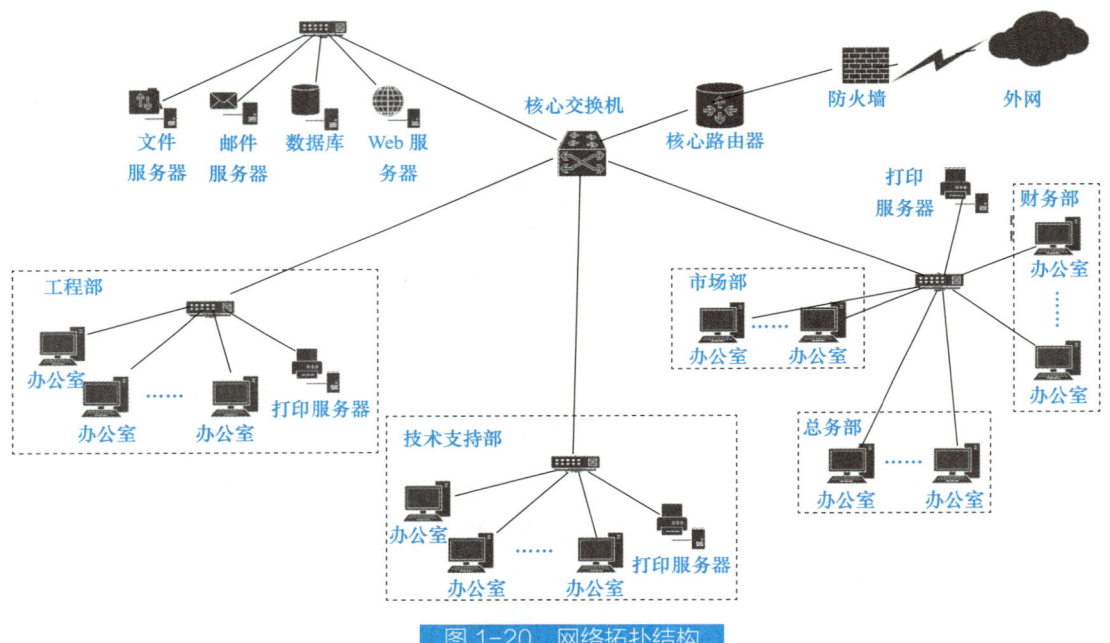

图1-20 网络拓扑结构

4．实施步骤

1）根据案例分析，总共需要使用4台交换机。

2）单击左侧"状态"栏中的"服务器"，找到打印服务器并将其拖入绘制页中，与交换机直线连接起来，如图1-21所示。

3）单击菜单"开始→工具→□ ˅"，选择□ 矩形(R)。在绘制页上绘制矩形框，在矩形框上右击选择"开始→形状样式→线条→虚线"，单击所选虚线样式进行修改，还可以修改线条粗细，如图1-22所示。

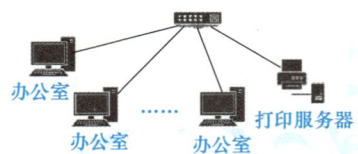

图1-21 添加打印服务器

第 1 单元　认识计算机网络

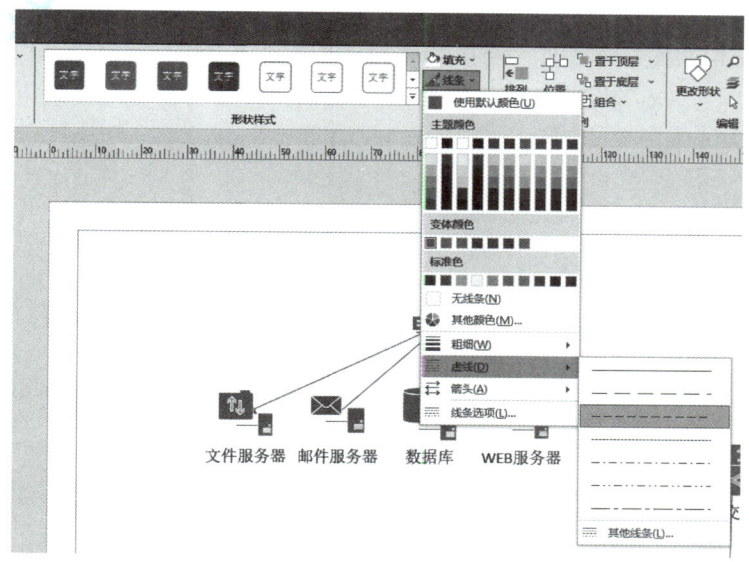

图 1-22　填充窗口

4）调整大小，使虚线矩形正好框住前面的结构图。选择"插入→文本框→绘制横排文本框"，如图 1-23 所示。在空白处输入"技术支持部"，调整字体和字号，同时单击选择"样式"进行调整，如图 1-23 所示。

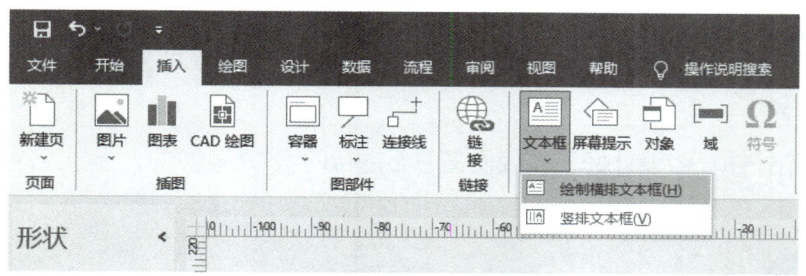

图 1-23　线条窗口

5）用同样的方法画出其他 4 个部门。在左侧"形状"栏中选择"服务器"，将案例分析中涉及的服务器（Web 服务器、FTP 服务器、数据库服务器、电子邮件服务器等）拖拽到绘制页中。调整好位置和大小，填写好相应的标注。

6）在左侧"形状"栏中选择"网络符号""服务器"中的路由器等图形元素，拖拽到绘制页中，调整好位置和大小，填写好相应标注，连接服务器、交换机和路由器，如图 1-24 所示。

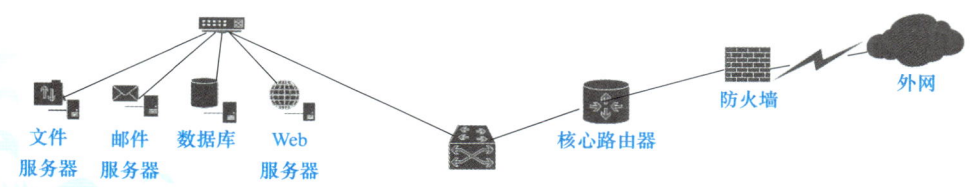

图 1-24　服务器和交换机、路由器、防火墙和外网连接

 计算机网络基础

注意： 在制作网络拓扑图时，连接线尽量不要交叉。因为交叉线会让结构显得混乱，在放置图形元素时，不仅要表示图形元素之间的关系，还要考虑连接线避免交叉。

7）调整各个部件之间的位置，完成图1-20所示的网络拓扑结构。

5．注意事项

1）所有连接线避免出现交叉。

2）部门作为一个信息系统的子集合，一般需要在拓扑图中体现出来。

3）详细的网络拓扑图中应标明设备型号等信息。

4）保证拓扑图的左右平衡，避免出现一边内容多，另一边内容少的情况，要合理布局，保证"重心"在整幅图的中心。

5）避免拓扑图中使用过多的颜色。

6）调整好各个图形元件中的比例关系，避免某些设备图形尺寸过大或过小。

7）主干线或光纤应该改用不同的颜色进行标识。

6．案例思考

1）整个网络拓扑图中缺少无线通信的部分，请在此基础上添加"无线访问点"和"便携式计算机"等设备，并合理安排位置。

2）上述局域网的规划设计给公司带来什么呢？

3）你认为整个网络拓扑结构中，哪部分是网络安全的中心？在哪一部分实施网络监控最好？为什么？

4）网络拓扑图已经设计好了，我们又怎么进行网络布线呢？

单元小结

本单元主要描述了计算机网络的由来、计算机网络的分类以及如何使用Visio软件来绘制网络拓扑图。通过完成综合任务中的网络拓扑图，进一步了解网络的分类和拓扑结构。

本单元重点要掌握的知识：

（1）计算机网络的定义

（2）计算机网络的主要功能

（3）计算机网络的分类（区域、介质）

（4）计算机网络的拓扑结构

本单元重点掌握的技能：

（1）使用Visio软件绘制网络拓扑图

（2）网络拓扑图的绘制要求

第 1 单元 认识计算机网络

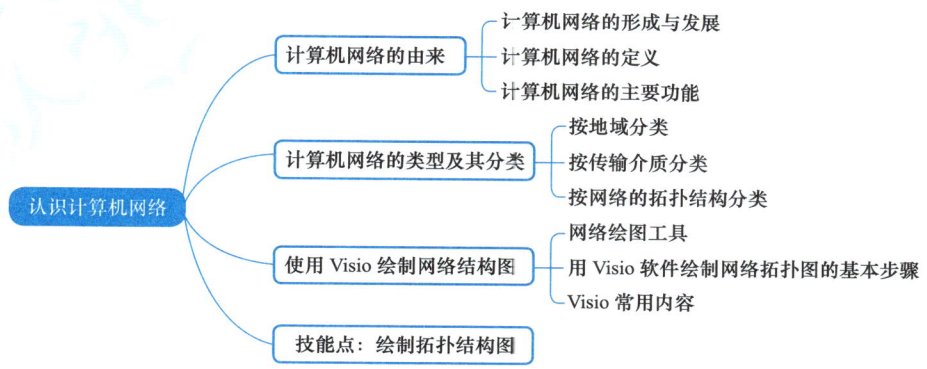

思考与练习

1. 请描述你的网络生活。
2. 请描述你所在学校的网络结构,并画出校园网的网络拓扑图。
3. 请说明无线网络在你生活中的应用。
4. 你觉得互联网在今后的发展方向有哪些?

第 2 单元
网络布线

通过上一单元的学习，我们已经初步认识了计算机网络，而网络布线是构建计算机网络的重要环节之一，是计算机系统相互之间实现物理联通的关键。

2.1 结构化布线技术

提及结构化布线，不得不说结构化布线系统与智能大厦的发展紧密相关，它是智能大厦的实现基础。结构化布线技术需要在初始阶段就设计好布线结构，而不是根据设备已有的放置位置来决定布线。

扫码观看视频

2.1.1 结构化布线技术的概念

结构化布线又称开放式布线系统（Open Cabling System, OCS）或综合布线系统（Premises Distribution System, PDS）。它与智能化大厦的发展紧密相关，是智能大厦的实现基础，是建筑物或建筑物内部之间的传输网络，是由线缆及相关连接硬件组成的信息传输通道。它能使建筑物或建筑群内部的语音、数据通信设备、信息交换设备、建筑物物业管理及建筑物自动化管理设备等系统之间彼此相连，也能使建筑物信息通信设备与外部的信息通信网络相连。它能够支持任何用户选择的语音、数据、图形、图像的应用，支持语音、图形、图像、数据多媒体、安全监控、传感等各种信息的传输，支持 UTP、光纤、STP、同轴电缆等各种传输载体，支持多用户多类型产品的应用，支持高速网络的应用。

结构化布线与传统布线系统的最大区别在于：结构化布线系统的结构与当前所连接的设备位置无关。

在传统的布线系统中，设备安装在哪里，传输介质就要铺设到哪里。结构化布线系统则是按建筑物的结构，将建筑物中所有可能放置设备的位置都预先布好线缆，再根据实际所连接的设备情况，通过调整内部跳线装置将所有设备连接起来。同一线路的接口可以连接不同的通信设备，例如电话、终端或微型机，也可以是工作站或主机。

由于结构化布线是一套综合系统，可以使用相同的线缆、配线端板，相同的插头及模块插孔，解决了传统布线存在的兼容性问题，可避免重复施工造成的人与物的双重浪费。

> **知识链接**
>
> 理想中的结构化布线技术在同一线路上可以连接各种设备，用户只要将设备连接到结构化布线的线路上就可以了，而且这样的结构化布线提供相同的插头及模块，这是我们努力的目的。但现有情况是，往往一个智能大厦中设备的接口和传输介质是不同的，所以在实施布线的时候必须多方面考虑。

2.1.2 结构化布线系统的组成

以EIA/TIA 568标准和ISO/IEC 11801国际综合布线标准为基准，并结合我国国内的实际应用情况，综合布线系统结构的设计组合可以划分为6个独立的子系统，如图2-1所示。

扫码观看视频

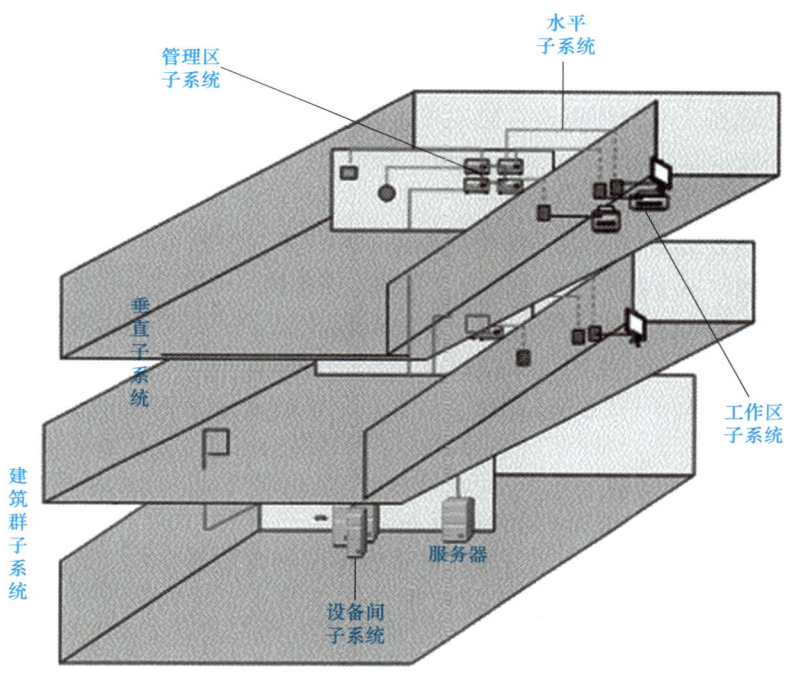

图2-1 结构化布线系统结构

这6个子系统分别为：工作区子系统、水平子系统、管理区子系统、垂直子系统、设备间子系统和建筑群子系统。每个子系统均可视为各自独立的单元组，一旦需要更改其中任一子系统时，不会影响到其他的子系统。6个组成部分相互配合，便可以形成结构灵活、适合多种传输介质与多种传输信息传输的结构化布线系统。

1. 工作区子系统

工作区子系统由终端设备连接到信息插座的连线（或接插软线）组成。该子系统包括水平配线系统的信息插座、连接信息插座和终端设备的跳线以及适配器。

目前最常用的是配合双绞线的RJ-45插座与连接电话线的RJ-11插座，前者广泛应用于局域网的连接之中，后者则广泛应用于电信系统的连接之中。工作区布线要求相对简单，这样就容易移动、添加或变更设备。不要安放在经常有人走动或容易被损坏的地方，以免因为人为原因造成线路损坏。

2. 水平子系统

水平子系统是实现信息插座和管理区子系统（跳线架）间的连接，即连接管理区子系统至工作区，包括水平布线、信息插座、电缆终端及交换，指定的拓扑结构为星形拓扑。

综合布线中水平子系统是计算机网络信息传输的重要组成部分。由于工作区系统上所连设备的多样性，水平子系统的通信介质也是多种多样的。常用的介质包括 100Ω UTP 非屏蔽双绞线、150Ω STP 屏蔽双绞线和 62.5/125μm 光缆。为了便于管理，最远的延伸距离不应超过 90m，除了 90m 水平电缆外，工作区与管理子系统的接插线和跨接线电缆的总长可达 10m。

3．管理区子系统

管理区在配线间或设备间的配线区域，由交连互连配线架组成。它采用交连和互连等方式管理垂直子系统和水平子系统的线缆。

管理区为连通各个子系统提供连接手段。交连和互连允许将通信线路定位或重定位到建筑物的不同部分，以便能更容易地管理通信线路。

4．垂直子系统

垂直子系统实现计算机设备、程控交换机（PBX）、控制中心与各管理区子系统间的连接，是整个结构化布线系统的骨干部分，包括主干电缆、中间交换和主交换、机械终端和用于主干到主干交换的接插线或插头。主干布线要采用星形拓扑结构，常用介质是大对数双绞线电缆、光缆。接地应符合 EIA/TIA 607 规定的要求。

水平子系统与垂直子系统的区别在于：水平子系统总是处在同一楼层上，线缆一端接在配线间的配线架上，另一端接在信息插座上。在建筑物内，为了避开强干扰源，垂直子系统总是位于垂直的弱电间，并采用大对数双绞电缆或光缆。而水平子系统一般用 4 对双绞线。这些双绞电缆能支持大多数终端设备。

为了与建筑群的其他建筑物进行通信，垂直子系统把设备间的中继线和布线交叉连接点与建筑物间设施相连，以组成建筑群子系统。

5．设备间子系统

设备间是在每一幢大楼的适当地点放置综合布线线缆和相关连接硬件及其应用系统的设备场所。EIA/TIA 569 标准规定了设备间的设备布线。它是布线系统最主要的管理区域，所有楼层的资料都由电缆或光缆传送到此。

为便于设备搬运、节约投资，设备间最好位于每一幢大楼的第二层或第三层。在设备内，可把公共系统用的各种设备互连起来。例如电信部门的中继线和公共系统设备（如 PBX）。设备间还包括建筑物的入口区设备或电气保护装置及其连接到符合要求的建筑物接地点。它相当于电话系统中的站内配线设备及电缆、导线连接部分。

6．建筑群子系统

建筑群子系统将一栋建筑物中的电缆延伸到建筑群的另外一些建筑物中的通信设备和装置上，比较常用的介质是光缆或大对数双绞线。它是整个布线系统中的一部分（包括传输介质）并支持提供楼群之间通信设施所需的硬件，其中有导线电缆、光缆和防止电缆的浪涌电压进入建筑物的电气保护设备。EIA/TIA 569 标准规定了网络接口的物理规格，实现建筑群之间的连接。

2.1.3 结构化布线的特点

结构化布线是信息技术和信息产业高速大规模发展的产物，是布线系统的一项重大革新。它同传统的布线技术相比有着许多优越性，是传统布线无法企及的，其特点主要表现为兼容性、灵活性、模块化、扩充性、经济性、先进性、开放性、高速性和可靠性。

1. 兼容性

所谓兼容性是指它自身是完全独立的而与应用系统相对无关,可以适用于多种应用系统。结构化布线系统将语音、数据信号的配线统一设计规划,采用统一的传输线、信息插接件等,把不同的信号综合到一套标准布线系统,能支持多种数据通信、多媒体技术及信息管理系统等,能够适应现代和未来技术的发展。同时,该系统比传统布线简化,不存在重复投资,可以节约资金。

2. 灵活性

结构化布线系统的灵活性主要表现在三个方面:灵活组网、灵活变位和应用类型的灵活变化。

传统的布线方式是封闭的,其体系结构是固定的,若要迁移设备或增加设备是相当困难麻烦的,甚至是不可能的。结构化布线采用标准的传输线缆和相关连接硬件,模块化设计。所有传递信息线路均为通用的,即每条可传送语音传真、多用户终端。所用系统内的设备(计算机、终端、网络集散器、HUB或MAU、电话、传真等)的开通及变动无需改动布线。只要在设备间或管理间做相应的跳线操作,需要改动的设备就会被接入到指定系统中去。当然,系统组网也灵活多样了。

3. 模块化

布线系统中,除去敷设在建筑内的线外,其余所有的接插件都是积木式的标准件,可以方便地进行更换插拔,使管理、扩展和使用变得十分简单。

4. 扩充性

结构化布线系统(包括材料、部件、通信设备等设施)严格遵循国际标准。因此,无论计算机设备、通信设备、控制设备随技术如何发展,将来都可以很方便地将这些设备连接到系统中去。系统具有良好的可扩充和可升级性,使本期建设的投资在未来升级与扩充后得到保护。

5. 经济性

结构化布线系统设计信息点时要求按规划容量考虑,留有适当的发展容量。因此就整体布线系统而言,按规划设计所做的经济分析表明,结构化布线会比传统布线的价格性能优,后期运行维护及管理费用也会下降。相当于一次性投资,长期受益,维护费用低,使整体投资达到最少。

6. 先进性

结构化布线采用光纤与双绞线混合布线的方式,极为合理地构成一套完整的布线。所有布线均采用世界上最新通信标准,链路均按八芯双绞线配置。5/6类双绞线的数据最大传输速率可达到1000Mbit/s,对于特殊用户的需求可把光纤引到桌面(Fiber To The Desk)。干线语音部分用电缆,数据部分用光缆,为同时传输多路实时多媒体信息提供足够的容量。

7. 开放性

对于传统布线,一旦选定了某种设备,也选定了布线方式和传输介质。如要更换一种设备,原有布线将全部更换。这对已完工的布线既极为麻烦,而又增加大量资金。而结构化布线由于采用开放式体系结构,符合国际标准,对现有著名厂商的品牌均开放,对通信协议也同样是支持的。

8. 高速性

系统能处理和传输多媒体信息，采用高等级双绞线或光缆组成网络，极大提高了网络的吞吐量。

9. 可靠性

传统布线中各系统互不兼容，因此在一个建筑物内存在多种布线方式，形成各系统交叉干扰。这样各个系统可靠性降低，势必影响到整个建筑系统的可靠性。

结构化布线采用高品质的材料和组合压接方式构成一套标准高的信息网络。所有线缆与器件均通过国际上的各种标准，保证其电气性能。

结构化布线全部使用物理星形拓扑结构。任何一条线路若有故障都不影响其他线路，从而提高了可靠性。各系统采用同一传输介质，互为备用，又提高了备用冗余。

2.2 传输介质

网络传输介质是指在网络中传输信息的载体。各种网线、电话线、无线电等都是传输信息的载体，都可以被认为是网络传输介质。

扫码观看视频

2.2.1 基本概念

数据传输介质是指传送信息的载体，是通信网络中发送方和接收方之间的物理通路。因此传输介质也称为传输媒体、传输媒介或传输线路。

1. 传输介质的分类

通信介质分为有线介质和无线介质两大类。网络中常用的有线介质是双绞线、同轴电缆和光纤；常用的无线介质是无线电波、微波和红外线等。

思考： 蓝牙是无线介质还是有线介质？

2. 传输介质的特性

数据传输的质量除了与传送的数据信号及收发两端的设备特性有关外，还直接与通信线路本身的机械和电气特性有关。这些特性主要包括：

1）物理特性：指传输介质的特征。

2）传输特性：传输信号调制技术、信道容量及传输的频带范围。

3）覆盖地理范围：指在不用中继设备的情况下，无失真传输所能达到的最大距离。

4）抗干扰特性：指防止噪声对传输信息影响的能力。

知识链接

无线局域网依据IEEE 802.11系列标准及我国相关的GB 15629.11系列标准要求，主要是工作在三段，即：2.4GHz频段（标称频率范围为2400～2483.5MHz）、5.8GHz频段（标称频率范围5725～5850MHz）和5.2GHz频段（标称频率范围5150～5350MHz）。该频段目前尚属不用许可的无线频段。简单说，无线电的频段是一种资源，使用某一频段，需要申请和付费。但是以上三个频段现在暂时不用申请和付费。

2.2.2 双绞线

双绞线（见图2-2）采用了一对互相绝缘的金属导线互相绞合的方式来抵御一部分外界电磁波干扰，更主要的是降低自身信号的对外干扰。把两根绝缘的铜导线按一定密度互相绞在一起，可以降低信号干扰的程度，每一根导线在传输中辐射的电波会被另一根线上发出的

图2-2 双绞线

电波抵消。"双绞线"的名字也是由此而来。其实日常中普遍使用的电线就是双绞线。

1．双绞线和双绞线电缆

双绞线（Twisted Pairwire，TP）是综合布线工程中最常用的一种传输介质。双绞线由两根22～26号绝缘铜导线相互缠绕而成。把两根绝缘的铜导线按一定密度互相绞在一起，可降低信号干扰的程度，每一根导线在传输中辐射的电波也会被另一根线上发出的电波抵消。如果把一对或多对双绞线放在一个绝缘套管中便组成了双绞线电缆，如在局域网中常用的五类、六类、七类双绞线就是由4对双绞线组成的。在双绞线内，不同线对具有不同的扭绞长度，一般地说，扭绞长度在13mm以内，按逆时针方向扭绞，相邻线对的扭绞长度在12.7cm以上。

提示： 扭绞长度值越小，说明两根线扭绞在一起越紧；扭绞长度越大，则反之。同理，扭绞长度越小，理论上抗干扰能力越强，成本越贵。

双绞线芯一般是铜质的，能提供良好的传导率。双绞线可分为非屏蔽双绞线（Unshielded Twisted Pair，UTP）和屏蔽双绞线（Shielded Twisted Pair，STP）两种。屏蔽双绞线在线径上要明显粗于非屏蔽双绞线，而且由于它具有较好的屏蔽性能，所以也具有较好的电气性能。但由于屏蔽双绞线的价格较非屏蔽双绞线贵，且非屏蔽双绞线的性能对于普通的企业局域网来说影响不大，甚至说很难察觉，所以在企业局域网组建中所采用的通常是非屏蔽双绞线。

（1）非屏蔽双绞线（UTP）

将一对或多对双绞线线对放入一个绝缘套管，如图2-3所示。

国际电器工业协会（EIA）为双绞线定义了1到5类不同的质量级别。计算机网络中常用的是3类和5类。

- 3类：适用速率小于16Mbit/s的计算机网络，如10Mbit/s以太网。
- 5类：支持快速以太网（100Mbit/s）。
- 超5类：支持千兆以太网（1000Mbit/s）。

（2）屏蔽双绞线（STP）

在一对或多对双绞线线对的外面加上一个用金属丝编织成的屏蔽层，再放入一个绝缘套管。按屏蔽层设置的不同又分为外层屏蔽双绞线和全屏蔽双绞线，如图2-4所示。屏蔽双绞线的价格比非屏蔽双绞线高。屏蔽双绞线因为外面有一层金属网或金属薄膜包裹，它的抗外部干扰能力明显增强，但是在实际应用中，这种优势并没有发挥出来，在使用过程中非屏蔽双绞线和屏蔽双绞线没有明显差别。所以在一般的企业局域网中都采用非屏蔽双绞线。

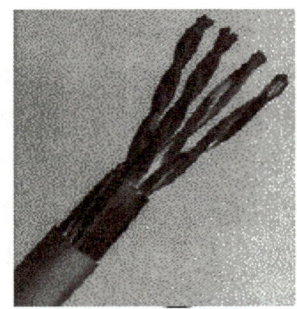
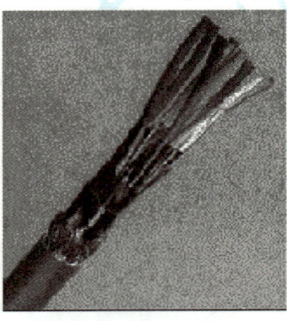

图 2-3 非屏蔽双绞线　　　　　图 2-4 外层屏蔽双绞线和全屏蔽双绞线

提示： 屏蔽双绞线与非屏蔽双绞线相比，除了本身价格较贵以外，安装成本也高。因为屏蔽双绞线外有金属网或金属薄膜层，所以它的弯曲度等指标都比非屏蔽双绞线要高，加大了安装成本。

2．双绞线特性

1）传输特性：双绞线既可以用于传输模拟信号，也可用于传输数字信号。

例如，早期电话系统以及目前电话系统中的用户环路部分就是采用双绞线进行声音的模拟信号传输；而电话系统中的 T1 线路是采用双绞线传输数字信号，总的数据传输速率可达 1.544Mbit/s。

2）连通性：常用于点到点连接，也可用于多点连接。

3）地理范围：双绞线可以很容易地在 15km 或更大范围内提供数据传输。例如，在 100kbit/s 速率下传输距离可达 1km。但是在 10Mbit/s 或 100Mbit/s 速率下的 10BASE-T 和 100BASE-T 局域网中，传输距离不能超过 100m。

4）抗干扰性：在低频传输时，抗干扰性高于同轴电缆；而在 10～100kHz 时，则低于同轴电缆。

5）价格：在双绞线、同轴电缆和光纤三种有线介质中，双绞线的价格最便宜。

思考： 双绞线最长传输距离真的不能超过 100m 吗？通过实验，一般传输距离可以超出 100m。当超过 100m 后，信号衰减得很严重，容易出现传输数据错误，所以一般建议不要超过 100m。

2.2.3 同轴电缆

同轴电缆由四层部件按同轴形式构成，如图 2-5 所示。从里向外分别是：

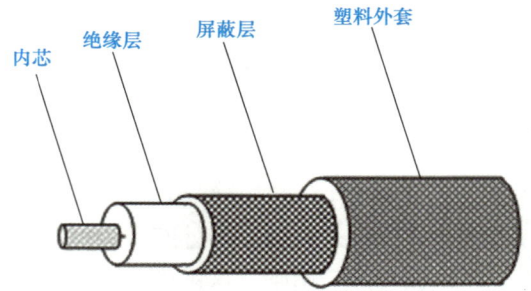

图 2-5 同轴电缆结构

1）内芯：金属导体，用于传输数据。
2）绝缘层：用于内芯与屏蔽层间的绝缘。
3）屏蔽层：金属导体，用于屏蔽外部的干扰。
4）塑料外套：用于保护电缆。

1．同轴电缆的物理特性

同轴电缆内芯一般是铜质的，能提供良好的传导率。同轴电缆分为基带同轴电缆和宽带同轴电缆两类。

1）基带同轴电缆：采用基带传输，即采用数字信号进行传输，用于构建 LAN。常用的基带同轴电缆有以下两种：

- 50Ω，RG-8 和 RG-11（用于粗缆以太网）。
- 50Ω，RG-58（用于细缆以太网）。

2）宽带同轴电缆（75Ω，RG-59）：采用宽带传输，即采用模拟信号进行传输，用于构建有线电视网。

2．同轴电缆的其他特性

1）传输特性。基带同轴电缆用于传输数字信号，采用曼彻斯特编码，速率最高可达 10Mbit/s。宽带同轴电缆既可以传输模拟信号，又可以传输数字信号。

2）连通性。可用于点到点连接和多点连接。

3）地理范围。典型基带同轴电缆的最大距离限制在几 km 内，宽带同轴电缆可达十几 km。但是在 10BASE5 粗缆以太网中，传输距离最大为 500m，在 10BASE2 细缆以太网中，传输距离最大为 185m。

4）抗干扰性。抗干扰性通常高于双绞线。

5）价格。高于双绞线，低于光纤。

提示： 同轴电缆现在一般使用在有线电视信号传输方面。现在大部分有线电视都是数字信号，通过同轴电缆传输高清电视数据。有些小区也提供广域网接入服务。同轴电缆不易弯曲，安装成本比非屏蔽双绞线要高。

2.2.4 光纤

光纤由纤芯和包层构成，纤芯的直径等参数通常用芯层描述，通常包层还包括 250μm 的涂覆层保护，一般外部还有塑料外套进行防护。如图 2-6 所示。

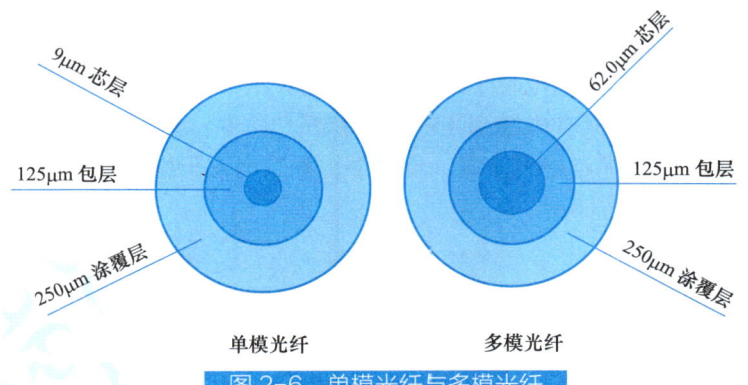

图 2-6 单模光纤与多模光纤

（1）纤芯：传输光信号，光信号中携带用户数据。
（2）包层：折射率比玻璃芯低，可使光信号在玻璃芯内反射传输。
（3）塑料外套：用于保护光纤。

光缆可以是单根光纤，但通常由多根光纤构成，外面有外壳保护，以保证光缆有一定的强度。

1．光纤的物理特性

数据在玻璃纤维中通过光信号进行传输。光纤可分为单模光纤和多模光纤。

（1）多模光纤

允许许多条不同角度入射的光线在一条光纤中传输，即有多条光路，如图2-7所示。在无中继条件下，传播距离可达几km，采用LED作为光源。

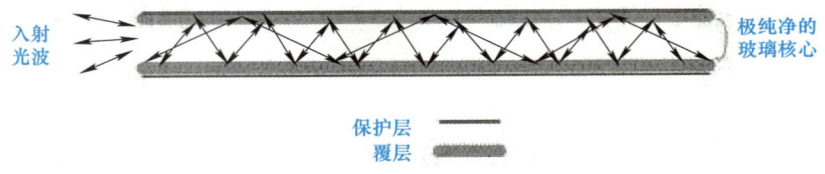

图2-7　多模光纤传输示意图

（2）单模光纤

光纤直径与光波波长相等，只允许一条光线在一条光纤中直线传输，即只有一条光路，如图2-8所示。在无中继条件下，传播距离可达几十km，采用激光作为光源。

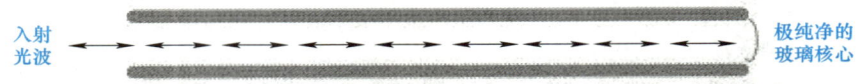

图2-8　单模光纤传输示意图

单模光纤容量大于多模光纤，价格也高于多模光纤。

2．光纤的其他特性

1）传输特性：每一根光纤任何时候只能单向传输数字信号。因此，要实现双向通信就必须成对使用。

2）连通性：用于点到点连接。

3）地理范围：在6～8km的距离内，不用中继器。

4）抗干扰性：不受外界的电磁干扰或噪声影响。

5）价格：在双绞线、同轴电缆和光纤三种有线介质中，光纤的价格最高。

光纤与铜缆相比，其优点是高带宽、衰减小、不受电磁干扰、细且重量轻、安全性好；缺点是单向传输且价格比较昂贵。

2.2.5　无线介质

使用无线介质，是指在两个通信设备之间不使用任何物理的连接器，即无需铺设网络传输线。常用的无线介质是微波。

微波通信常用的有地面微波通信和卫星通信两种。

1．地面微波通信

地面微波通信的优点是：频带宽、信道容量大、初建费用小，既可传输模拟信号，又可传输数字信号；但方向性强（必须直线传播）、保密性差。

2．卫星通信

在卫星通信中，通信卫星是微波通信的中继站，如图 2-9 所示。它的优点是：容量大、可靠性高、通信成本与两站点之间的距离无关，传输距离远、覆盖面广、具有广播特征；缺点是：一次性投资大、传输延迟时间长。同步卫星传输延迟的典型值为 270ms，而微波链路的传播延迟大约为 3μs/km，电磁波在电缆中的传播延迟大约为 5μs/km。

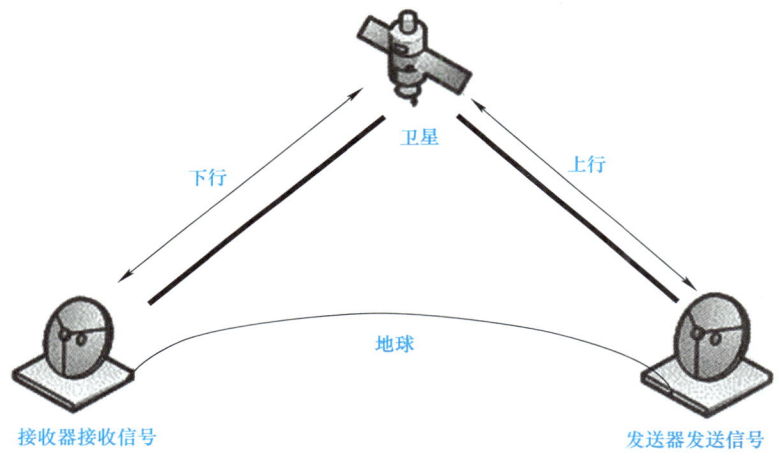

图 2-9 卫星通信

我国的低轨道卫星计划已取得初步的试验成功。航天科技和航天科工集团分别提出了"鸿雁"和"虹云"低轨卫星通信星座计划，将分别发射 300 颗和 156 颗低轨通信卫星组建太空通信网，两个计划将于 2023 年建设完成。

2.3 子项目 2——网络布线规划

在总任务中租用了一层和二层。技术部和技术支持部在一层，市场部、总务部、财务部及各部门的部门经理办公室及公司的总经理办公室在二层。怎么来划分他们的网络布线结构呢？

2.3.1 公司网络布线规划

首先划分他们的子系统。技术部和技术支持部在一层，那么他们共用一个水平子系统，因为他们不在一起办公，所以他们又在不同的工作子系统中。可以将这个水平子系统称为一层水平子系统，同理，其他部门在二层，所以称为二层水平子系统。由于两个部门的工作子系统不同，所以有技术部工作子系统和技术支持部子系统，连接一层和二层的区域和设备，可以认为是垂直子系统。放置服务器的区域自然可以认为是设备间子系统，每一层的水平子系统和垂直子系统交汇处会有很多交换或路由设备，那么这些区域和设备就可以认为是管理子系统。

通过划分，就可以清楚地将项目划分出多个区域，如果项目足够大，不仅可以进行分包，还可以同时进行施工，大大节省工期，并且可以清楚地划分责任范围。

2.3.2 子系统中设备选取

1．选择不同类型的网线

现在我们除了网线以外还没有讲解任何的网络中间设备，但是可以思考那些子系统使用什么样的网络设备。

首先，一般情况下，连接到桌面的网线应该是非屏蔽双绞线，性价比高，安装简易，一般设备（计算机、打印机等）都支持。

其次，在水平子系统中也同样使用非屏蔽双绞线，毕竟一般水平子系统的区域并不很大，也不是整座大厦的数据汇聚中心。

在垂直子系统中，在大厦楼层过高、负载设备过多的情况下就要考虑使用光纤了，光纤的吞吐量大。

2．选择不同的网络设备

网络设备存在多种多样，价格和性能相差也比较悬殊，如果只是一味地追求高性能而忽略了实际需求，就会造成极大的浪费。

首先，在各个工作子系统中一般不会使用路由器，而是使用交换机，并且如果不是网络的中心节点或重要节点，就不采用高性能的交换机。

其次，在每个管理子系统中是多个水平子系统和设备子系统之间的连接，这样就需要高性能的交换机或路由器等网络设备。

最后，在设备间子系统是楼宇与楼宇之间的传输，需要很大的数据吞吐量，所以一般都是高性能的核心路由器或核心交换机。

单元小结

通过本单元的学习，我们了解到了网络布线，认识了水平子系统、垂直子系统等六个子系统，并且了解了双绞线、光纤等网络传输介质，还分析了各个系统设备的选取。

本单元重点掌握的知识：

（1）网络综合布线的定义

（2）结构化布线系统的定义

（3）各种网络传输介质

本单元重点掌握的技能：

（1）能够根据实际情况选择相应的网络传输介质和设备

（2）能够根据实际情况选择布线方法

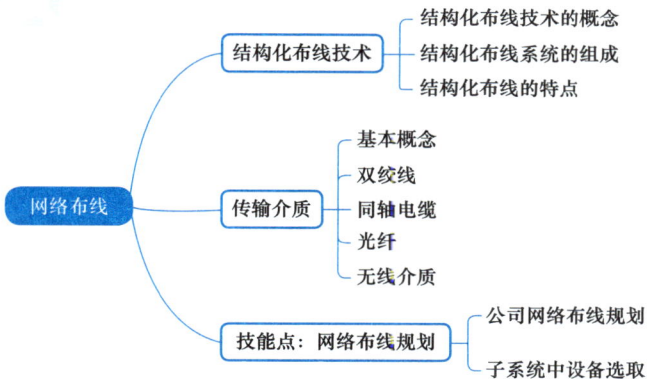

思考与练习

1．请谈谈什么是网络综合布线。
2．结构化布线系统的特点是什么？
3．请详细说明各种传输介质之间的优缺点。

第 3 单元
网络参考模型

世界上第一个网络体系结构是由 IBM 公司在 1974 年提出的 SNA，随后其他公司也相继提出自己的网络体系结构，如 Digital 公司的 DNA，美国国防部的 TCP/IP 等，多种网络体系结构并存造成的结果是，若采用了 IBM 的结构，那么只能选用 IBM 的产品，并且只能与具有同种结构的网络互联。

为了促进计算机网络的发展，国际标准化组织（ISO）于 1977 年成立了一个委员会，依据当时的网络基础，提出了一种不基于具体机型、操作系统或公司的网络体系结构，称为开放系统互联参考模型（Open System Interconnection/Reference Model，OSI/RM）。

我国于 1978 年加入 ISO，在 2008 年 10 月的第 31 届国际化标准组织大会上，我国正式成为 ISO 的常任理事国。代表我国参加 ISO 的国家机构是中国国家标准化管理委员会。国家标准化管理委员会是中华人民共和国国务院授权履行行政管理职能、统一管理全国标准化工作的主管机构，正式成立于 2001 年 10 月。

扫码观看视频

除了 ISO，网络界还有一些标准化组织，如：

1）美国国家标准协会（American National Standards Institute，ANSI）：该组织制定的标准范围涉及屏幕显示器属性到光纤电缆传输的准则。

2）电气与电子工程师协会（Institute of Electrical and Electronics Engineers，IEEE）：IEEE 的计算机学会局域网委员会开发了许多今天正在使用的 LAN 标准，IEEE 还为语音与数据网络的集成制定了标准。

3）国际电报电话咨询委员会（Consultative Committee on International Telegraph and Telephone，CCITT）：CCITT 是国际电信联盟的一个分支机构，主要负责制定 Modem（调制解调器）、电子邮件和数字电话系统等方面的标准。

3.1 认识 OSI 参考模型

OSI 参考模型的设计目的是成为一个所有厂商都能实现的开放网络模型，从而克服使用众多私有网络模型所带来的困难和低效性。OSI 参考模型的完成离不开 ISO 的推动和参与。在 OSI 参考模型出现之前，计算机网络中存在众多的网络体系结构，其中以 IBM 公司的 SNA（System Network Architecture，系统网络体系结构）和 DEC 公司的 DNA（Digital Network Architecture，数字网络体系结构）最为著名。为了解决不同体系结构网络之间的互联问题，国际标准化组织 ISO 于 1981 年制定了开放系统互联参考模型。

扫码观看视频

3.1.1 OSI 参考模型简介

为了完成计算机间的通信，我们把每个计算机进行互联的功能划分成定义明确的层次，规定了同层进程通信的协议及相邻层之间的接口及服务，将这些层、同层进程通信的协议及相邻层之间的接口统称为网络体系结构。

OSI 标准制定过程中采用的方法是将整个庞大而复杂的问题划分为若干个容易处理的小问题，即对体系结构进行分层。在 OSI 中采用了三级抽象，包括体系结构、服务定义和协议规格说明。

OSI 参考模型把网络通信的工作分为 7 层，由低到高分别是物理层（Physical Layer）、数据链路层（Data Link Layer）、网络层（Network Layer）、传输层（Transport Layer）、会话层（Session Layer）、表示层（Presentation Layer）和应用层（Application Layer），如图 3-1 所示。第一层到第三层属于 OSI 参考模型的低三层，负责创建网络通信连接的链路；第四层到第七层为 OSI 参考模型的高四层，具体负责端到端的数据通信。每层完成一定的功能，并直接为其上层提供服务，所有层都互相支持，网络通信的方向可以选择自上而下（在发送端）或者自下而上（在接收端）。当然并不是每一通信都需要经过 OSI 的全部七层，有的甚至只需要双方对应的某一层即可。物理接口之间的转接，以及中继器与中继器之间的连接就只需在物理层中进行；而路由器与路由器之间的连接则只需经过网络层以下的三层。总的来说，双方的通信是在对等层次上完成的，无法在不对称层次上进行通信。每个层次完成特定的功能，同层进程之间进行通信，通过调用下层功能来实现。

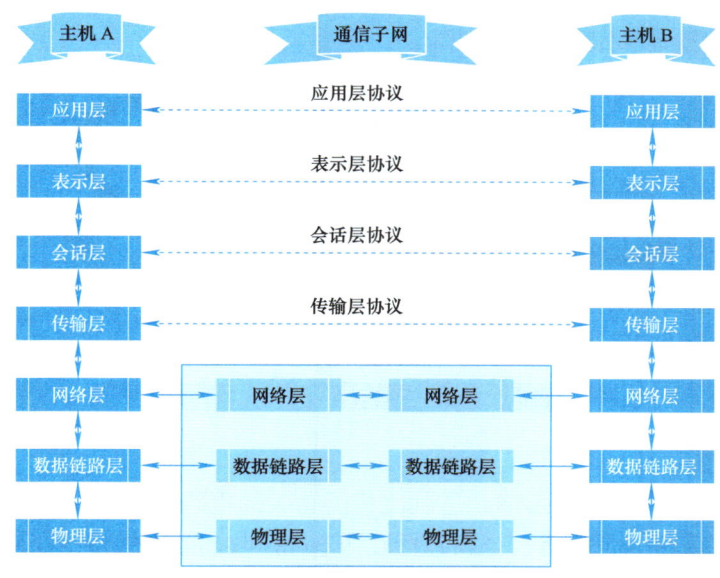

图 3-1 OSI 参考模型

OSI 是分层体系结构的一个实例，每一层作为一个模块，用于执行某种特定功能，具有一套特殊的通信指令格式，称为协议。将信息从一层传送到下一层是通过命令的方式实现的，这里的命令称为原语。当一个数据包进入下一层时，就会在数据包外加上新的协议控制信息，因此，数据包自上而下穿过各层时会增长得很快。

3.1.2 物理层

1. 物理层的功能

物理层是 OSI 参考模型的最底层,其任务就是为它的上一层提供一个传输数据的物理连接。在这一层,数据仅作为原始的比特流(bit 流)进行处理。该层规定了网络设备之间的物理接口特性及通信规则,即规定了为建立、维护和拆除物理链路(通信节点之间的物理路径)所需的机械、电气、功能和规程特性。其作用是确保比特流在物理信道上传输。

2. 物理层协议(标准)的内容

物理层接口协议实际上是 DTE 和 DCE 或其他通信设备之间的一组约定,主要解决网络节点与物理信道如何连接的问题。

(1)机械特性

规定物理连接器的规格尺寸、插针或插孔的数量和排列情况、相应通信介质的参数和特性等。例如,PC 上的 COM1 和 COM2 接口称为 RS-232 接口,使用的是典型的物理层协议 RS-232C。

EIA RS-232C 是一种目前使用最广泛的串行物理接口,其定义的连接器机械特性主要有以下两点(见图 3-2):

1)使用 25 针连接器(DB-25)或 9 针连接器(DB-9)。图 3-2 所示为常用的 RS-232C 连接器。

2)在 DTE 一侧采用孔式插座形式,DCE 一侧采用针式插头形式,并对连接器的尺寸、针或孔芯的排列位置等都做了明确的规定。

DB-25

DB-9

图 3-2 RS-232C 规定的连接器的机械特性

(2)电气特性

电气特性规定了在链路上传输二进制比特流有关的电路特性,如信号电压的高低、阻抗匹配、传输速率和距离限制等,通常包括发送器和接收器的电气特性以及与互联电缆相关的有关规则等。

(3)功能特性

功能特性规定各信号线的功能或作用。信号线按功能可分为数据线、控制线、定时线和接地线等。

(4)规程特性

规程特性定义 DTE 和 DCE 通过接口连接时,各信号线进行二进制位流传输的一组操作规程(动作序列),如怎样建立、维持和拆除物理连接,全双工还是半双工操作等。

3．物理层的网络连接设备

（1）中继器（Repeater）

信号在通过物理介质传输时或多或少会受到干扰、产生衰减。如果信号衰减到一定的程度,将不能被识别出来。因此,采用不同传输介质的网络对网线的最大传输距离都有相应的规定。

中继器工作在OSI参考模型的物理层上,其功能是对衰减的信号进行再生和放大,如图3-3所示。由于中继器在网络数据传输中起到了放大信号的作用,因此可以"延长"网络的距离。

中继器的主要优点是安装简单、使用方便、价格相对低廉。它不仅起到扩展网络距离的作用,还可以连接不同传输介质的网络。

（2）集线器（HUB）

集线器具有多个端口,不仅用于集中网络连接,还可以重发数字信号。局域网中最常用的是连接以太网的HUB,如图3-4所示。其他类型的HUB包括用于令牌环网络的多站访问单元（MAU）,在下一单元将进行介绍。

集线器具有与中继器相似的信号中继和放大特性,因而被称为多端口中继器。两者的主要区别是:中继器一般为两个端口,一个端口接收数据,另一个端口对数据进行放大转发;而集线器具有多个端口（8口、16口和24口等）,数据到达一个端口后,将被转发到其他所有端口（广播）。用HUB连接的网络在物理上是星形而逻辑上是总线型的拓扑结构。

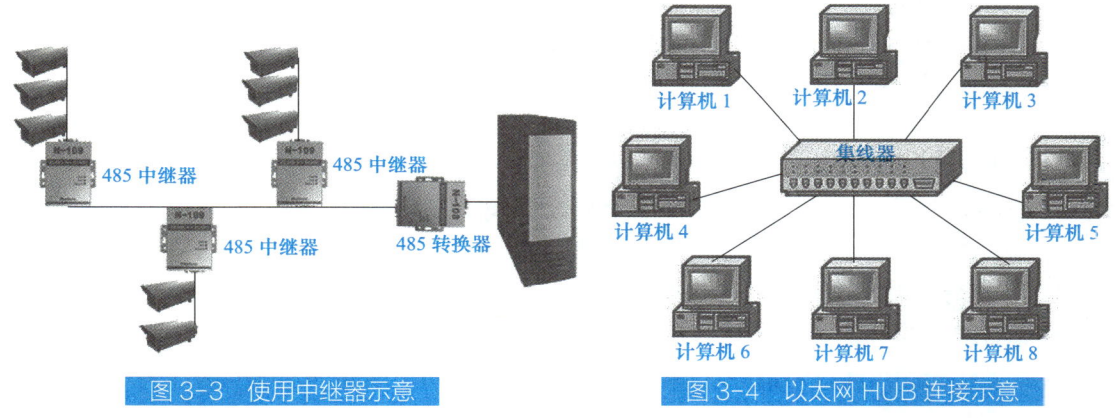

图3-3　使用中继器示意　　　　　图3-4　以太网HUB连接示意

集线器有多种分类方法:

1）依据带宽的不同,集线器分为10Mbit/s、100Mbit/s、10/100Mbit/s自适应、1000Mbit/s、100/1000Mbit/s自适应等,小型局域网通常使用前三种。

2）按配置形式的不同可分为独立型集线器、模块化集线器和堆叠式集线器。

3）根据管理方式又可分为智能型集线器和非智能型集线器。所谓智能型HUB除了具有HUB的基本功能外,还具有SNMP（Simple Network Management Protccol）网管功能。

目前所使用的集线器基本是以上3种分类的组合,例如10/100Mbit/s自适应智能型可堆叠式集线器。

3.1.3 数据链路层

1. 数据链路层的功能

数据链路层是 OSI 参考模型的第二层,该层解决两个相邻节点之间的通信问题,实现在两个相邻节点链路上协议数据单元的无差错传输。数据链路层传输的协议数据单元称为数据帧。

所谓链路就是数据传输中任何两个相邻节点间的点到点的物理线路。数据帧通常是由网卡(NIC)产生:上一层的协议数据单元(数据包)传递到 NIC 后,NIC 通过添加头部和尾部将数据打包(封装成帧),如图 3-5 所示;然后数据帧沿着链路再传送至目的节点。

| 帧头 | 数据包 | 帧尾 |

图 3-5 数据帧的组成

数据帧首部和尾部含有对等数据链路进程需要使用的协议信息。头部的信息包括发送节点和接收节点的地址(MAC 地址)以及错误校验信息等。

数据链路层不关心数据包中包含什么信息,而仅是将其传递到网络中的下一节点。数据链路层的主要功能概括如下:

(1)数据链路的管理

和物理层相似,数据链路层主要负责建立、维持和释放数据链路的连接。在局域网中,数据链路层又被划分为逻辑链路控制子层和介质访问控制子层。

(2)帧同步

帧同步要解决的问题是接收方如何能从收到的比特流中准确地区分出一帧的开始和结束。一般可采用以下方法(目前普遍使用的是后两种):

1)字节计数法:采用一个特定的字符(如 SOH)来表示一帧的开始,并以一个专门的字段(Count)来表示帧内的字节数。

2)字符填充法:采用一些特定的字符来表示一帧的开始和结束。

3)比特填充法:采用一串特定的比特组合来表示一帧的开始和结束。

4)违法编码法:采用"违法"的编码来表示一帧的开始和结束。

(3)差错控制

差错控制是指在数据通信过程中能检测或纠正差错,并将差错限制在尽可能小的允许范围内。差错检测可通过差错控制编码来实现,而差错纠正则通过差错控制方法来实现。详见"差错控制技术"一节中的相关介绍。

(4)流量控制

如果发送节点的发送能力大于接收节点的接收能力,将导致接收方来不及接收。流量控制所要解决的就是控制发送方的速率,使其不超过接收方所能承受的能力。

2. 数据链路层协议分类及 HDLC 格式简介

(1)数据链路层协议分类

数据链路控制协议分为异步协议和同步协议两类。

异步协议以字符为独立的信息传输单位,在每个字符的起始处对字符内的比特实现同步,但字符与字符之间的间隔时间是不固定的(即字符之间是异步的)。由于每个传输字符都要添加诸如起始位、校验位、停止位等冗余位，所以信道利用率很低，一般用于数据速率较低的场合。

同步协议是以许多字符或许多比特组织成的数据块——帧为传输单位，在帧的起始处同步，使帧内维持固定的时钟。由于采用帧为传输单位，所以同步协议能更有效地利用信道，也便于实现差错控制、流量控制等功能。同步协议又可分为面向字节计数的同步协议、面向字符的同步协议和面向比特的同步协议。其中，面向比特的同步协议的典型代表是 HDLC（High-level Data Link Control）。

HDLC 协议的特点是不依赖于任何一种字符编码集；实现透明传输的"0 比特插入／删除法"，易于硬件实现；全双工通信，不必等待确认便可连续发送数据，有较高的数据链路传输效率；所有帧均采用 CRC 校验；对信息帧进行顺序编号，可防止漏收或重发，传输可靠性高等。

（2）HDLC 帧格式简介

HDLC 帧由标志字段（F）、地址字段（A）、控制字段（C）、信息字段（I）和帧校验序列字段（FCS）组成，其中：

- 标志字段 01111110 用以标志帧的起始和前一帧的终止。
- 地址字段的内容取决于所采用的操作方式，命令帧中的地址字段携带的是相邻节点的地址，而响应帧中的地址字段携带的是本节点地址。
- 控制字段通过不同编码构成各种命令和响应，以便对链路进行监视和控制，该字段是 HDLC 协议的关键部分。
- 信息字段用于传送有效数据，下限可以为 0（无信息字段），上限未做严格限定，但实际上要受 FCS 字段或站点缓冲器容量的限制，一般是 1000～2000bit。
- 帧校验序列字段可以使用 16 位或 32 位的 CRC，对两个标志字段之间的整个帧的内容进行校验。有关 CRC 的工作原理见"差错控制编码"中的相关介绍。

3. 数据链路层的网络连接设备

（1）网卡

网卡又称网络接口卡（Network Interface Card, NIC），是主机与网络的接口部件。网卡是一种能发出和接收数据帧、计算帧检验序列、执行编码译码转换等以实现网络节点间数据交换的集成电路卡。网卡上有收发器、介质访问控制逻辑和设备接口，其核心部件就是网卡芯片，如图 3-6 所示。完成以下主要功能：

1）控制数据传送。
2）具备串、并转换功能。
3）缓存功能。

每块网卡都有一个称为 MAC 地址的 12 位十六进制网络地址（48 位二进制）。网卡初始化后，该网卡的 MAC 将载入设备的 RAM 中。例如执行 DOS 命令：ipconfig/all，可获知本机网卡的 MAC 地址。

MAC 地址是全球唯一的物理地址，由厂家在生产时固化到网卡的 ROM 中。MAC 地址的前 6 个十六进制数字表示制造商或厂商编号，后 6 个十六进制数字表示 NIC 序号。

网卡按总线类型可分为 ELSA 网卡、ISA 网卡、PCI 网卡、PCMCIA 网卡和 USB 网卡等；按传输速率可分为 10Mbit/s 网卡、100Mbit/s 网卡、10/100Mbit/s 自适应网卡以及千兆网卡等。

（2）网桥（Bridge）

网桥又称为桥接器，用于分隔网络，如图 3-7 所示。一个网络的物理连线距离虽然在规定范围内，但如果负荷很重，可用网桥把它分隔成两部分，即分成网段 1 和网段 2。

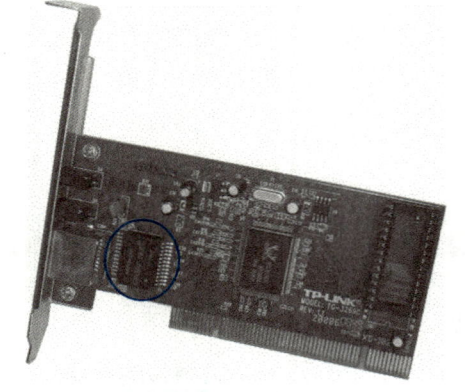

图 3-6　网卡及网卡芯片

图 3-7　网桥

网桥仅基于 MAC 地址来过滤网络流量，它与上面运行的网络层协议无关，即网桥对网络层以上的协议是完全透明的。网桥通常用于连接同一类型的网络（物理层可以不同，例如，可连接使用 UTP 的以太网与使用同轴电缆的以太网）。

网桥的工作原理是依据 MAC 地址和网桥路由表实现帧的路径选择。网桥刚启动时，其路由表是空的，当某一节点传送的数据通过网桥时，如果该 MAC 地址不在路由表中，网桥会自动记下其地址及对应的网桥端口号。通过这样一个"学习"过程，可建立起一张完整的网桥路由表。

（3）交换机

交换机也叫交换式集线器，是一个由许多高速端口组成的设备。图 3-8 所示就是思科的一款交换机 C2960。

交换机实际上是由网桥发展而来的，工作原理与网桥相似，通过不断学习，在交换机内存中建立起一张 MAC 地址和端口号的关联表。

图 3-8　思科交换机 C2960

交换机从外表上看与 HUB 非常相似，区别在于，交换机基于 MAC 地址向特定端口转发数据帧，而 HUB 是向所有端口广播发送数据帧；前者是独享带宽，后者是共享带宽。例如，有一台 100Mbit/s 的 HUB 连接了 N 台主机，则 N 台主机共享 100Mbit/s 带宽，每台主机所分配到的带宽只有（100/N）Mbit/s；而对于一台 100Mbit/s 的交换机，每个端口的带宽均为 100Mbit/s，即每台连接的主机均可获得 100Mbit/s 带宽。

3.1.4 网络层

1．网络层功能概述

网络层是 OSI 参考模型中的第三层，是通信子网的最高层。网络层关系到通信子网的运行控制，实现了网络应用环境中资源子网对于通信子网的访问。

网络层的主要任务是设法将源节点发出的数据包传送到目的节点，从而向传输层提供最基本的端到端的数据传送服务。概括地说，网络层应该具有以下功能。

1）为传输层提供服务。网络层提供的服务有两类，即面向连接的网络服务和面向无连接的网络服务。这两种网络服务的具体实现就是虚电路服务和数据报服务。

虚电路服务是网络层向传输层提供的一种使所有数据包按顺序到达目的节点的可靠的数据传送方式，进行数据交换的两个节点之间存在着一条为它们服务的虚电路，它是面向连接的服务；而数据报服务是不可靠的数据传送方式，源节点发送的每个数据包都要附加地址、序号等信息，目的节点收到的数据包不一定按序到达，还可能出现数据包丢失的现象，它是无连接服务。

典型的网络层协议是 X.25，它是由 ITU-T（国际电信联盟电信标准部）提出的一种面向连接的分组交换协议。

2）组包和拆包。在网络层，数据传输的基本单位是数据包（也称为分组）。在发送方，传输层的报文到达网络层时被分为多个数据块，在这些数据块的头部和尾部加上一些相关控制信息后，即组成了数据包（组包）。数据包的头部包含源节点和目标节点的网络地址（逻辑地址）。在接收方，数据从低层到达网络层时，要将各数据包原来加上的包头和包尾等控制信息去掉（拆包），然后组合成报文，送给传输层。

3）路由选择。路由选择也叫作路径选择，是根据一定的原则和路由选择算法在多节点的通信子网中选择一条最佳路径。确定路由选择的策略称为路由算法。

在数据报方式中，网络节点要为每个数据包做出路由选择；而在虚电路方式中，只需在建立连接时确定路由。

4）流量控制。流量控制的作用是控制阻塞，避免死锁。

网络的吞吐量（数据包数量/秒）与通信子网负荷（即通信子网中正在传输的数据包数量）有着密切的关系。

为了防止出现阻塞和死锁，需进行流量控制，通常可采用滑动窗口、预约缓冲区、许可证和分组丢弃四种方法。

2．路由选择算法简介

路由算法很多，大致可分为静态路由算法和动态路由算法两类。

（1）静态路由算法

静态路由算法又称为非自适应算法，是按某种固定规则进行的路由选择。其特点是算法简单、容易实现，但效率和性能较差。属于静态路由算法的有以下几种：

- 最短路由选择；
- 扩散式路由选择；

- 随机路由选择；
- 集中路由选择。

（2）动态路由算法

动态路由算法又称为自适应算法，是一种依靠网络当前状态信息来决定路由的策略。这种策略能较好地适应网络流量、拓扑结构的变化，有利于改善网络的性能；但算法复杂，实现开销大。动态路由算法包括以下几种：

- 分布式路由选择策略；
- 集中路由选择策略。

3. 网络层的网络连接设备

（1）路由器（Router）

在互联网中，两台主机之间传送数据的通路会有很多条，数据包从一台主机出发，中途要经过多个站点才能到达另一台主机。这些中间站点通常由称为路由器的设备担当，其作用就是为数据包选择一条合适的传送路径。例如，在图 3-9 中，主机 A 到主机 B 的数据传输路径就有多条。图 3-10 是思科的 2800 系列路由器。

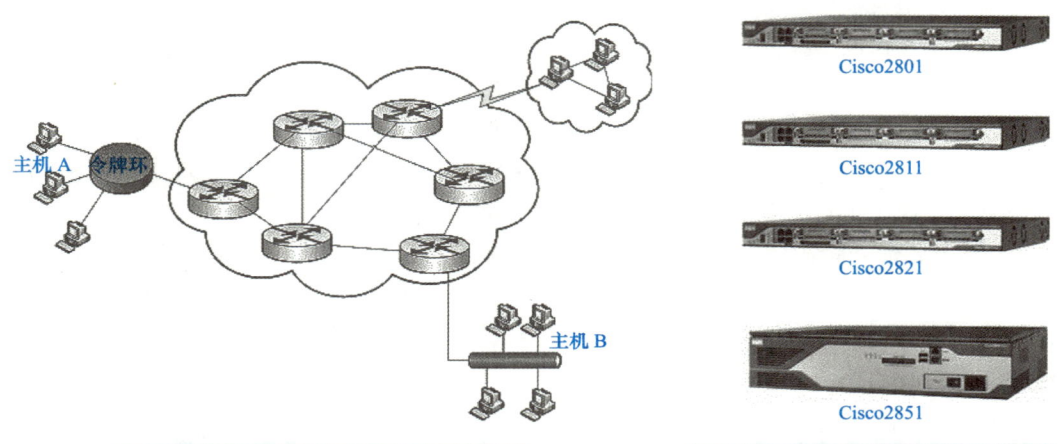

图 3-9　通过路由器进行路径选择　　　　图 3-10　思科 2800 系列路由器

路由器工作在 OSI 模型的网络层，根据数据包中的逻辑地址（网络地址）而不是 MAC 地址来转发数据包。

路由器的主要工作是为经过路由器的每个数据包寻找一条最佳传输路径，并将该数据包有效地传送到目的站点。

路由器不仅有网桥的全部功能，还具有路径选择功能，可根据网络的拥塞程度，自动选择适当的路径传送数据。

路由器与网桥不同之处在于，它并不是使用路由表来找到其他网络中指定设备的地址，而是依靠其他的路由器来完成任务。也就是说，网桥是根据提前规划好的路由表来转发或过滤数据包，而路由器是使用它自己的路由表信息来为每一个数据包选择最佳路径。

路由表有静态和动态之分。静态路由表需要管理员来修改所有的网络路由表，一般只用于小型的网间互联；而动态路由表能根据指定的路由协议来修改路由器信息。

（2）第三层交换机

随着技术的发展，有些交换机也具备了路由的功能。这些具有路由功能的交换机要在网络层对数据包进行操作，因此被称为第三层交换机。

3.1.5 传输层

1．传输层端口的概念

传输层的任务是根据通信子网的特性，最佳地利用网络资源，为两个端系统的会话层之间提供建立、维护和取消传输连接的功能，负责端到端的可靠数据传输。在这一层，信息传送的协议数据单元称为段或报文。

网络层只是根据网络地址将源节点发出的数据包传送到目的节点，而传输层则负责将数据可靠地传送到相应的端口。

计算机网络中的资源子网是通信的发起者和接收者，其中每个设备称为端点；通信子网提供网络的通信服务，其中设备称为节点。OSI 参考模型下面四层用于通信控制，但它们的控制对象不一样。

2．传输层的基本功能

传输层提供了主机应用程序进程之间的端到端服务，基本功能如下：

1）分割与重组数据。

2）按端口号寻址。

3）连接管理。

4）差错控制和流量控制。

传输层要向会话层提供通信服务的可靠性，避免报文的出错、丢失、延迟时间紊乱、重复、乱序等差错。

3．传输层的服务类型与协议等级

传输层既是 OSI 层模型中负责数据通信的最高层，又是面向网络通信的低三层和面向信息处理的高三层之间的中间层。该层弥补高层所要求的服务和网络层所提供的服务之间的差距，并向高层用户屏蔽通信子网的细节，使高层用户看到的只是在两个传输实体间的一条端到端的、可由用户控制和设定的、可靠的数据通路。

（1）服务类型

传输层提供的服务可分为传输连接服务和数据传输服务。

1）传输连接服务：通常对会话层要求的每个传输连接，传输层都要在网络层上建立相应的连接。

2）数据传输服务：强调提供面向连接的可靠服务（一段时间之后，OSI 才开始制定无连接服务的有关标准），并提供流量控制、差错控制和序列控制，以实现两个终端系统间传输的报文无差错、无丢失、无重复、无乱序。

（2）协议等级

传输层服务通过协议体现，因此传输层协议的等级与网络服务质量密切相关。根据差错性质，网络服务按质量可分为以下 3 种类型：

1）A 类服务：低差错率连接，即具有可接受的残留差错率和故障通知率。

2）C 类服务：高差错率连接，即具有不可接受的残留差错率和故障通知率。

3）B 类服务：介于 A 类服务与 C 类服务之间。

差错率的接受与不可接受取决于用户。因此，网络服务质量以用户要求为依据进行划分。OSI 根据传输层的功能特点，定义了以下 5 种协议级别：

1）0 级：简单连接。只建立一个简单的端到端的传输连接，并可分段传输长报文。

2）1 级：基本差错恢复级。在网络连接断开、网络连接失败或收到一个未被认可的传输连接数据单元等基本差错时，具有恢复功能。

3）2 级：多路复用。允许多条传输共享同一网络连接，并具有相应的流量控制功能。

4）3 级：差错恢复和多路复用。是 1 级和 2 级协议的综合。

5）4 级：差错检测、恢复和多路复用。在 3 级协议的基础上增加了差错检测功能。

（3）典型的传输层协议

1）SPX：顺序包交换协议，是 Novell NetWare 网络的传输层协议。

2）TCP：传输控制协议，是 TCP/IP 参考模型的传输层协议。

3.1.6 会话层

会话层、表示层和应用层是 OSI 模型中面向信息处理的高层，对这三层的功能实现目前还没有形成统一的标准。在 TCP/IP 的网络体系结构中，高层只有应用层，没有设置会话层和表示层。

会话层也称为对话层或会晤层，该层利用传输层提供的服务，组织和同步进程间的通信，提供会话服务、会话管理和会话同步等功能，如图 3-11 所示。

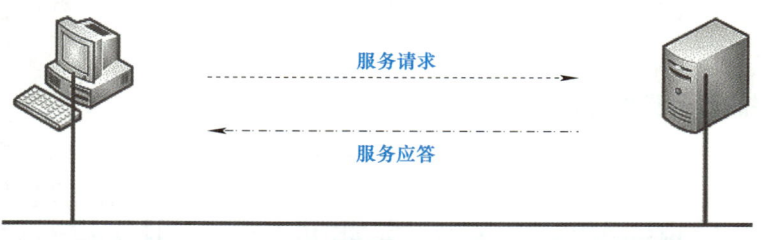

图 3-11 会话层协调端－端系统通信时的服务请求和应答

会话层不参与具体的数据传输，仅提供包括访问验证和会话管理在内的建立和维护应用程序间通信的机制，如服务器验证用户登录便是由会话层完成的。

1）会话服务。会话层服务包括会话连接管理服务、会话数据交换服务、会话交互管理服务、会话连接同步服务和异常报告服务等。会话服务过程可分为会话连接建立、报文传送和会话连接释放三个阶段。

2）会话控制。从原理上说，OSI 中的所有连接都是全双工的。

会话层通过令牌来进行会话的交互控制。令牌是会话连接的一个属性，表示使用会话的独占权，拥有令牌的一方才有权发送数据。令牌是可以申请的，各个终端系统对令牌的使用权可以具有不同的优先级。

3）会话同步。所谓同步就是使会话服务用户对会话的进展情况都有一致了解，在会话被中断后可以从中断处继续，而不必从头恢复会话。会话层定义的同步点有主同步点和次同步点两类。

3.1.7 表示层

这一层主要处理流经端口数据的表示方式问题，包括如下服务：

1）数据表示。解决数据的语法表示问题，如文本、声音、图形图像的表示，即确定数据传输时的数据结构。

2）语法转换。为使各个系统间交换的数据具有相同的语义，应用层采用的是对数据进行一般结构描述的抽象语法，如使用 ISO 提出的抽象语法标记 ASN.1。表示层为抽象语法指定一种编码规则，便构成一种传输语法。

3）语法选择。传输语法与抽象语法之间是多对多的关系，即一种传输语法可对应于多种抽象语法，而一种抽象语法也可对应于多种传输语法。所以传输层应能根据应用层的要求，选择合适的传输语法传送数据。

4）连接管理。利用会话层提供的服务建立表示连接，并管理在这个连接之上的数据传输和同步控制，以及正常或异常地释放这个连接。

3.1.8 应用层

应用层是 OSI 参考模型的最高层，是用户与网络的接口。应用层通过支持不同应用协议的程序来解决用户的应用需求，如文件传输、远程操作和电子邮件服务等。

应用层提供的典型服务和协议如下：
- FTAM（File Transfer，Access and Management）
- MHS（Message Handling System）
- VTP（Virtual Terminal Protocol）
- DS（Directory Service）
- CMIP（Common Management Information Protocol）

扫码观看视频

3.2 认识 TCP/IP 参考模型

TCP/IP（Transmission Control Protocol/Internet Protocol，传输控制协议/互联网协议）又名网络通信协议，是 Internet 的基础。

TCP/IP 定义了电子设备如何连入 Internet 以及数据如何在它们之间传输的标准。协议采用了 4 层的层级结构，每一层都调用它的下一层所提供的网络服务来满足本层的需求。通俗而言，TCP 负责发现传输的问题，一有问题就发出信号，要求重新传输，直到所有数据安全正确地传输到目的地。而 IP 是给 Internet 的每一台计算机规定一个地址。

扫码观看视频

3.2.1 TCP/IP 参考模型简介

1. TCP/IP 族简介

Internet 网络体系结构是以 TCP/IP 为核心的。基于 TCP/IP 的参考模型与 OSI 参考

扫码观看视频

模型相比，结构更为简单，两者之间的对应关系如图 3-12 所示。

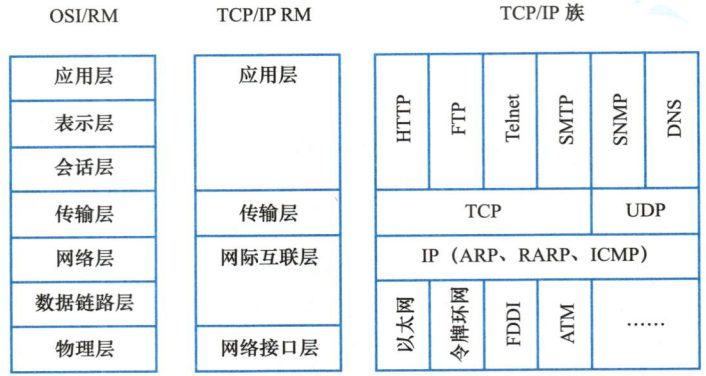

图 3-12　OSI RM 与 TCP/IP RM 的比较

2．TCP/IP 体系结构分层工作原理

TCP/IP 体系结构的分层工作原理以及主机通过两个网络互联的结构示意如图 3-13 所示。TCP 传送给 IP 的协议数据单元称作 TCP 报文段或简称为 TCP 段（segment），UDP 传送给 IP 的协议数据单元称作 UDP 数据报（datagram）；IP 传送给网络接口层的协议数据单元称作 IP 数据报；通过以太网传输的比特流称作数据帧（frame）。

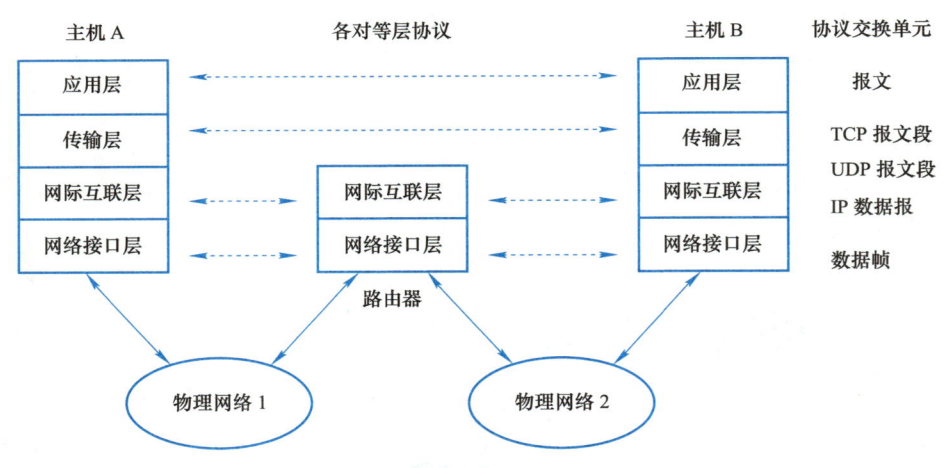

图 3-13　TCP/IP 分层工作示意

3.2.2　网络接口层

网络接口层与 OSI 参考模型中的物理层和数据链路层相对应。网络接口层是 TCP/IP 与各种 LAN 或 WAN 的接口。

网络接口层在发送端将上层的 IP 数据报封装成帧后发送到网络上；数据帧通过网络到达接收端时，该节点的网络接口层对数据帧拆封，并检查帧中包含的 MAC 地址。如果该地址就是本机的 MAC 地址或者是广播地址，则上传到网络层，否则丢弃该帧。

当使用串行线路连接主机与网络，或连接网络与网络时，例如，主机通过 Modem 和电话线接入 Internet，则需要在网络接口层运行 SLIP 或 PPP。

SLIP（Serial Line Internet Protocol）提供了一种在串行通信线路上封装 IP 数据报的简单方法，使用户通过电话线和 Modem 能方便地接入 TCP/IP 网络。

PPP（Point to Point Protocol）是一种有效的点到点通信协议，解决了 SLIP 存在的上述问题，即可以支持多种网络层协议（如 IP、IPX 等），支持动态分配的 IP 地址，并且 PPP 帧中设置了校验字段，因而 PPP 在网络接口层上具有差错检验能力。

3.2.3 网际互联层

1. 网际互联层相关协议简介

网际互联层对应于 OSI 参考模型的网络层，其主要功能是解决主机到主机的通信问题，以及建立互联网络。网间的数据报可根据它携带的目的 IP 地址，通过路由器由一个网络传送到另一网络。

这一层有 4 个主要协议：网际协议（IP）、地址解析协议（ARP）、反向地址解析协议（RARP）和互联网控制报文协议（ICMP）。其中，最重要的是 IP。

（1）IP

IP 的基本功能是提供无连接的数据报传送服务和数据报路由选择服务，但不保证服务的可靠性。

概括地说，IP 提供以下功能：

1）IP 地址寻址。指出发送和接收 IP 数据报的源 IP 地址及目的 IP 地址。IP 地址由网络号和主机号两部分组成。其中，网络号标识某个网络，主机号标识该网络上的一个特定的主机。

2）IP 数据报的分段和重组。不同网络的数据链路层可传输的数据帧的最大长度（MTU）不一样，例如，以太网是 1500B、16Mbit/s 的令牌环是 17 914B、FDDI 是 4352B。因此，IP 要能根据不同情况对数据报进行分段封装，使得很大的 IP 数据报能以较小的分组在网上传输。

目的主机上的 IP 能根据 IP 数据报中的分段和重组标识，将各个 IP 数据报分段重新组装为原来的数据报，然后交给上层协议。

3）IP 数据报的路由转发。根据 IP 数据报中接收方的目的 IP 地址，确定是本网传送还是跨网传送。

若目的主机在本网中，可在本网中将数据报传给目的主机；若目的主机在其他网络中，则通过路由器将数据报转发到另一个网络或下一个路由器，直至转发到目的主机所在的网络。

（2）ARP 与 RARP

上面提到的 IP 地址是一种逻辑地址，而通过数据链路层传输时必须使用实际的物理地址，即 MAC 地址。因此需要有一种能将 IP 地址转换为 MAC 地址的协议，ARP 就是一种地址解析协议。

ARP 的解析过程是：在进行数据报发送时，源主机先在其 ARP 缓存表中查看有无目的主机的 IP 地址，若有，则可直接获知相应的 MAC 地址；若没有，则通过广播 ARP 请求的方式查找目的主机的 MAC 地址，并将获取的响应信息写入源主机的 ARP 缓存表。

ARP 缓存表里的 IP 地址与 MAC 地址是一一对应的。

（3）RARP

RARP 为反向地址解析协议，用于解决物理地址到 IP 地址的转换问题。

（4）ICMP

由于 IP 提供的是一种不可靠的和无连接的数据报服务，为了对 IP 数据报的传送进行差错控制，对未能完成传送的数据报给出出错的原因，TCP/IP 族在网际互联层提供了一个用于传递控制报文的 ICMP，即互联网控制报文协议。

常用于检查网络连通性的 ping 命令，其过程实际上就是 ICMP 工作的过程。

2．IP 数据报格式

IP 数据报是网际互联层的协议数据单元。一个 IP 数据报由报头和数据两部分组成，其中，报头包含 20 个字节的固定单元与可变长度的任选项和填充项，如图 3-14 所示。

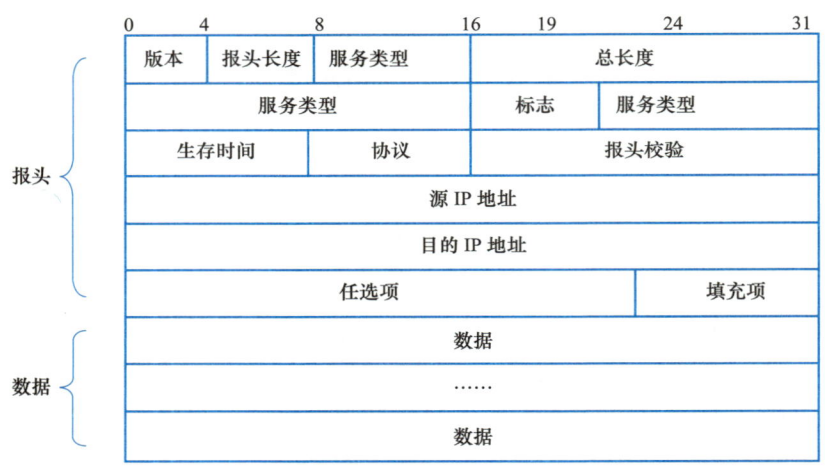

图 3-14　IP 数据报格式

3.2.4　传输层

传输层对应于 OSI 参考模型的传输层，提供端到端的数据传输服务。该层定义了两个主要的协议：传输控制协议（TCP）和用户数据报协议（UDP）。

TCP 提供的是面向连接的可靠的传输服务；而 UDP 提供的是无连接的不可靠的传输服务，一般用于数据量比较小的传输场景。

1．端口号

由于一台主机可以运行多个应用程序，如果仅靠 IP 地址是不能区分的，因此，TCP 和 UDP 使用端口号作为数据传送的最终目的地，以实现应用程序进程之间的端到端通信。即通过"IP 地址 + 端口号"可区分不同的应用程序进程。

TCP和UDP报头中的端口号字段占16bit，因此端口编号的取值范围是从0～65 535。其中，0～254用于公共应用，255～1023分配给有商业应用的公司，1024～65 535没有限制（用户可自行定义）。

2．UDP

（1）UDP数据报的组成

UDP数据报由报头和数据两部分组成，报头只有8个字节，如图3-15所示。

- 源端口字段说明发送进程的端口号。
- 目的端口字段说明接收进程的端口号。

0	16	31
源端口	目的端口	
长度	校验和	

图3-15 UDP数据报的报头结构

- 长度字段说明UDP数据报的总长度（字节），最小值为8B（报头的长度）。
- 校验和字段用于简单的差错检测。如果有差错，通常是将UDP数据报丢弃。

由于IP只对数据报报头进行正确性校验，因此这里的校验和是使用UDP的传输层确定数据是否无错到达的唯一手段。校验和进行检错的方法简单易行，处理速度较快，但检错能力不强。

（2）UDP的功能与特点

UDP直接利用IP来传送报文，没有烦琐的顺序控制、差错控制和流量控制等功能，因此它的服务和IP一样是无连接的和不可靠的，即UDP报文也会出现丢失、重复、失序等现象。

尽管UDP提供的是不可靠的服务，但是它开销小、效率高，因而适用于速度要求较高而功能简单的类似请求/响应方式的数据通信。通常采用UDP的应用层协议有DNS、SNMP、TFTP（简单文件传输协议）等。需要说明的是，基于UDP的应用程序必须自己解决可靠性问题。

3．TCP

与UDP不同，TCP提供的是一种可靠的、面向连接的数据传输服务，即进行通信的双方在传输数据之前，首先必须建立连接（类似虚电路）。此外，TCP还具有确认与重传机制、差错控制和流量控制等功能，以确保报文段传送的顺序和传输无错。

（1）TCP报文段的组成

TCP报文段是由报头和数据两部分组成，报头结构如图3-16所示。

0	8	16	24	31
源端口			目的端口	
发送序号				
确认序号				
数据偏移	保留	URG ACK PSH RST SYN FIN	窗口	
校验和			紧急指针	
任选项				填充项

图3-16 TCP报文段的报头结构

（2）TCP 的执行机制

TCP 通信建立在面向连接的基础上，通常需要三个阶段：建立 TCP 连接、传输报文段、拆除 TCP 连接。

3.2.5 应用层

应用层对应于 OSI 参考模型的最高层，为用户提供所需要的各种服务。例如，目前广泛采用的 HTTP、FTP、Telnet 等是建立在 TCP 之上的应用层协议，不同的协议对应着不同的应用。下面简单介绍几个常用的协议。

1．HTTP

HTTP 即超文本传输协议是一种 Internet 上最常见的协议，用于从 WWW 服务器传输超文本文件到本地浏览器。用户通过 URL 可链接到相应的 Web 服务器，并打开需访问的页面。

HTTP 在 Client/Server 模式下工作。

2．FTP

FTP 使用户可以在本地机与远程机之间进行有关文件传输的相关操作，如上传、下载等。FTP 也在 Client/Server 模式下工作，一个 FTP 服务器可同时为多个客户端提供服务，能够同时处理多个客户端的并发请求。

FTP 工作时需建立两条 TCP 连接，一个是命令链路，用来在 FTP 客户端与服务器之间传递控制命令，服务器端默认的端口号为 21；另一个是数据链路，用于传送文件，服务器默认的端口号为 20。

FTP 有两种工作方式：PORT 方式（主动式）和 PASV 方式（被动式）。两种方式的命令链路连接方法是一样的，而数据链路的建立方法不同。

3．Telnet 协议

Telnet 是远程登录协议，也称为远程终端访问协议。使用该协议，通过 TCP 连接可登录（注册）到远程主机上，使本地机暂时成为远程主机的一个仿真终端，即把在本地机输入的每个字符传递给远程主机，再将远程主机输出的信息回显在本地机屏幕上。

Telnet 也在 Client/Server 模式下工作：本地系统运行 Telnet 客户端进程，而在远地主机则运行 Telnet 服务器进程。

使用 Telnet 协议进行远程登录时需要满足以下条件：在本地机上必须安装包含 Telnet 协议的客户程序，必须知道远程主机的 IP 地址或域名，必须知道登录标识（用户名）与密码。

Telnet 远程登录服务分为以下 4 个过程：

1）本地与远程主机建立连接。

2）将本地终端上输入的用户名和密码及后续输入的任何命令或字符以 NVT（Net Virtual Terminal）格式传送到远程主机。

3）将远程主机输出的 NVT 格式的数据转化为本地所接受的格式送回本地终端，包括输入命令回显和命令执行结果。

4）本地终端对远程主机撤消连接，即撤销一个 TCP 连接。

4. SMTP

SMTP 是简单邮件传送协议，规定在两个相互通信的 SMTP 进程之间如何交换信息。SMTP 也使用 Client/Server 模式。因此，负责发送邮件的 SMTP 进程就是 SMTP 客户端，而负责接收邮件的 SMTP 进程就是 SMTP 服务器端。

SMTP 客户端和 SMTP 服务器端之间的工作过程大致可分为连接建立、传送邮件和连接释放三个步骤。

邮件服务器是电子邮件系统的核心构件，其功能是发送和接收邮件，邮件服务器工作时需使用两个协议，一个用于发送邮件，即 SMTP；另一个用于接收邮件，即邮局协议（Post Office Protocol），现在常用的 POP3 是第三版邮局协议。

5. SNMP

SNMP 即简单网络管理协议，它为网络管理系统提供了底层网络管理的框架。SNMP 的应用范围非常广泛，诸多种类的网络设备、软件和系统中都有所采用。

一个典型的网络管理系统必须包含的三要素是：管理员、管理代理和管理信息数据库（MIB）。

6. DNS

DNS 是一个域名服务协议，提供域名到 IP 地址的转换，允许对域名资源进行分散管理。遵循 DNS 协议并能实现域名和 IP 地址之间双向转换的软件称为域名系统，它是一个处于应用层的联机分布式数据库系统。安装域名系统的计算机称为域名服务器，即 DNS 服务器。

每个接入 Internet 的局域网中都至少有一个 DNS 服务器，在其中存储该网络中所有计算机的域名和对应的 IP 地址，通过与其他网络的 DNS 服务器通信，就可以找到其他站点。

3.3 OSI 参考模型和 TCP/IP 参考模型的比较

OSI 参考模型和 TCP/IP 参考模型都采用了层次结构的概念，但前者是七层模型，后者是四层结构。它们的主要不同点如下：

1）服务、接口和协议。OSI 参考模型的概念清晰，明确定义了这三个概念及它们之间的关系；而 TCP/IP 参考模型没有明确区分服务、接口和协议。

2）模型和协议的关系。OSI 是先有模型，后有协议（通用性强，但实现困难）。TCP/IP 是先有协议，后有模型（实用性强，但通用性不足）。

3）面向连接和无连接的服务。OSI 参考模型的网络层既提供面向连接的服务，又提供无连接服务。但是传输层只提供面向连接的服务。

TCP/IP 参考模型的网际互联层只提供无连接服务，而传输层提供面向连接的服务（TCP）和无连接服务（UDP）。

3.3.1 OSI 参考模型和 TCP/IP 参考模型的缺陷

不管是 OSI 参考模型及其协议或者是 TCP/IP 参考模型及其协议都不是完美的。由于技术上、商业上或者是策略上的限制，它们或多或少都存在不同的缺陷。

1．OSI 参考模型的缺陷

1）OSI 参考模型及其相关的服务定义和协议都极其复杂。在七层结构中，会话层和表示层基本上没有使用价值；而数据链路层和网络层功能繁杂，从而分成几个不同功能的子层。显得结构臃肿。因此，最初的实现大而笨拙，且速度慢。

2）某些功能重复出现。例如，寻址、流量控制和出错控制在各层重复出现，导致效率降低，系统功能下降。

3）某些特性无法找到与之对应的特定层。比如虚拟终端处理原先在表示层，现在放到应用层；数据安全、加密问题和网络管理无法确定放在哪一层，从而被放置在一边。

4）模型制定主持者的工作领域属于通信方面，由于通信与计算机和软件的工作方式不同，导致某些决定无法在互联网上使用。

2．TCP/IP 参考模型的缺陷

1）没有明显的区分服务、接口和协议的概念。

2）TCP/IP 参考模型不是通用的，只适合描述 TCP/IP 参考模型的协议栈。

3）主机网络层在分层协议中不是通常意义上的层，只是一个接口，处于网络层和数据链路层的中间。

4）TCP/IP 参考模型不区分物理层和数据链路层。

3.3.2 两种模型的比较及其命运

OSI 参考模型与 TCP/IP 参考模型有很多相似之处。它们都基于独立协议栈的概念，强调网络技术独立性（Network Technology Independence）和端到端确认（End-to-End Acknowledgement）。模型分层的功能大体相同，两个模型能够在相应的层找到对应功能。当然，它们之间还存在很多不同。

1．两种模型的比较

1）分层模型存在差别。TCP/IP 参考模型没有会话层和表示层，并且数据链路层和物理层合二为一。造成这样的区别的原因在于，前者是以"通信协议的必要功能是什么"这个问题为中心，再进行模型化；而后者是以"为了将协议实际安装到计算机中如何进行编程最好"这个问题为中心，再进行模型化。所以 TCP/IP 的实用性强。

2）OSI 模型有 3 个主要明确概念：服务、接口和协议。而 TCP/IP 参考模型最初没有明确区分这三者。这是 OSI 模型最大的贡献。

3）TCP/IP 模型一开始就考虑通用连接（Universal Interconnection），而 OSI 模型考虑的是由国家运行并使用 OSI 协议的连接。

4）通信方式上面，在网络层 OSI 模型支持无连接和面向连接的方式，而 TCP/IP 模型只支持无连接通信模式；在传输层 OSI 模式仅有面向有连接的通信，而 TCP/IP 模型支持两种通信方式，给用户选择机会。这种选择对简单的请求—应答协议是非常重要的。

2．两种模型的命运

技术上的缺陷是致命的，由于 OSI 模型忽略了互联问题、数据安全、加密问题和网络

管理等问题，等到需要不断修补的时候就已经失去了市场。另外，OSI 协议推出时，TCP/IP 已经被广泛应用于科研，很多业界厂商已经在谨慎地交付 TCP/IP 产品，再加上策略上的失误，导致了 OSI 没有在真正意义上实现过。

虽然 TCP/IP 参考模型同样有很多缺陷，但是由于它一开始就着眼于通用连接，这使得 TCP/IP 参考模型及其协议可在任何互联的网络中进行通信，这一点十分引人注目。另外，以该模型为基础的全球互联网连接多个国家的家庭、学校、公司和政府实验室，在短短的几年时间内，推动形成了一个事实上存在的模型标准。

总而言之，OSI 参考模型与 TCP/IP 参考模型都不完美，由于在 ISO 制定 OSI 参考模型过程中总是着眼于通信模型所必需的功能，期待依靠政府行为来统一各种网络协议，而忽略了模型的通用性。当考虑到这一点时，却由于功能复杂难以实现等原因，失去了市场。而 TCP/IP 参考模型在现存的协议基础上，考虑到"将协议实际安装到计算机中如何进行编程最好"的实际应用的问题，在具体实现上比较容易，得到了广大用户和厂商的支持，所以 TCP/IP 参考模型得到了很好的发展。

3.4 子项目 3——认识 OSI 环境中数据传输过程

单纯地理解 OSI 参考模型难免会觉得很抽象，这个子项目以使用聊天工具软件为例，加深对 OSI 七层网络模型和传输协议的理解。从发送一条信息给好友到对方收到信息的这整个过程中，OSI 是如何工作的呢？

当发送一条信息"你好"时，数据在模型中的工作流程如下：

1）应用层：聊天软件应用程序及其应用的网络服务是应用层的范围，应用层是网络服务与使用者应用程序间的一个接口，也就是人机交互的应用软件和应用的协议。

2）表示层：输入"你好"并发送时，软件对这两个字的编码、加密、压缩等过程就是表示层的工作范围。即表示层就是对数据表示、数据安全、数据压缩等进行具体定义和操作。

3）会话层：信息经过表示层处理后，要与对方好友进行会话，也就是要在双方之间建立一条通信链路，这包括怎样建立、管理和终止这个链路等操作，这些就是会话层的工作。

4）传输层：链路建好后，就要标志这条信息的寻址机制，就是要告诉对方我发给你的这条信息用什么方式给你，你是怎么识别的。打个比方，如果通信链路是 A 和 B 两座城市之间的一条公路，那么发送的"你好"这个信息就是公路上的一部车，你告诉车司机要去的目的地，而寻址机制就是这个车的车牌号码，对方可以通过车牌号码进行识别确认。这样，所有识别标志做好后就可以开始传输信息了，这就是所谓的传输层。

5）网络层：假定你现在开始从 A 运输一批货到 B，要知道车能装多少、怎么装、有多少路程、中间在哪里加油、有多少个收费站等这样的信息。当然，当发送"你好"这条信息时，要对其进行封装、分割、组合，再标明源地址和目的地址，还要选择一条路由，这就是网络层的工作。

6）数据链路层：数据链路层的工作就如开始装车，要将货包成份，一份份地记录其名称、类型等。同理，数据链路层将"你好"这个信息生成的数据打包成帧，通过使用接收系统的硬件地址或物理地址（如网卡 MAC）来寻址。

7）物理层：最后就是这个"你好"的信息数据通过网卡或其他硬件处理成电信号开始传输，也就是生成比特流，即二进制 01 代码的电信号。这是物理层的工作。当然除了这些，物理层还规定了包括激活物理连接、传送数据和终止物理连接等操作，还有一些电气接口的标准等。

上述是数据封装的过程，接收数据的对端计算机负责解封装，解封装的顺序与封装完全相反。

OSI 参考模型通信中的数据流如图 3-17 所示，从图中可以看出，数据传输过程包括以下几个步骤。

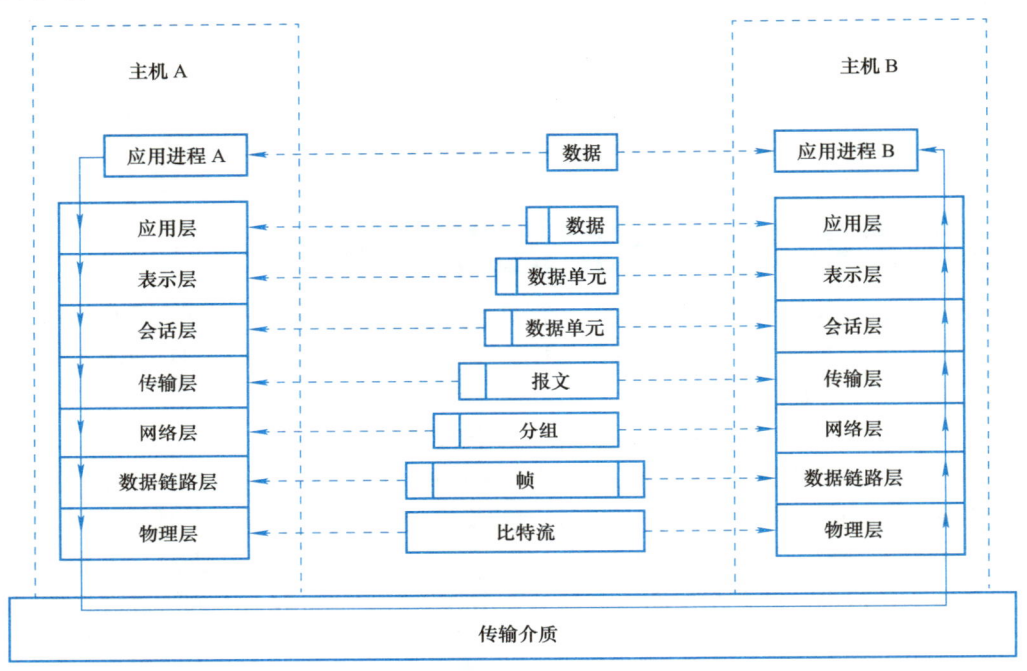

图 3-17 OSI 参考模型通信中的数据流

1）当应用进程 A 的数据传送到应用层时，应用层为数据加上本层控制报头后，组织成应用层的数据服务单元，再传输到表示层。

2）表示层接收到这个数据单元后，加上本层的控制报头，组成表示层的数据服务单元，再传送到会话层。依此类推，数据传送到传输层。

3）传输层接收到这个数据单元后，加上本层的控制报头，就构成了传输层的数据服务单元，它被称为报文（message）。

4）传输层的报文传送到网络层时，由于网络层数据单元的长度有限制，传输层报文将被切分成多个较短的数据分段，加上网络层的控制报头，就构成网络层的数据服务单元，它被称为分组（packet）。

5）网络层的分组传送到数据链路层时，加上数据链路层的控制信息，就构成了数据链路层的数据服务单元，它被称为帧（frame）。

6）数据链路层的帧传送到物理层后，物理层将以比特流的方式通过传输介质传输出去。当比特流到达目的节点计算机 B 时，再从物理层依次逐层上传，每层对各层的控制信息进行处理，将用户数据上交给高层，最终将进程 A 的数据送给计算机 B 的进程 B。

尽管应用进程 A 的数据在 OSI 参考模型通信过程中经过了复杂的处理，才最终传送到另一台计算机的应用进程 B，但对于每台计算机的应用进程来说，OSI 参考模型通信过程中数据流的复杂处理是透明的。应用进程 A 的数据好像是"直接"传送给应用进程 B，这就是开放系统在网络通信过程中最本质的作用。

下面以收发电子邮件为例，讨论一下 OSI 参考模型中的通信过程。

主机 A 向主机 B 发送数据，首先该数据是由一个应用层的程序产生，如 IE 浏览器或者 E-mail 的客户端等。这些程序在应用层需要有不同的接口，IE 浏览器使用 HTTP，HTTP 是应用层为浏览器软件预留的网络接口；E-mail 客户端使用 SMTP 和 POP3 来收发电子邮件，所以 SMTP 和 POP3 是应用层为电子邮件的软件预留的网络接口。我们假设 A 向 B 发送了一封电子邮件，因此主机 A 会使用 SMTP 来处理该数据，即在数据前加上 SMTP 的标记，以便对端主机在收到该数据后，知道使用何种软件进行处理。

应用层将处理完成的数据交给下面的表示层，表示层进行必要的格式转换，使用一种通信双方都能识别的编码来处理该数据，同时将处理数据的方法添加在数据中，以便对端知道该怎样处理数据。

表示层处理完成后，将数据交给下一层会话层，会话层会在主机 A 和主机 B 之间建立一条只用于传输该数据的会话通道，并监视它的连接状态，直到数据同步完成，断开该会话。注意，A 和 B 之间可以同时有多条会话通道出现，但每一条都和其他的不能混淆。会话层的作用是通过一定的处理方法区别不同的会话通道。

会话通道建立后，为了保证数据传输中的可靠性，需要在数据传输的过程中对数据进行必要的处理，如分段、编号、差错校验、确认、重传等。这些方法的实现依赖于通信双方的控制，传输层的作用就是在通信双方之间利用上述会话通道传输控制信息，完成数据的可靠传输。

网络层负责实际传输数据，在网络层中将传输层中处理完成的数据再次封装，添加发送端的地址信息和接收端的地址信息，并且在网络中找到一条到达接收端最合适的路径，然后按照最佳路径将数据发送到网络中。

数据链路层将网络层的数据再次进行封装，该层会添加能唯一标识每台设备的地址信息（MAC 地址），便于该数据在相邻设备之间进行传输，最终到达目的地。

物理层是将数据链路层的数据转换成电流传输的物理线路。

通过物理线路到达主机 B 后，电信号会被转换成数据链路层的数据，数据链路层去掉本层的硬件地址信息和其他对端添加的内容上交给网络层，网络层去掉对端网络层添加的内容后将数据上交给自己的上层。最终数据到达主机 B 的应用层，在应用层查看数据封装协议为 SMTP，即可判断使用电子邮件软件来处理该数据。

两个 OSI 参考模型之间的通信过程看似是水平的，但实际上数据的流动过程是由最高层垂直向下交给相邻下层的过程，只有最下面的物理层进行了实际的通信，而其他层次只是一种相同层次使用相同协议的虚拟通信。

 计算机网络基础

单元小结

本单元系统地介绍了计算机网络这门学科的理论核心部分——计算机网络体系结构。
本单元需要重点掌握的知识：
（1）OSI/RM 的七层结构模型
（2）TCP/IP 的四层结构模型
（3）OSI 参考模型与 TCP/IP 参考模型的差异
（4）TCP/IP 参考模型的主要协议
本单元需要重点掌握的技能：
（1）能够了解网络数据在 OSI 参考模型各层次之间的传递过程
（2）能够明确 TCP 连接建立的过程

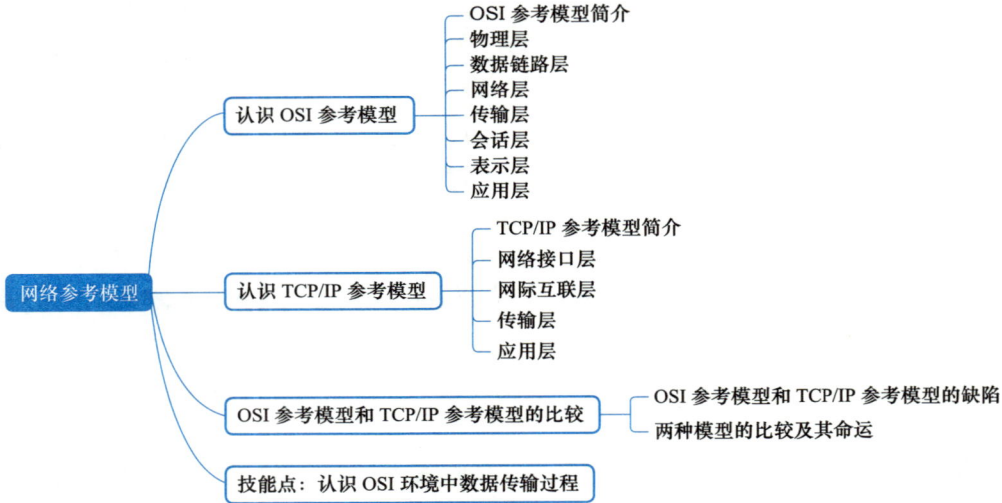

思考与练习

1．协议与服务有何区别？有何关系？
2．网络协议的三个要素是什么？各有什么含义？
3．简述 OSI 模型网络体系结构的要点，包括各层的主要功能。
4．对比 OSI 参考模型与 TCP/IP 参考模型的区别。

第 4 单元
局域网技术

局域网（Local Area Network，LAN）是指在某一区域内由多台计算机互联组成的计算机网络，一般是方圆几千米以内。

4.1 认识局域网

扫码观看视频

局域网可以实现文件管理、应用软件共享、打印机共享、工作组内的日程安排、电子邮件和传真通信服务等功能。局域网是封闭型的，可以由办公室内的两台计算机组成，也可以由一个公司内的上千台计算机组成。

4.1.1 局域网的定义

局域网是由一组计算机及相关设备通过共用的通信线路或无线连接的方式组合在一起的系统，它们在一个有限的地理范围进行资源共享和信息交换。就其技术性定义而言，它是通过特定类型的传输媒体（如电缆、光缆和无线媒体）和网络适配器（也称为网卡）将计算机连接在一起，并受网络操作系统监控的网络系统。

典型的局域网由一台或多台服务器和若干个工作站组成。

局域网有着较高的数据传输速率，误码率也很低，但是对传输距离有一定的限制。而且同一个局域网中能够连接的节点数量也有一定的要求。局域网有很多种类，不同的局域网有着不同的特点和应用领域。

局域网与广域网比起来，广域网是一种跨地区的数据通信网络。用户可以通过电信运营商提供的设备平台、租赁的专用线路或者专用卫星等方式来接入广域网。多个局域网联接在一起可构成广域网。就目前来看，最大的广域网就是国际互联网（Internet）。相比广域网而言，局域网主要具有以下特点：

1）地理分布范围较小。
2）数据传输速率高。
3）误码率低。
4）与广域网相比，局域网协议简单、结构灵活、建网成本低、周期短、便于管理和扩充。
5）二者面向的使用对象和侧重点也不同。

4.1.2 局域网的基本组成

1. 局域网的组成

局域网由网络硬件和网络软件两部分组成。网络硬件主要有服务器、工作站、传输介质和网络连接部件等。网络软件包括网络操作系统、控制信息传输的网络协议及相应的协议软件、大量的网络应用软件等。图 4-1 是一种比较常见的局域网。

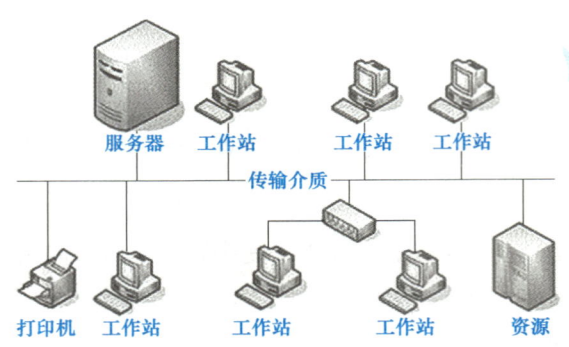

图 4-1　常见的局域网

服务器可分为文件服务器、打印服务器、通信服务器、数据库服务器等。文件服务器是局域网上最基本的服务器，用来管理局域网内的文件资源；打印服务器则为用户提供网络共享打印服务；通信服务器主要负责本地局域网与其他局域网、主机系统或远程工作站的通信；而数据库服务器则是为用户提供数据库检索、更新等服务。

工作站（Workstation）也称为客户机（Client），可以是一般的个人计算机，也可以是专用计算机，如图形工作站等。工作站可以有自己的操作系统，独立工作；通过运行工作站的网络软件可以访问服务器的共享资源，目前常见的工作站有 Windows 2000 工作站和 Linux 工作站。工作站和服务器之间的连接通过传输介质和网络连接部件来实现。

网络连接部件主要包括网卡、中继器、集线器、交换机和路由器等，如图 4-2 所示。

图 4-2　网络连接部件

网卡是工作站与网络的接口部件。它除了作为工作站连接入网的物理接口外，还控制数据帧的发送和接收（相当于物理层和数据链路层功能）。网卡是基础的数据转换部件，它实现了与网络设备间的数据交换。将双绞线、光纤等传输介质中传输的模拟信号转换为数字信号。

集线器又叫 HUB，能够将多条线路的端点集中连接在一起。集线器可分为无源和有源两种。无源集线器只负责将多条线路连接在一起，不对信号做任何处理。有源集线器具有信号处理和信号放大功能。

交换机采用交换方式进行工作，能够将多条线路的端点集中连接在一起，并支持端口工作站之间的多个并发连接，实现多个工作站之间数据的并发传输，可以增加局域网带宽，改善局域网的性能和服务质量。与集线器不同的是，集线器多采用广播方式工作，接到同一集线器的所有工作站都共享同一速率；而接到同一交换机的所有工作站都独享同一速率。交换机以太网示例如图 4-3 所示。

路由器是连接两个或者多个子网络间通信的网络设备，在网络中起到网关的作用，基于 TCP/IP，通过 NAT 或者路由的方式实现跨网段的数据交互。

除了网络硬件外，网络软件也是局域网的一个重要组成部分。目前常见的网络操作系统主要有 Netware、UNIX、Linux 和 Windows NT 几种。

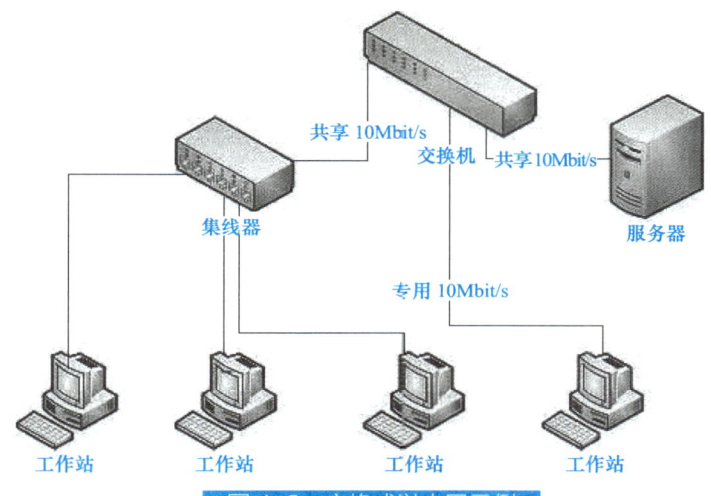

图 4-3　交换式以太网示例

2．局域网的分类

可从下面几个方面对局域网进行划分：

1）拓扑结构：根据局域网采用的拓扑结构，可分为总线型局域网、环形局域网、星形局域网和混合型局域网等。这种分类方法比较常用。

2）传输介质：局域网上常用的传输介质有同轴电缆、双绞线、光缆等，因此可以将局域网分为同轴电缆局域网、双绞线局域网和光缆局域网。如果采用的是无线电波、微波，则可称为无线局域网。

3）访问传输介质的方法：传输介质提供了两台或多台计算机互联并进行信息传输的通道。在局域网上，经常是在一条传输介质上连有多台计算机（如总线型和环形局域网），即大家共享同一传输介质。而一条传输介质在某一时间内只能被一台计算机所使用，那么在某一时刻到底谁能使用或访问传输介质呢？这就需要有一个共同遵守的准则来控制、协调各计算机对传输介质的同时访问，这种准则就是协议或称为媒体访问控制方法。据此可以将局域网分为以太网、令牌环网等。

4）网络操作系统：正如微机上的 DOS、UNIX、Windows、OS/2 等不同操作系统一样，局域网上也有多种网络操作系统。因此，可以将局域网按使用的操作系统进行分类，如 Novell 公司的 Netware 网，3COM 公司的 3+OPEN 网，Microsoft 公司的 Windows 2000 网，IBM 公司的 LAN Manager 网等。

按拓扑结构：星形、总线、环形、树形。
按传输媒体：双绞线、同轴电缆、光纤、无线电、激光、红外线、卫星。
按媒体访问控制：CSMA、Token Ring、Token Bus、FDDI。
按操作系统：Netware 网、3+OPEN 网、Windows NT 网、Windows 2000 网、LAN Manager 网。

此外，还可以按数据的传输接口或者网卡传输速度进行划分，早期的 10Mbit/s 局域网、100Mbit/s 局域网，到现在常见的千兆接口 SFP 局域网、万兆接口 SFP+ 局域网，到更高端的数据中心 40GB、100GB 接口。

按信息的交换方式可分为交换式局域网、共享式局域网等。

4.1.3 局域网的技术特点

局域网设计中主要考虑的因素是能够在较小的地理范围内更好地运行、资源得到更好地利用、传输的信息更加安全以及网络的操作和维护更加简便等。这些要求决定了局域网的技术特点，即拓扑结构、传输媒体和媒体（介质）访问控制方法，在很大程度上共同确定了传输信息的形式、通信速度和效率、信道容量以及网络所支持的应用服务类型，大致有以下几种：

1．拓扑结构

网络的拓扑结构对网络的性能有很大影响。选择网络拓扑结构，首先要考虑采用何种媒体访问控制方法。因为特定的媒体访问控制方法一般仅用于特定的网络拓扑结构；其次要考虑性能、可靠性、成本、扩充灵活性、实现的难易程度及传输媒体的长度等因素。局域网常见的拓扑结构有：星形、总线、环形和树形等。

2．传输媒体

典型的传输媒体有双绞线、基带同轴电缆、宽带同轴电缆和光导纤维、电磁波等。

3．媒体访问控制

媒体访问控制方法是指将传输介质的频带有效地分配给网上各站点的方法，就是控制网上各工作站在什么情况下才可以发送数据，在发送数据过程中，如何发现问题及出现问题后如何处理等。目前比较常用的媒体访问控制方法有 CSMA/CD、Token Bus 和 Token Ring 等。

4.2 局域网的参考模型

局域网参考模型只对应于 OSI 参考模型的数据链路层和物理层，它将数据链路层划分为逻辑链路控制（LLC）子层和介质访问控制（MAC）子层。

局域网对 LLC 子层是透明的，位于下层的 MAC 子层是局域网物理结构的具体表现形式，如总线网、令牌总线网或令牌环形网等。高层的协议数据单元传到 LLC 子层，加上适当的首部就构成了 LLC 子层的协议数据单元（LLC PDU）。LLC PDU 再向下传到 MAC 子层时，加上适当的首部和尾部，就构成了 MAC 子层的协议数据单元 MAC 帧，如图 4-4 所示。

图 4-4　LLC PDU 和 MAC 帧的关系

4.3 共享介质的局域网

4.3.1 以太网的介质访问控制方法

1. IEEE 802.3 标准简介

IEEE 802.3LAN 标准对应于 OSI/RM 的最低两层,详细描述了总线拓扑结构的 CSMA/CD 介质访问控制方法,物理收发信号(PLS)子层的服务规范以及物理层的逻辑、电气和机械特性等,如图 4-5 所示。

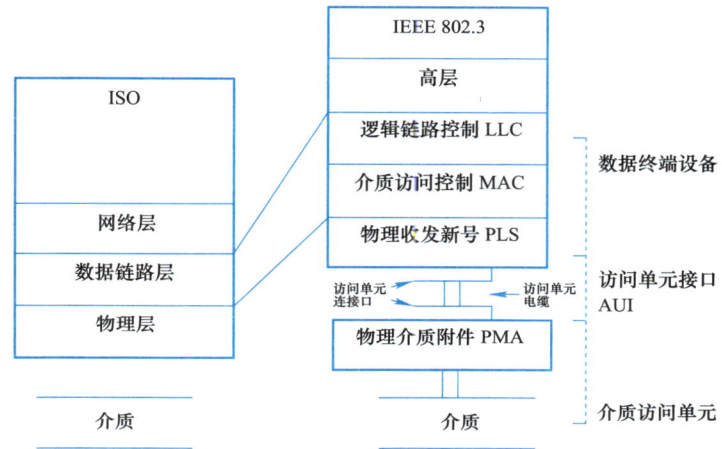

图 4-5 IEEE 802.3 LAN 标准与 OSI/RM 的对应关系

IEEE 802.3 定义了基带传输和宽带传输两大类标准,如图 4-6 所示。

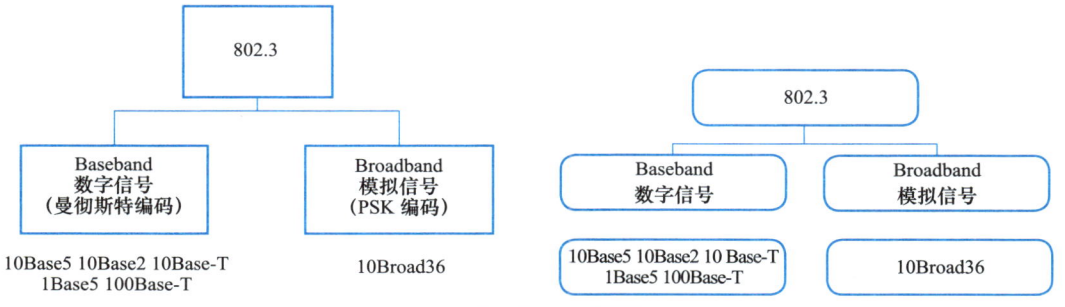

图 4-6 IEEE 802.3 定义的基带传输和宽带传输标准

信息在以太网中传输的最小单位叫作"帧"。IEEE 802.3 规定帧由 7 个字段构成:前导码(Preamble)、SFD、DA、SA、长度、LLC 数据和 CRC,如图 4-7 所示。

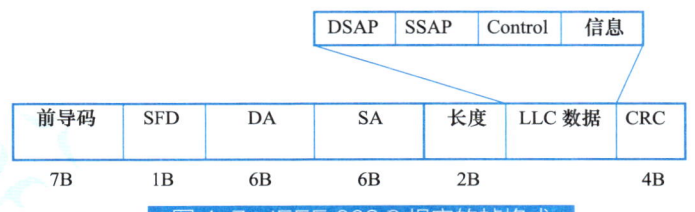

图 4-7 IEEE 802.3 规定的帧格式

2. CSMA/CD 原理

总线争用技术可分为载波监听多路访问 CSMA（Carrier Sense Multiple Access）和具有冲突检测的载波监听多路访问 CSMA/CD（Carrier Sense Multiple Access with Collision Detect）两大类。

（1）CSMA

CSMA 技术，即载波监听多路访问技术，也称作"先听后说"技术。

（2）CSMA/CD

CSMA/CD 是在 CSMA 基础上发展起来的一种随机访问控制技术。简言之，CSMA/CD 可以概括为：先听后发、边听边发、冲突停止、延时重发。

当检测到冲突时，站点需要等待一段时间再重新监听信道，等待的时间需要由一种算法来决定，这种算法称为冲突控制算法，也叫作后退算法。典型的后退算法有五种：二进制指数后退算法（Binary Exponential Back off，BEB）、多项式后退算法（Polynomial Back off，PB）、线性增值后退算法（Linear Incremental Back off，LIB）、固定平均后退算法（Fixed Mean Back off，FMB）和顺序后退算法（Orderly Back off，OB）。其中，二进制指数后退算法在 IEEE 802.3 网络中广为采用。

（3）CSMA/CD 与 CSMA 的比较

与 CSMA 相比，CSMA/CD 不同的是：发送信息后，站点继续对通道进行冲突检测，若在冲突窗口时间（2τ）内监测到冲突，则马上停止发送信息包，并发出简短的阻塞信号，以确保所有站点都能知道信道已发生冲突；在发出阻塞信号后，站点再按一定的后退算法等待随机时间，然后重发信息包。

在 CSMA 中，由于信道传播时延的存在，即使总线上两个站点没有监听到载波信号而发送数据帧时，仍可能会发生冲突。由于 CSMA 算法没有冲突检测功能，即使冲突已发生，仍然将已破坏的帧发送完，使总线的利用率降低。

CSMA/CD 的代价是用于检测冲突所花费的时间。对于基带传输的总线而言，最坏情况下用于检测冲突的时间为 2τ。同时，要使 CSMA/CD 有效工作，数据帧的发送时间至少要大于等于检测冲突所需的时间，否则在检测出冲突前传输已经结束，但实际上数据帧已经被破坏了。所以 CSMA/CD 对所传输的数据帧的长度有限制，即

$$最短帧长 = 冲突检测时间 \times 数据传输速率$$

其中，冲突检测时间为信号在网络中最远距离上的来回时间。

IEEE 802.3 标准适用以逻辑拓扑结构为总线（物理拓扑结构可以是总线、星形等）的局域网。

4.3.2 令牌环的介质访问控制方法

1. IEEE 802.5 标准

IEEE 802.5 标准规定了令牌环的媒体访问控制子层和物理层所使用的协议数据单元格式和协议，规定了相邻实体间的服务及连接令牌环物理媒体的方法。IEEE 802.5 令牌环参考模型如图 4-8 所示。

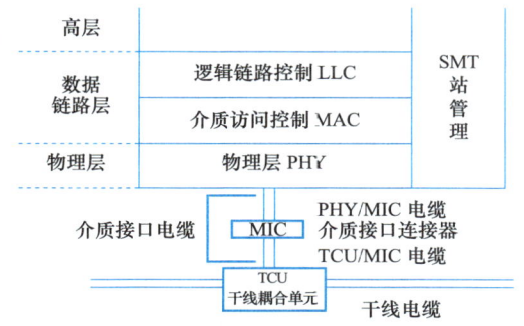

图 4-8　IEEE 802.5 令牌环参考模型

2. 令牌环（Token Ring）原理

令牌环的基本工作原理是：当环启动时，一个"自由"或空令牌沿环信息流方向转圈，想要发送信息的站点接收到此空令牌后，将它变成忙令牌（将令牌包中的令牌位置 1）即可将信息包尾随在忙令牌后面进行发送。该信息包被环中的每个站点接收和转发，目的站点接收到信息包经过差错检测后将它复制传送给站点主机，并将帧中的地址识别位和帧拷贝位置为 1 后再转发。当原信息包绕环一周返回发送站点后，查看发送站检测地址识别位和帧拷贝位是否已经为 1，如果是则将该数据帧从环上撤消，并向环插入一个新的空令牌，以继续重复上述过程。令牌环工作示例如图 4-9 所示。

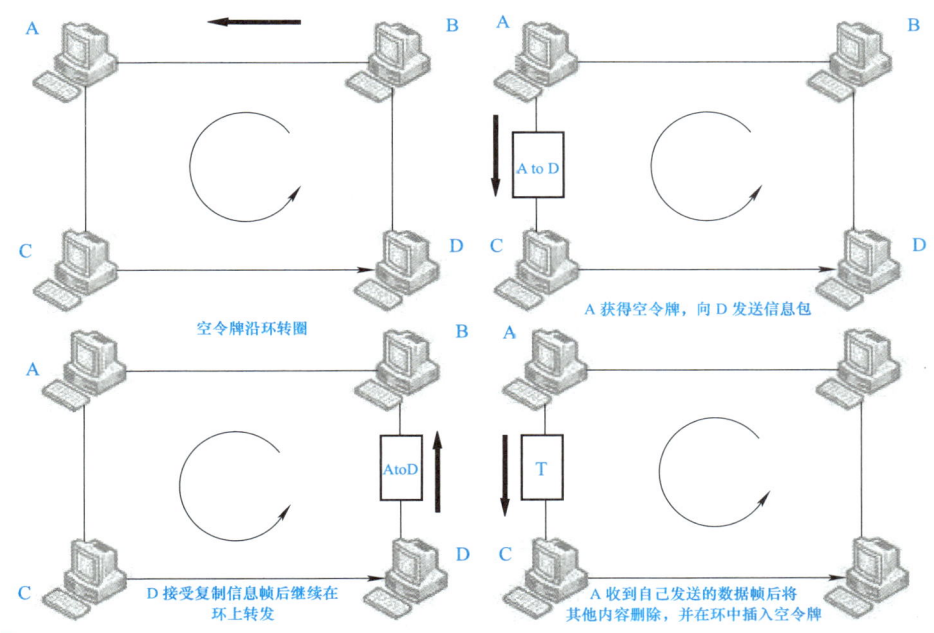

图 4-9　令牌环工作示例

4.3.3　令牌总线网的介质访问控制方法

令牌总线最早于 1977 由美国 Datapoint 公司的 ARCNET 采用，进入 20 世纪 80 年代后，令牌总线被列入 IEEE 802.4 标准，随后也被 ISO 确立为国际局域网标准。

1. IEEE 802.4 标准

IEEE 802.4 标准详细说明了 MAC 子层的服务规范、帧结构形式、控制方式的功能、物理层服务规范和相应的逻辑、电气以及机械特性，其参考模型如图 4-10 所示。

图 4-10 IEEE 802.4 参考模型

2. 令牌总线（Token Bus）

在物理上令牌总线是一根线形或树形的电缆，其上连接各个站点；在逻辑上，所有站点构成一个环，如图 4-11 所示。每个站点知道自己左边和右边的站点地址。逻辑环初始化后，站号最大的站点可以发送第一帧。此后，该站点通过发送令牌（一种特殊的控制帧）给紧接其后的邻站，把发送权转给它。令牌绕逻辑环传送，只有令牌持有者才能够发送帧。因为任意时刻只有一个站点拥有令牌，所以不会产生冲突。

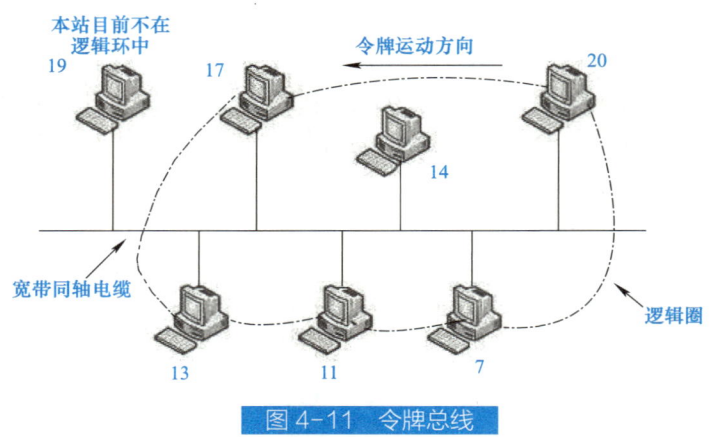

图 4-11 令牌总线

3. 令牌总线网案例

下面以 ARCNET 为例来说明令牌总线网的联网技术。ARCNET 的基本技术指标如下：

数据传输速率：2.5Mbit/s

最大距离：6.7km

最大站点数：255 个

拓扑结构：总线、簇形

传输介质：同轴电缆，非屏蔽双绞线或光纤

介质访问方式：令牌总线

（1）簇型联网结构

簇型联网结构如图 4-12 所示。ARCNET 最初的网卡只能连接成簇型网络结构。每个连接器均能以星形结构连接若干个站点，而连接器之间又可以串联起来。其中连接器可以有两种类型：有源连接器和无源连接器。有源连接器有 8 个连接端口，它可将所连接的同轴电缆长度扩展到 600m；无源连接器具有 4 个连接端口，它可连接的电缆长度为 30m。

第 4 单元　局域网技术

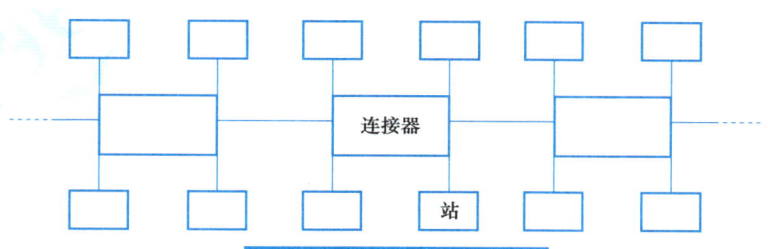

图 4-12　簇型联网结构

（2）总线型联网结构

总线型联网结构如图 4-13 所示。每个电缆段最多可连接 8 个节点，电缆段最大长度为 300m。结点与总线之间的连接可通过 T 形连接器来实现。总线两端需要连接终端匹配器。两个电缆段之间可通过中继器互联。

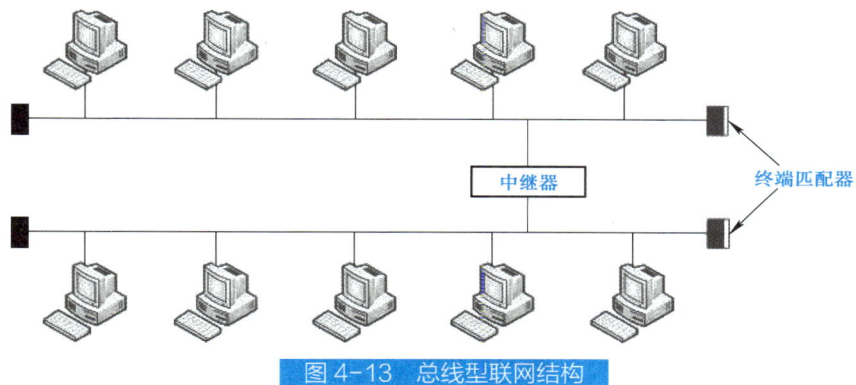

图 4-13　总线型联网结构

4.3.4　无线网的介质访问控制方法

无线局域网（WLAN）的传输介质采用无线媒体，包括无线电波、激光和红外线等。WLAN 在有线局域网的基础上通过无线 HUB、无线访问接入点（AP）、无线网桥、无线网卡等设备使无线通信得以实现。

1．IEEE 802.11 标准

无线局域网和普通有线网络一样，也采用 ISO/RM 七层网络模型，只是在其模型的最低两层，即物理层和数据链路层中使用了无线传输方式。虽然早在 1990 年美国就有无线网络设备出现，但是直到 1997 年 IEEE 802.11 无线网络标准颁布，无线网络技术的发展才步入正轨。此后，无线网络标准进一步完善，IEEE 802.11 系列标准见表 4-1。

表 4-1　IEEE 802.11 系列标准

技术标准	制定年份	频率占用	最高速率	调制技术
802.11	1997	2.4GHz	2Mbit/s	FHSS
802.11b	1999	2.4GHz	11Mbit/s	DSSS
802.11a	1999	5GHz	54Mbit/s	OFDM
802.11g	2000	2.4GHz	54Mbit/s	DSSS

IEEE 802.11 定义了两种类型的设备，一种是无线站，通常是通过一台 PC 加上一块无线网络接口卡构成的；另一个称为接入点（Access Point，AP），它的作用是提供无线和有线网络之间的桥接。一个无线接入点通常由一个无线输出口和一个有线的网络接口（802.3 接口）构成。接入点就像是无线网络的一个无线基站，将多个无线的接入站聚合到有线的网络上。IEEE 802.11 标准定义了物理层和媒体访问控制（MAC）协议的规范，其中对 MAC 层的规定是重点。

2．"隐蔽站"与"暴露站"问题

无线网 MAC 层要解决的一个突出的问题就是"隐蔽站"问题，如图 4-14 所示。

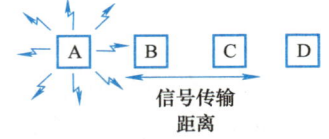

图 4-14 "隐蔽站"问题

图中有 4 个站点，假设无线信号传播的范围只能到达相邻的站。站点 A 向站点 B 发送数据，此时站点 C 有数据要送给站点 B，它采用 CSMA 技术也向站点 B 发送数据（由于站点 C 收不到站点 A 发送的信号，就错误地以为网络上没有人发送数据，因而向站点 B 发送数据）。结果站点 B 同时收到站点 A 和站点 C 发来的数据，发生了冲突。这种未能检测出信道上已存在信号的问题称为隐蔽站问题。

3．CSMA/CA

无线网的 MAC 层采用避免冲突（CA）方法，而不是冲突检测（CD），即以 CSMA/CA 的方式共享无线媒体。CSMA/CA 的运行机制为：

1）要发送数据前，会检测信道上有没有数据在传送，检测持续时间同 CSMA/CD 类似，如果信道没有被占用就转到第 3 步；如果信道忙就转到第 2 步。

2）站点等待一段随机时间后，转到第 1 步。

3）站点发送数据之前，先发送一个 RTS 帧，接收端收到后回复 CTS 帧作为响应。

4）站点收到 CTS 帧后开始发送数据报。

5）一段时间后，站点没有收到回应则认为发生了冲突，再转到第 1 步。

4.4 交换式局域网与虚拟局域网

4.4.1 交换式局域网

1．共享式以太网和交换式以太网

以太网交换技术是在多端口网桥的基础上于 20 世纪 90 年代初发展起来的。交换式局域网的核心是交换式集线器（交换机，Switch），其主要特点是：所有端口平时都不连通；当站点需要通信时，交换机才同时连通许多对的端口，使每一对相互通信的站点都能像独占通信信道那样，进行无冲突地传输数据，即每个站点都能独享信道速率；通信完成后就断开连接。因此，交换式网络技术是提高网络效率、减少拥塞的有效方案之一。

与共享介质的传统局域网相比，交换式以太网具有以下优点：

1）它保留现有以太网的基础设施，只需将共享式 HUB 改为交换机，大大节省了升级网络的费用。

2）交换式以太网使用大多数或全部的现有基础设施，当需要时还可追加更多性能。

3）在维持现有设备不变的情况下，以太网交换机有着各类广泛的应用，可以将超载的网络分段，或者加入网络交换机后建立新的主干网等。

4）可在高速与低速网络间转换，实现不同网络的协同。目前大多数交换式以太网都具有 100Mbit/s 的端口，通过与之相对应的 100Mbit/s 的网卡接入到服务器上，暂时解决了 10Mbit/s 的瓶颈，成为网络局域网升级时首选的方案。

5）交换以太网是基于以太网的，只需了解以太网这种常规技术和一些少量的交换技术就可以很方便地被工程技术人员掌握和使用。

6）交换式局域网可以工作在全双工模式下，实现无冲突域的通信，大大提高了传统网络的连接速度，可以达到原来的 200%。

7）交换式局域提供多个通道，比传统的共享式集线器提供更多的带宽。传统的共享式 10Mbit/s/100Mbit/s 以太网采用广播式通信方式，每次只能在一对用户间进行通信，如果发生碰撞还得重试，而交换式以太网允许不同用户间进行传送，比如一个 16 端口的以太网交换机允许 16 个站点在 8 条链路间通信。

8）在共享以太网中，网络性能会因为通信量和用户数的增加而降低。交换式以太网进行的是独占通道，无冲突的数据传输，网络性能不会因为通信量和用户数的增加而降低。交换式以太网可提供最广泛的媒体支持，因为交换式以太网也是以太网，它可以在第 3 类双绞线、光纤以及同轴电缆上运行，尤其是光纤以太网使得交换式以太网非常适合作为主干网。

2．局域网交换机

交换式以太网的核心是交换机，是工作在 OSI/RM 第二层（数据链路层）的物理设备。目前，交换技术已经延伸到 OSI 第三层的部分功能，有一些交换机实现了简单的路由选择功能，即所谓的第三层交换技术。

工作在 OSI 第二层的交换机可以理解为一个多端口网桥；第三层交换技术可以不将广播封包扩散，直接利用动态建立的 MAC 地址来通信，似乎可以看懂第三层的信息，如 IP 地址、ARP 等。

（1）对称和不对称的交换机

对称交换机：根据交换机每个端口的带宽来描述 LAN 交换方法，它用相同的带宽在端口之间提供交换连接，例如全部为 10Mbit/s 端口或全部为 100Mbit/s 端口。交换机的实际吞吐量为端口数与带宽的乘积。

不对称交换机：大多应用于 Client/Server 网络中，在不同带宽的端口间提供了交换连接，例如 10Mbit/s 端口与 100Mbit/s 端口通信。它可以为服务器分配更多的带宽满足网络需求，防止在服务器端产生流量瓶颈。

（2）交换方式

目前比较主流的有直通方式和存储转发方式。

直通方式的交换机可以理解为各端口间是纵横交叉的线路矩阵电话交换机。它在输入端口检测到一个数据包时，检查该包的包头，获取包的目的地址，启动内部的动态查找表转换成相应的输出端口，在输入与输出交叉处接通，把数据包直通到相应的端口，实现交换功能。由于不需要存储，直通方式的交换机延迟非常小、交换非常快，这是它的优点；但它的缺点是：因为数据包的内容并没有被交换机保存下来，所以无法检查所传送的数据包是否有误，不能提供错误检测能力，由于没有缓存，不能将具有不同速率的输入/输出端口直接接通，而且当交换机的端口增加时，交换矩阵变得越来越复杂，实现起来相当困难。

存储转发方式是计算机网络领域应用最为广泛的方式，它把输入端口的数据包先存储起来，然后进行 CRC 检查，在对错误包处理后才取出数据包的目的地址，通过查找表转换成输出端口送出包。正因如此，存储转发方式在数据处理时延时大，这是它的不足，但是它可以对进入交换机的数据包进行错误检测，尤其重要的是它可以支持不同速度的输入输出端口间的转换，保持高速端口与低速端口间的协同工作。

图 4-15 是共享式以太网的两种典型结构。

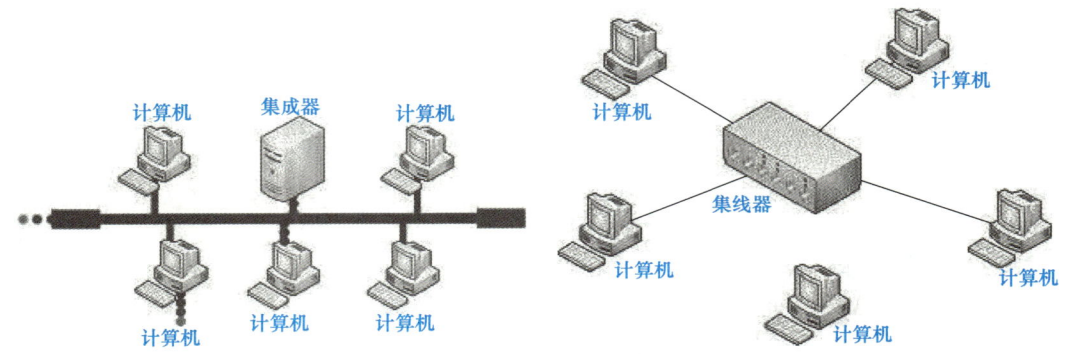

图 4-15　共享式以太网的两种典型结构

图 4-15 左边的以太网采用总线结构，数据速率为 10Mbit/s。一个站点发送数据，所有站点都可以收到，而且该总线同一时间内只允许一个站点使用，即所有站点共享 10Mbit/s 的总线。若总线上有 N 个站点，则每个站点可使用的速率为（10/N）Mbit/s，而且随着站点的增多，每个站点可使用的速率越来越低。

图 4-15 右边的以太网物理上采用星形结构，但逻辑上采用总线结构，数据速率为 10Mbit/s。一个站点发送数据，集线器采用广播方式将数据传送到所有站点，而且该集线器同一时间内只允许一个站点使用，即所有站点共享 10Mbit/s 的集线器。遇到的问题与总线结构相同。

3．交换式以太网

常见以太网交换机 Cisco C2960 如图 4-16 所示，数据速率为 10Mbit/s。

图 4-16　常见以太网交换机 Cisco C2960

4.4.2 虚拟局域网

交换技术的发展允许区域分散的组织在逻辑上成为一个新的工作组,而且同一工作组的成员能够改变其物理地址而不必重新配置节点,这就是用到所谓的虚拟局域网技术(VLAN)。

1. VLAN 的概念

VLAN 是由位于不同的物理局域网段的设备组成的,虽然 VLAN 所连接的设备来自不同的局域网,但设备相互之间可以像在同一局域网中那样通信,对于用户来说就好像处在同一个局域网中一样,由此得名虚拟局域网。

VLAN 是建立在局域网交换机的基础上,它是以软件的方法将网络中的节点按工作性质与需要划分成若干个"逻辑工作组",每个逻辑工作组就是一个虚拟网络,如图 4-17 所示。

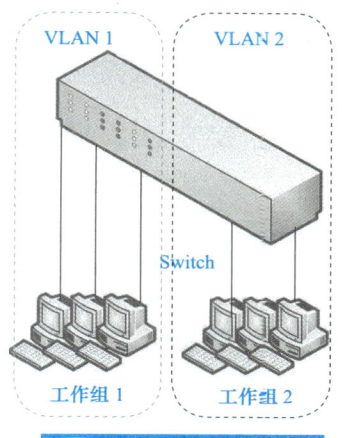

图 4-17 VLAN 示意

2. VLAN 原理及实现方法

虚拟局域网技术允许网络管理者将一个物理 LAN 逻辑地划分成不同的广播域,即 VLAN。每个 VLAN 都包含一组有着相同需求或特性的计算机工作站,与物理上形成的局域网有着相同的属性。由于它是逻辑的而不是物理的划分,所以同一 VLAN 内的各个工作站节点无需局限在同一物理空间下,一个 VLAN 内部的广播和组播都不会发到其他的 VLAN 中。

VLAN 是以交换以太网为基础的,它在以太网帧的基础上增加了 VLAN 头,用 VLAN ID 将用户划分为更小的工作组,每个工作组就是一个虚拟局域网。

目前,虚拟局域网有四种实现技术:基于端口的 VLAN、基于 MAC 地址的 VLAN、基于第三层协议的 VLAN 和基于策略的 VLAN。

1)基于端口实现的 VLAN:这种实现方式是划分虚拟局域网最简单也是最有效的方法,这实际上是某些交换端口的集合,网络管理员只需要管理和配置交换端口,而不管交换端口连接什么设备。属于同一 VLAN 的端口可以不连续,同时一个 VALN 可以跨越多个以太网交换机。由于端口划分是目前定义 VLAN 的最广泛的方法,IEEE 802.1q 规定了依据以太网交换机端口来划分 VLAN 的国际标准。

2)基于 MAC 地址的 VLAN:这种实现方式是根据每个主机的 MAC 地址来划分 VLAN。这种划分方法的最大优点就是当用户物理位置移动或端口改变时,不用重新配置 VLAN。

3)基于第三层协议的 VLAN:这种实现方式是路由器中常用的方法,即根据每个主机的网络层地址或协议类型来划分。尽管这种划分是根据网络地址,但它不是路由,与网络层的路由毫无关系,所以没有 RIP、OSPF 等路由协议,而是根据生成树算法进行桥交换。

4)基于策略的 VLAN:这种实现方式是一种比较灵活有效的 VLAN 划分方法。该方法的核心是采用什么样的策略,目前常用的策略有:按 MAC 地址、按 IP 地址、按以太网协议类型、按网络应用等。

4.5 局域网组网技术

4.5.1 以太网标准

在 IEEE 802 标准中，有关以太网的 IEEE 802.3 组网标准见表 4-2。

表 4-2　以太网的 IEEE 802.3 组网标准

IEEE 标准	以太网	传输速率（Mbit/s）	拓扑结构	最大网段长度 m	传输介质
802.3（1983）	10Base5	10	总线	500	50Ω 粗同轴电缆
802.3a（1988）	10Base2	10	总线	185	50Ω 细同轴电缆
802.3b（1988）	10Board36	10	总线	1800	75Ω 同轴电缆
802.3c（1988）	1Base5	1	星形	250	2 对 3 类 UTP
802.3I（1990）	10Base-T	10	星形	100	2 对 3 类 UTP
802.3i（1992）	10BaseTF	10	星形	2000	2 股多模或单模光纤
802.3u（1995）	100Base-TX	100	星形	100	2 对 5 类 UTP
802.3u（1995）	100Base-T4	100	星形	100	4 对 3 类 UTP
802.3u（1995）	100Base-FX	100	星形	2000	2 股多模或单模光纤
802.3z（1998）	1000Base-CX	1000	星形	25	STP
802.3z（1998）	1000Base-SX	1000	星形	500	多模光纤
802.3z（1998）	1000Base-LX	1000	星形	550 3000	多模光纤 单模光纤
802.3ab（1999）	1000Base-T	1000	星形	100	4 对超 5 类 UTP

4.5.2　10M 以太网组网技术

1．10Base5 组网技术

10Base5 是 IEEE 802.3 中最早定义的以太网标准，也叫粗缆以太网，因使用比较粗的同轴电缆而得名。10Base5 的拓扑结构为总线型，采用基带传输的方式，无中继器的情况下最远的传输距离可以达到 500m。

在粗缆以太网中，可以通过中继设备将网络分为几段，如图 4-18 所示。为了减少冲突，保证网络性能，IEEE 802.3 规定了"5-4-3"原则：最多使用 4 个转发器连接 5 个网段，其中只有 3 个网段可以连接节点，其余的网段仅用作加长距离。此外，粗缆以太网中，相邻收发器间的最小距离为 2.5m，每段最多支持 100 个节点。因此，10Base5 网络的最大长度为 2.5km，网络节点最多为 300 个。

粗缆以太网的物理连接器包括：同轴电缆、网卡、收发器以及收发器（AUI）电缆。

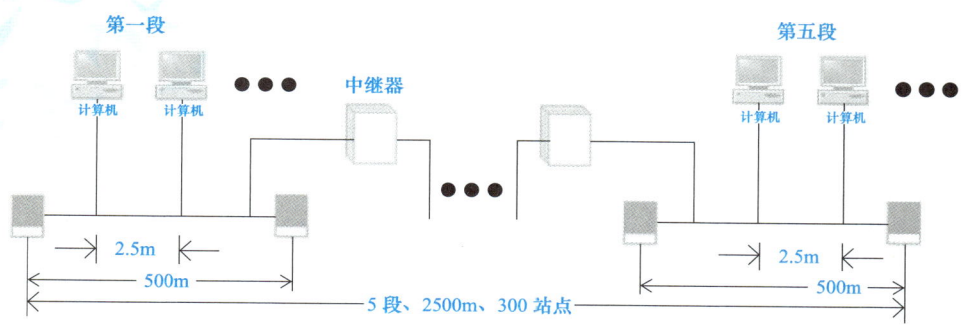

图 4-18 粗缆以太网示意

2. 10Base2 组网技术

10Base2 以太网也叫细缆以太网，因其价格比较低廉故又被称为"廉价网"。10Base2 与 10Base5 具有相同的传输速率，同为总线型局域网。

细缆以太网的特点是价格便宜且安装比较简单，但是传输距离比较短。在不带中继器的情况下网段的最远距离为 185m。

细缆以太网的连接部件包括：网卡（带 BNC 头）、细同轴电缆和 BNC-T 型连接器。在这种组网技术中，收发器电路被集成到网卡中，收发器接头也被 BNC-T 型连接器取代，从而可以将站点直接连接到电缆上，取消了收发器电缆。

除了遵循"5-4-3"原则外，10Base2 还规定：两个相邻 BNC-T 型接头之间的最小距离为 0.5m，每段最多支持 30 个节点。因此，10Base2 网络的最大长度为 925m，网络节点最多为 90 个。

3. 10Base-T 组网技术

继 10Base5 和 10Base2 后，20 世纪 80 年代后期又出现了 10Base-T。10Base-T 又称为双绞线以太网，是一种传输介质采用非屏蔽双绞线（UTP）的星形局域网。

10Base-T 的传输速率为 10Mbit/s，站点到集线器（HUB）的最大距离为 100m。

10Base-T 将所有的网络操作都集中到 HUB 中，以取代单一的收发器。每个节点都装有一块带 RJ-45 接口的网卡，通过一根 8 芯的 UTP 连接到 HUB，连接插头为 RJ-45 插头，如图 4-19 所示。双绞线的灵活性以及 RJ-45 插头的易用性，使得 10Base-T 成为 IEEE 802.3 中最易于安装和改装的局域网。

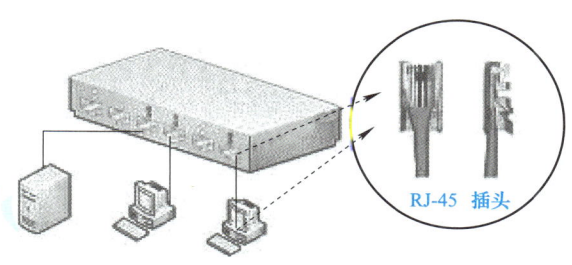

图 4-19 10Base-T 连接示意

HUB将收到的所有帧向每个站点发送,只有帧上标明的接收站点才接收相应的帧。所以从这种意义上来讲,以HUB为中心的星形网络的逻辑拓扑结构为总线型。

4.5.3 高速以太网组网技术

1. 高速以太网的概念

随着计算机在图形处理、CAD设计和实时视频技术等方面的应用不断增多,人们对局域网的传输速率提出了越来越高的要求,高速以太网应运而生。传输速率在100Mbit/s或100Mbit/s以上的以太网称为高速以太网。

2. 100M以太网组网技术

IEEE于1995年通过了100Mbit/s快速以太网的100BASE-T标准,并正式命名为IEEE 802.3u标准,作为对IEEE 802.3标准的补充。

在物理层,高速以太网采用同10BASE-T一样的星形拓扑结构,但包含三种介质选项:100BASE-TX、100BASE-FX和100BASE-T4。它们之间的关系如图4-20所示。

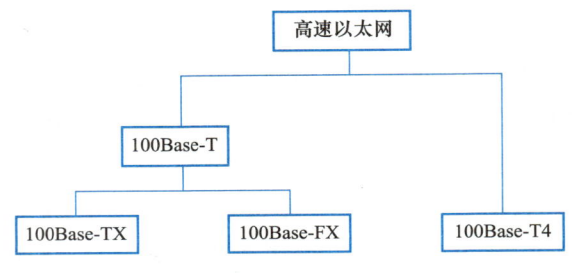

图4-20 高速以太网各类之间的关系

与传统以太网相比,高速以太网的帧格式没有变化,介质访问控制方式也是一样的。不同的是传输速率提高10倍、冲突域则减少为1/10。

1)100BASE-TX。100BASE-TX使用的传输介质是两对非屏蔽5类双绞线,一对电缆用作从节点到HUB的传输信道,另一对则用作从HUB到节点的传输信道,节点和HUB之间的距离最大为100m。

2)100BASE-FX。100BASE-FX使用的传输介质是两根光纤,一根用作从节点到HUB的传输信道,另一根则用作从HUB到节点的传输信道,节点和HUB之间的最大距离可达2000m。信号的编码方式同100BASE-TX,即4B/5B。

3)100BASE-T4。100BASE-T4机制的设计初衷就想避免重新布线的麻烦。它使用了4对3类非屏蔽双绞线作为传输介质。这种双绞线就是我们常用的电话线,其中两对是可以双向传输的,另外两对只能单向传输。也就是说,不论在哪个方向上都有三对电缆可以传输数据。

3. 1000M以太网组网技术

千兆以太网又称吉比特以太网(Gigabit Ethernet),它使用原有以太网的帧结构、帧长及CSMA/CD介质访问控制方法,编码方式为8B/10B,即将一组8位的二进制码编码成一组 10 位的二进制码。

千兆网使用的传输介质主要是光纤（1000Base-LX 和 1000Base-SX），也可以使用双绞线（1000Base-CX 和 1000Base-T）。组网时，千兆网通常连接核心服务器和高速局域网交换机，以作为高速以太网的主干网，如图 4-21 所示。

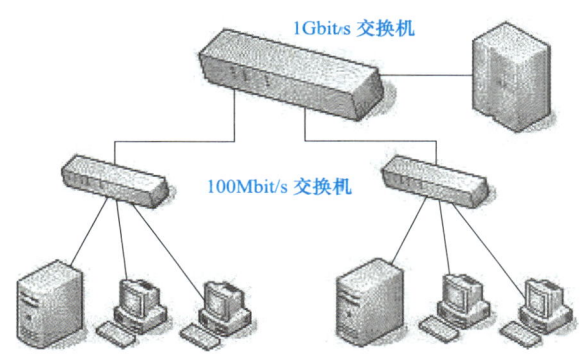

图 4-21　千兆网组网示意

4．10G 以太网

2000 年初 IEEE 802.3 委员会发布了 10Gbit/s 的以太网标准 802.3ae。10Gbit/s 以太网也称为 10 吉比特以太网。

10 吉比特以太网仍然使用 IEEE 802.3 以太网 MAC 协议，其帧格式和大小也符合 802.3 标准。但是与以往的以太网标准相比，还有一些显著不同的地方，例如，只支持双工模式，而不支持单工模式；使用的媒体只能是光纤；不满足 CSMA/CD；使用 64B/66B 和 8B/10B 两种编码方式等。

10 吉比特以太网还有一个重要的改进，即它具有支持局域网和广域网接口，且其有效距离可达 40km。其有效作用距离的增大为 10 吉比特以太网在广域网中的应用打下了基础。

5．40G/100G 接口

2010 年是以太网技术领域里程碑式的一年。在这一年，40G/100G 两种接口标准被同时确立。相对而言，40G 接口标准的产业链相对成熟，芯片技术、光模块成本可以很快实现商业化的部署，100G 面临着更多的技术和成本问题需要改进，但是作为 IT 从业者似乎更愿意面临这样的技术挑战，并最终影响了标准的发布：40G/100G 被同时发布。至今，两者都已经成为成熟的以太网技术，由于成本和技术的限制，40G 以太网更多应用于数据中心，而 100G 以太网更多应用于骨干网和核心汇聚层。

4.5.4　常用环形网组网技术

1．令牌环网

令牌环网是由 IBM 推出的，IEEE 在 IBM 令牌环网的基础上制定了 802.5 标准，两者是兼容的，见表 4-3。

表 4-3　IBM 令牌环网与 IEEE 802.5 比较

	物理拓扑	传输介质	传输速率	网段最大节点数	信号传输方式	介质访问控制方法
IBM 令牌环网	星形	双绞线	4Mbit/s 16Mbit/s	72（UTP） 260（STP）	基带	令牌传递
802.5 标准	未指定	未指定	4Mbit/s 16Mbit/s	250	基带	令牌传递

（1）基本令牌环网络

令牌环网的每个站点都包含一个转发器，转发器从两个链路中的一条接收比特流，然后通过另一条发送比特流。每个站点通过输出端口与下一站点的输入端口相连，最后一个站点的输出端口与第一个站点的输入端口连接，这样就构成了一个完整的单向环。

基本令牌环中，如果一个站点发生故障或没有加电，就会造成整个环网瘫痪。为解决这一问题，可以将每个站点与一个自动开关相连。这个开关可以旁通脱环的站点。如果某站点发生故障，自动开关就将环闭合，一旦该站点重新恢复工作，网卡可以送出一个信号以使开关将该站点加入到环中来。具有上述开关功能的过网卡称为智能网卡。

（2）复合令牌环网络

复合令牌环网络是指通过网桥将多个基本令牌环网络互联，如图 4-22 所示。复合环的寻址采用分层结构，其地址空间先标示局部环号，再标示某个局部环的相应节点号。复合环对于中等规模的企事业单位（工厂、政府机关、学校等）是一种可选的组网结构。

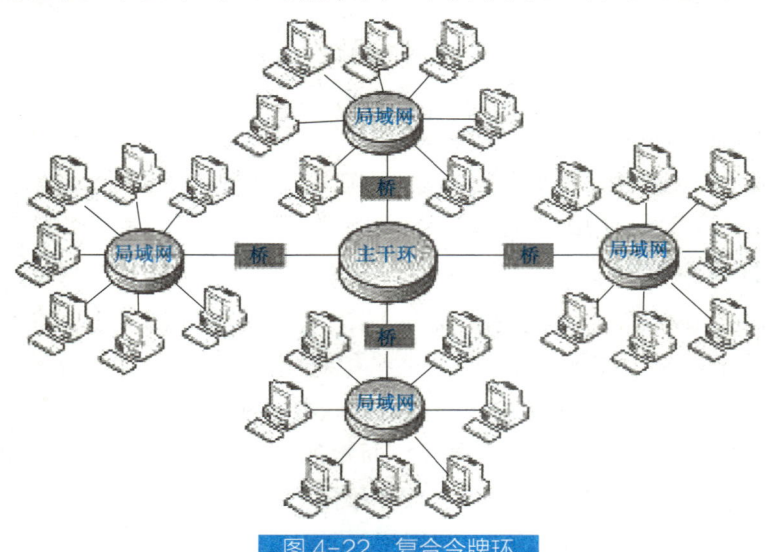

图 4-22　复合令牌环

2. FDDI 网络

光纤分布式数据接口（Fiber Distributed Data Interface，FDDI）是 ANSI 的 X3T 9.5 委员会为满足用户对网络高速和高可靠性传输的需求，在 20 世纪 80 年代中期制定的网络标准。FDDI 所支持的数据传输速率可以达到 100Mbit/s，并使用光纤作为传输介质。FDDI 的另一版本是铜线分布式数据接口（Copper Distributed Data

Interface，CDDI），它采用铜质的 STP 或 UTP。

（1）FDDI 的双环结构

为了实现网络的容错机制，FDDI 采用的是双环结构，一个称为主环，一个称为辅环，如图 4-23 所示。

正常情况下，主环用来传输数据，辅环则作为主环的备份，数据流方向与主环相反。连接到环上的站点必须相应地提供两个连接端口，分别连接主环和辅环。如果主环发生故障，检测到故障的站点就会将数据转移到辅环上，这样主环和辅环可重新构成一个环。

（2）FDDI 的分层结构

FDDI 标准将传输功能分为四层：介质依赖层（PMD）、物理层（PHY）、介质访问控制层（MAC）和链路控制层（LLC）。它们与 OSI/RM 的数据链路层和物理层相对应，如图 4-24 所示。

FDDI 的物理层被分为两个子层：介质依赖层和物理层。介质依赖层在 FDDI 网络的节点之间提供点对点的数字基带通信；而物理层则提供 PMD 与数据链路层之间的连接。

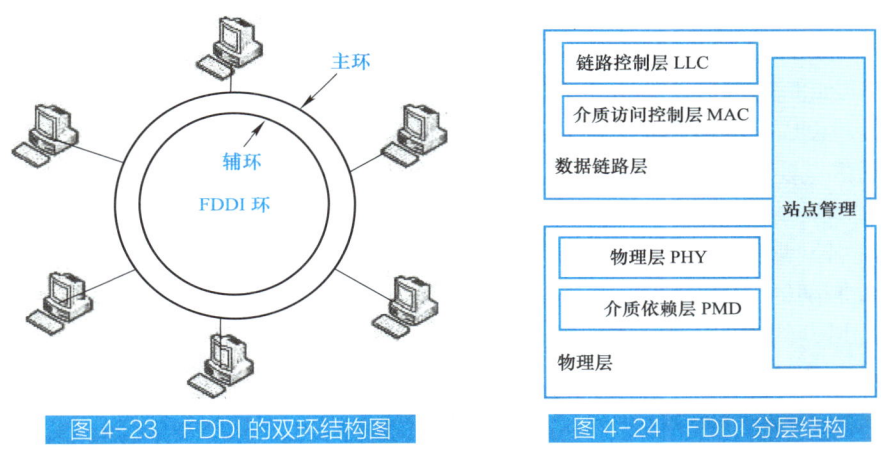

图 4-23　FDDI 的双环结构图　　图 4-24　FDDI 分层结构

（3）FDDI 的介质访问控制机制

在 FDDI 中，每个站点对介质的访问都有时间限制，站点只能在规定的时间段内发送数据帧，当然，优先级较高的实时数据可以优先发送。为了实现这种访问机制，FDDI 定义了两种不同的数据帧：同步帧和异步帧。同步帧是用来发送那些对实时性要求比较高的数据的。这两种帧有时也被称为 S 帧和 A 帧。

FDDI 采用的介质访问控制方式同 IEEE 802.5 的令牌环访问控制标准十分接近。每个站点得到令牌后，优先发送 S 帧。发送完 S 帧后如果还有剩余时间再发送 A 帧。

（4）FDDI 的编码方式

在信号的传输中，FDDI 采用的是一种比较特殊的编码方式，即 4B/5B 编码。这种编码技术中，每次对 4 位数据进行编码，每 4 位数据编码成 5 位符号，用光的存在和不存在表示每一位是 1 还是 0，见表 4-4。同时，为了得到信号同步，FDDI 采用了二级编码的方法。即先按 4B/5B 编码，再利用差分不归零制（NRZ-I）编码。这种编码确保无论 4 位比特符号为何种组合，其对应的 5 位比特编码中至少有 2 位为 1，从而保证在光纤中传输的信号至少发生两次跳变，以利于接收端的时钟提取。

表 4-4　4B/5B 编码对照表

十进制数	4 位二进制数	4B/5B 码	十进制数	4 位二进制数	4B/5B 码
0	0000	11110	8	1000	10010
1	0001	01001	9	1001	10011
2	0010	10100	10	1010	10110
3	0011	10101	11	1011	10111
4	0100	01010	12	1100	11010
5	0101	01011	13	1101	11011
6	0110	01110	14	1110	11100
7	0111	01111	15	1111	11101

单元小结

通过本单元的学习认识到我们所建设的局域网大多数应该是一个简单星形结构的小型局域网，建设此局域网所主要采用的技术为快速以太网，核心技术采用交换式局域网技术。此外，通过建设虚拟局域网学会区分不同类型的应用。

本单元重点要掌握的知识：
（1）局域网的概念和分类
（2）局域网常见的基本结构
（3）局域网的层次模型
（4）局域网的主要协议标准

本单元重点掌握的技能：
（1）能够掌握局域网建设中的主要技术参数
（2）能够绘制常见局域网的拓扑结构

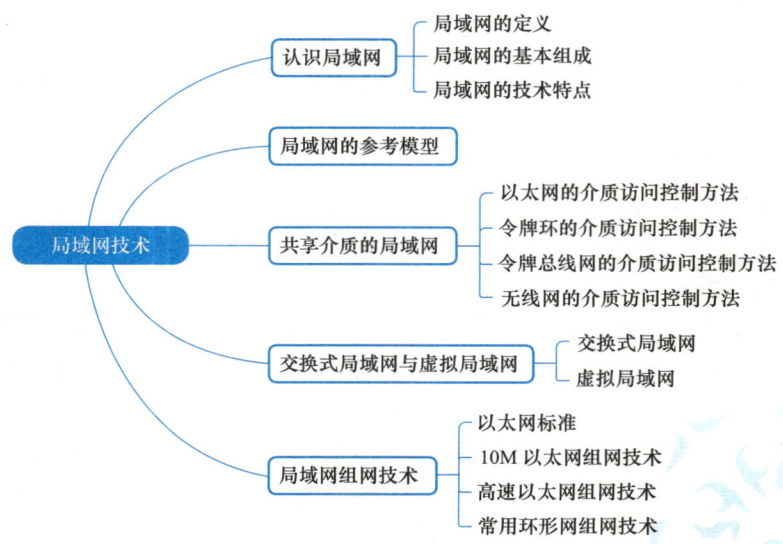

思考与练习

1. 以太网使用的 CSMA/CD 协议是以争用方式接入到共享信道，这与传统的时分复用 TDM 相比优缺点如何？

2. 假定 1km 长的 CSMA/CD 网络的数据传输速率为 1Gbit/s。设信号在网络上的传播速率为 200 000km/s。求能够使用此协议的最短帧长。

3. 假定一个以太网上的通信量中 80% 是在本局域网上进行的，而其余的 20% 的通信量是在本局域网和互联网之间进行的。另一个以太网的情况则反过来。这两个以太网一个使用以太网集线器，另一个使用以太网交换机。你认为以太网交换机应当用在哪一个网络上？

4. 10Mbit/s 以太网升级到 100Mbit/s 和 1Gbit/s 时，需要解决哪些技术问题？

5. 以太网交换机有何特点？用它怎样组成虚拟局域网？

第 5 单元
规划配置IP地址

第 3 单元学习了 TCP/IP 模型，其中，网络层的重要协议就是 IP。Internet 协议版本 4 即 IPv4 在 1981 年的 RFC 791 中正式被定义，它是网际协议开发过程中的第四个修订版本，也是此协议第一个被广泛部署的版本。IPv4 是互联网的核心，也是使用最广泛的网际协议版本，其后继版本为 IPv6。IPv4 是一种网络层无连接协议，用于传送连接网络和子网的网关路由数据报。IPv4 也可以被称为"尽力而为"的协议，因为它不提供传递的保证，不提供排序，也不提供错误检测和纠正机制。IPv4 提供数据包分段和重新组合，并以点分十进制表示法的形式提供特定的寻址约定。IPv4 支持路由控制以及状态转换和通信。尽管 IPv4 没有定义数据包的特定内容或其服务要求的概念，但它还支持多种服务类型，包括低延迟、高带宽、高可靠性的路径。

IPv4 给网络主机配置的编址即为 IPv4 地址，一般称为 IP 地址。IPv4 使用 32 位（4B）地址，在以 TCP/IP 为通信协议的网络上，每一台主机都有一个唯一的 IP 地址。IPv4 的地址空间中共有 4,294,967,296 个（大约 43 亿）地址。2019 年 11 月 26 日，全球所有 43 亿个 IPv4 地址已分配完毕，这意味着没有更多的 IPv4 地址可以分配给 ISP 和其他大型网络基础设施提供商。基于分类网络、无类别域间路由和网络地址转换的地址结构重构显著地减少了地址枯竭的速度，至今，IPv4 地址仍然广泛使用于网络中。接下来将要学习 IP 的定义、作用、分类，以及如何在局域网中为每一台设备配置 IP 地址。

5.1 IP 地址

首先，我们对比一下邮局通信系统。在寄信的时候，邮局通过信封上的地址和邮政编码能将信件准确地送到对方手中。那么，在网络这个虚拟的世界中，数据是通过什么地址准确地送到目的主机的？在网络中，又是如何标识每一台主机的？

根据之前学过的知识，网络底层的传输是通过物理地址来识别每台设备的。比如，常见的以太网卡的 MAC 地址是 48 位的二进制整数，具有全球唯一性。如某以太网卡的 MAC 地址为 E0-69-95-B1-FD-B7。

而在网络层，连入网络的每一台计算机都有一个由授权单位分配的地址，网络中的计算机根据计算机的网络地址进行相互识别和通信，这个地址就是 IP 地址。

> **知识链接**
>
> IP 地址与物理地址的区别：在不更换网络设备的前提下，主机的 MAC 地址就像是地球上的经纬度，它是物理的，永远不会改变；而主机 IP 地址的指定则好像对某地址的命名，像街道号和门牌号那样，会随着城市的建设与发展而改变，它是逻辑的，是允许变化的。

5.1.1 IP 地址的作用

在 IPv4 协议下,每个 IP 地址都是由 32 位二进制数表示的,即 4 个字节,每个字节 8 位。如某设备的 IP 地址是 11001010.01110000.01111000.00000001。为了方便表示一个 IP 地址,通常将每个字节转换为一个十进制整数,并有圆点符号"."将每个十进制数分开,即"点分十进制"。如上例中的 IP 地址用点分十进制表示为 202.112.120.1。一个 IP 地址用来表示网络中一个 TCP/IP 主机的唯一逻辑地址。

在网络中,我们为什么不用物理地址,而要使用 IP 地址来标识每一台主机呢?

1．IP 地址便于屏蔽各种物理网络的地址差异

每种物理网络都有各自的技术特点,其物理地址也各不相同,统一物理地址的表示方法不现实。

2．IP 地址便于根据网络需要进行更改

设备的物理地址是固化在硬件之中的,无法轻易进行修改。而 IP 地址可以根据网络的具体情况进行配置,当网络结构更改时也可以方便地更改 IP 地址。

3．IP 地址便于层次化编址

物理地址属于非层次化的地址,无法表示设备在网络中的层次地位。而 IP 地址是一个结构化分层的地址,便于分层化寻址。

综上所述,对于各种物理网络地址的"统一"是通过 IP 地址在网络层完成的。TCP/IP 提供了一种全网统一的地址格式,在统一方式的管理下进行地址分配,并且是物理地址的差异在网络层被屏蔽。

5.1.2 IP 地址的层次结构

IP 地址是由 32 位二进制数组成的,在实际的 IP 编址中采用了层次化的地址结构,即使用两级或三级的分层化寻址方案。一个 IP 地址由网络地址和主机地址两级组成,或者是由网络、子网和主机三个层级来组成。

1．网络地址

网络地址也称为网络号,它用来表示每一个网络。同一个网络中的每一台计算机使用相同的网络地址。

2．子网地址

在三级层次结构中引入子网的概念,表示将一个网络进一步划分为多个子网。

3．主机地址

主机地址又称为主机号,用来在一个网络中标识每一台主机设备。它是一个唯一的标识,也就是说,一个网络中每台主机的主机地址都是唯一的。

通常我们看到的 IP 地址都是由网络地址和主机地址两部分组成的,如图 5-1 所示。

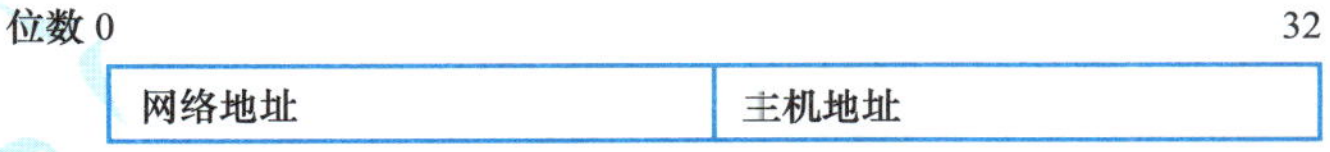

位数 0	32
网络地址	主机地址

图 5-1　IP 地址的二级层次

而在需要的时候会将网络地址进行进一步划分，划分为网络地址和子网地址，如图 5-2 所示。

图 5-2　IP 地址的三级层次

5.1.3　IP 地址的编址及表示

1．二进制表示

IP 地址使用 32 位二进制数表示，如 11001010.01110000.01111000.00000001。

2．点分十进制表示法

IP 地址是由 32 位二进制组成，为了方便表示，通常采用点分十进制表示法，即 w．x．y．z。其中每位十进制数的取值范围应该为 0～255。我们可以将上例中二进制表示的 IP 地址转换为点分十进制表示，如图 5-3 所示。

图 5-3　点分十进制表示法

5.1.4　IP 地址的分类

Internet 的设计者决定根据网络的规模大小来创建网络的类别，按照 IP 的规定，Internet 上的地址分 A、B、C、D、E 五类。各类 IP 地址的结构如图 5-4 所示。

	w	x	y	z
位	1 2 3 4 5 6 7 8	9　　　　　　　16	17　　　　　　　24	25　　　　　　　32
A 类	0　网络地址	主机地址		
B 类	1 0　　网络地址		主机地址	
C 类	1 1 0　　　网络地址			主机地址
D 类	1 1 1 0　　　多播地址			
E 类	1 1 1 1 0　　　保留			

图 5-4　IP 地址的分类

1．A 类地址

A 类 IP 地址是指用 IP 地址的第 1 个字节，即前 8 位来标识网络号，后 3 个字节标识主机号。其中，规定第 1 位是"0"。

A 类地址的网络地址为前 8 位，且第一位只能为 0，所以 A 类网络的网络数仅有 (2^7-2) 个，即 126 个。计算网络数量和主机数量是需要减 2 的原因是去掉"全 1"数和"全 0"数，即俗称的"掐头去尾"，因为这两种地址另有特殊用途，我们将在下一节介绍。

A类地址的网络规模最大，每个A类网络有24位用来标识主机号，所以每个A类网络最多可以容纳的主机数为（$2^{24}-2$）个，即167 772 174个。

A类地址的理论地址范围是1.0.0.0～127.255.255.255，如图5-5所示。但是，由于要减去网络地址和主机地址中的"全1"和"全0"地址，所以，其实际有效地址范围是1.0.0.1～126.255.255.254，如图5-6所示。

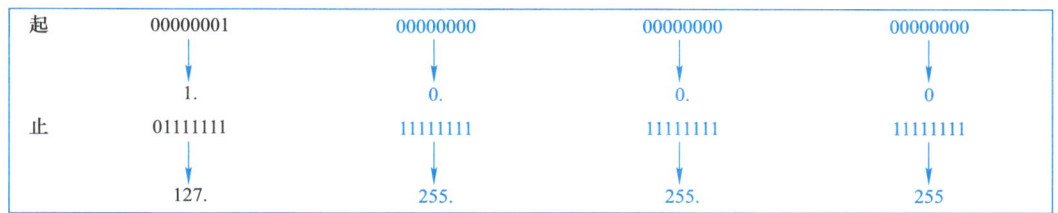

图5-5　A类地址理论地址范围

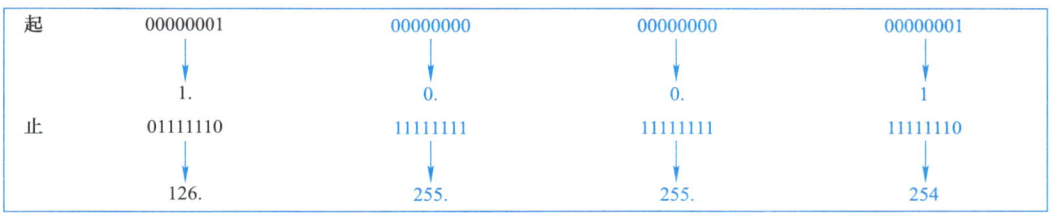

图5-6　A类地址有效地址范围

A类地址的网络地址数量最少，而每个网络中可容纳的主机台数是最多的，它可以用于主机数达1600多万台的大型网络，目前主要提供给大型政府网络使用。

2. B类地址

B类IP地址是指用IP地址的前2个字节，即前16位来标识网络号，后2个字节标识主机号。其中，规定高2位是"10"。

B类地址的网络地址为前16位，且高2位只能为10开头，所以B类网络的网络数应有（$2^{14}-2$）个，即16 382个。

B类地址的网络规模中等，每个B类网络有16位用来标识主机号，所以每个B类网络最多可以容纳的主机数为（$2^{16}-2$）个，即65 534个。

B类地址的理论地址范围是128.0.0.0～191.255.255.255，如图5-7所示。但是，由于要减去网络地址和主机地址中的"全1"和"全0"地址，所以其实际有效地址范围是128.1.0.1～191.254.255.254，如图5-8所示。

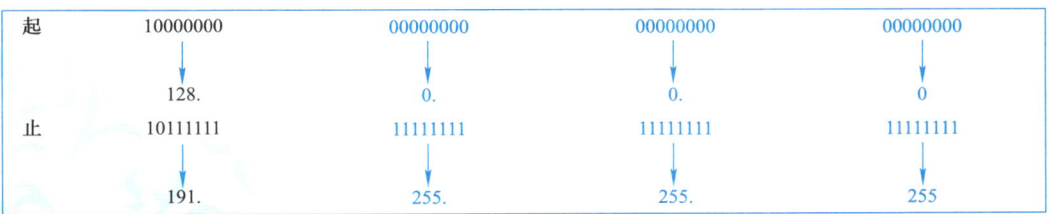

图5-7　B类地址理论地址范围

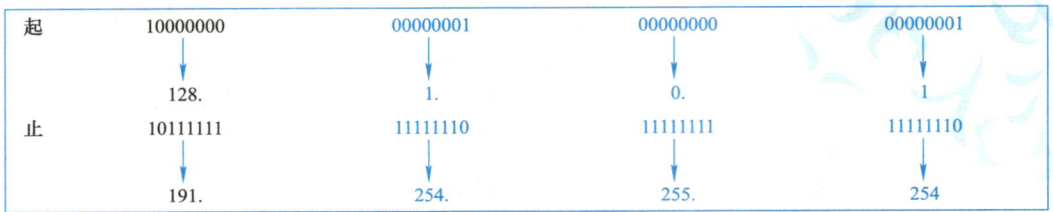

图 5-8 B 类地址有效地址范围

B 类地址的网络地址数量和每个网络中可容纳的主机台数都是中等的，它适用于大中型企业网络，是一类常用的 IP 地址。

3．C 类地址

C 类 IP 地址是指用 IP 地址的前 3 个字节，即前 24 位来标识网络号，后 1 个字节标识主机号。其中，规定高 3 位是"110"。

C 类地址的网络地址为前 24 位，且高 3 位只能为 110 开头，所以 A 类网络的网络数应有（$2^{21}-2$）个，即 2 097 152 个。

C 类地址的网络规模较小，每个 C 类网络有 8 位用来标识主机号，所以每个 C 类网络最多可以容纳的主机数为（2^8-2）个，即 254 个。

C 类地址的理论地址范围是 192.0.0.0～223.255.255.255，如图 5-9 所示。但是，由于要减去网络地址和主机地址中的"全 1"和"全 0"地址，所以其实际有效地址范围是 192.0.1.1～223.255.254.254，如图 5-10 所示。

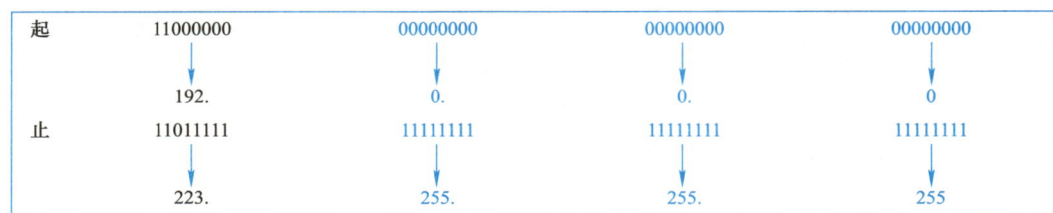

图 5-9 C 类地址理论地址范围

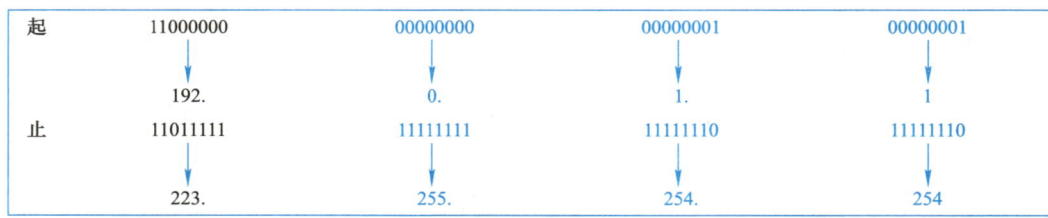

图 5-10 C 类地址有效地址范围

C 类地址的网络地址数量是所有地址类型中最多的，每个网络中可容纳的主机台数是最少的，它适用于中小型企业网络、校园网络等，是一类常用的 IP 地址。

4．D 类地址

D 类 IP 地址第一个字节以"1110"开始，它是一个专门保留的地址。它并不区分网络地址和主机地址，目前这一类地址被用在多点广播（Multicasting）中。多点广播地址用来一次寻址一组计算机,它标识共享同一协议的一组计算机。

D 类地址不标识网络地址,其地址覆盖范围为 224.0.0.0 ~ 239.255.255.255。

知识链接

> IP 多播(Multicasting,也称多点广播或组播)技术,是一种允许一台或多台主机(多播源)发送单一数据包到多台主机(一次的、同时的)的 TCP/IP 网络技术。多播作为一种点对多点的通信,是节省网络带宽的有效方法之一。

5. E 类地址

E 类地址也不区分网络地址和主机地址,它的第 1 个字节的前五位固定为"11110"。

E 类地址范围:240.0.0.1 ~ 247.255.255.255,它为将来的使用保留,是一类保留地址。

IP 中对首字节为 248 ~ 254 的地址段没有规定和定义。

6. A、B、C 三类 IP 地址的比较

要判断一个 IP 地址是属于哪一类 IP,只要看它的第 1 个字节的取值。A、B、C 三类 IP 地址的比较见表 5-1。

表 5-1　三类 IP 地址的比较

类别	高位取值	第一字节范围	网络地址长度	主机地址长度	适用的网络规模
A	0	1 ~ 126	7	24	大型网络
B	10	128 ~ 191	14	16	中型网络
C	110	192 ~ 233	21	8	小型网络

5.1.5　特殊的 IP 地址

1. 全 0 地址

4 个字节都为 0 的地址 0.0.0.0 是一个特殊的 IP 地址,它对应于当前主机。

2. 有限广播地址

IP 地址中的每一个字节都为全 1 的 IP 地址,即 255.255.255.255,称为有限广播地址,也叫本地广播地址,有限广播将广播限制在最小的范围内,是用于本网的广播地址。

3. 直接广播地址

直接广播地址又叫广播地址,直接广播地址包含一个有效的网络号和一个全"1"的主机号。将一个 IP 地址的网络位不变,主机位的所有二进制位设置为全 1,即得到这个地址的广播地址。

如 IP 地址 202.82.4.28,由它的第 1 个字节取值可以分析出它是一个 C 类 IP 地址,所以它的主机位是第 4 个字节,将第 4 个字节的 8 位二进制数全部置为 1,得到了该地址的广播地址,即 202.82.4.255。

4. 网络地址

将一个 IP 地址的网络位不变,主机位的所有二进制位设置为全 0,即得到这个地址的

网络地址。网络地址用来表示"本地网络"。

如 C 类 IP 地址 202.82.4.28，它的主机位是第 4 个字节，将第 4 个字节的 8 位二进制数全部置为 0，得到了该地址的网络地址，即 202.82.4.0。

> **知识链接**
>
> 上一节中提到的，计算网络数量和主机数量需要减 2 的原因是去掉"全 1"数和"全 0"数，即俗称的"掐头去尾"，因为这两种地址另有特殊用途。我们现在知道了，主机位全"1"地址即"广播地址"；主机位全"0"地址即"网络地址"，这就是为什么主机 IP 地址在使用中要减去 2，即减去广播地址和网络地址，因为它们不是可用的主机 IP 地址。

5．环回地址

环回地址（Loopback Address）又叫"回送地址"，127.0.0.0 网段，留作本机网卡测试使用。测试与环回地址的连通性相当于发送不离开主机的数据包，也就是说，这些数据包不会通过外部网络接口。例如 127.0.0.1，我们用环回地址来测试本机的 TCP/IP 是否正常安装。

需要注意的是，它是一个虚拟地址，是 IP 地址中内部的一种，是一个特殊的 A 类 IP 地址，网络地址是 127.0.0.0，我们经常使用的是 127.0.0.1 这个地址，且赋给它一个名字：localhost。用"http://127.0.0.1"就可以测试本机中配置的 Web 服务器。

6．保留的私有地址

私有地址（Private Address）属于非注册地址，专门为组织机构内部使用。

根据 IETF（互联网工程任务组）的定义，以下列出留用的内部私有地址：

A 类：10.0.0.0 ～ 10.255.255.255
B 类：172.16.0.0 ～ 172.31.255.255
C 类：192.168.0.0 ～ 192.168.255.255

> **知识链接**
>
> 公有地址（Public address）由 Inter NIC（Internet Network Information Center，互联网信息中心）负责。这些 IP 地址分配给注册并向 Inter NIC 提出申请的组织机构。通过它直接访问互联网。

IETF（Internet Engineering Task Force）是互联网工程任务组，成立于 1985 年底，是全球互联网最具权威的技术标准化组织，主要任务是负责互联网相关技术规范的研发和制定，当前大多数国际互联网技术标准出自 IETF。

5.2 子网掩码

1．子网掩码（Subnet Masks）的定义

我们已经知道，一个主机的 IP 地址由两部分组成：网络地址和主机编号。子网掩码的目的就是区分 IP 地址中的网络地址和主机编号。

2．子网掩码的取值

子网掩码的设定必须遵循一定的规则。与二进制 IP 地址相同，子网掩码由 1 和 0 组成，

且 1 和 0 分别连续。子网掩码的长度也是 32 位，左边是网络位，用二进制数字"1"表示，1 的数目等于网络位的长度；右边是主机位，用二进制数字"0"表示，0 的数目等于主机位的长度。

例如，二进制的 11111111 11111111 00000000 00000000，这 32 位二进制数高 16 位为连续的"1"，低 16 位为连续的"0"。这是一个合法的子网掩码，即 255.255.0.0。

3．子网掩码的表示

（1）点分十进制表示

就如 IP 地址的表示一样，将 32 位二进制的掩码每 8 位转换成一个十进制数，并用"."分开，这就是点分十进制的子网掩码。如二进制的 11111111 11111111 00000000 00000000，点分十进制表示即 255.255.0.0。

（2）网络前缀标记法

网络前缀标记法直接在 IP 地址后加上"/"符号以及 1～32 的数字，其中 1～32 的数字表示子网掩码中网络标识位的长度。这种表示法通常写在 IP 地址的后面。如 IP 地址 172.17.16.2 的子网掩码是 255.255.0.0。这个子网掩码表示的网络位是 16 位，因此可以表示为 172.17.16.2/16。

4．默认子网掩码

对于 A、B、C 类 IP 地址来说，每类 IP 地址都默认对应了网络地址的位数。因此就有了默认子网掩码。对于 A 类地址来说，默认的子网掩码是 255.0.0.0；对于 B 类地址来说默认的子网掩码是 255.255.0.0；对于 C 类地址来说默认的子网掩码是 255.255.255.0。

默认子网掩码的表示见表 5-2。

表 5-2　默认子网掩码

类别	默认网络地址位数	默认子网掩码（二进制表示）	默认子网掩码（点分十进制表示）	默认子网掩码（网络前缀表示）
A	8	11111111 00000000 00000000 00000000	255.0.0.0	/8
B	16	11111111 11111111 00000000 00000000	255.255.0.0	/16
C	24	11111111 11111111 11111111 00000000	255.255.255.0	/24

5．子网掩码的功能

子网掩码不能单独存在，它必须结合 IP 地址一起使用。子网掩码主要有两个功能：

1）区分一个 IP 地址的网络地址和主机编号。

2）用于划分子网，将一个大的网络划分为多个小的子网。

实例： 公司内部某部门主机的 IP 地址为 192.168.4.28，请计算该 IP 地址的广播地址、网络地址、有限广播地址、默认子网掩码。该网络中最多容纳多少台主机？该网络主机地址范围是多少？

192.168.4.28 是一个 C 类 IP 地址，它的网络地址为高 24 位，主机位为低 8 位，因此可得：

1）广播地址：主机位 8 位全 1，即：192.168.4.255。

2）网络地址：主机位 8 位全 0，即：192.168.4.0。

3）有限广播地址：任何 IP 地址的有限广播地址均为 31 位全 1，即 255.255.255.255。

4）默认子网掩码：网络位 24 位的掩码对应为全 1，主机位 8 位的掩码对应为全 0，即 255.255.255.0。

5）网络内的主机数：主机位 8 位，因此主机数量为（2^8-2）台 =254 台。

6）主机地址范围：主机位 8 位的取值范围是 1～254，因此主机 IP 地址范围是 192.168.4.1～192.168.4.254。

5.3 IP 子网划分及无分类编址

1．子网的概念

出于对管理、性能和安全方面的考虑，许多单位把单一网络划分为多个物理网络，并使用路由器将它们连接起来。子网划分（Subnetting）技术能够使单个网络地址横跨几个物理网络，这些物理网络统称为子网。

子网技术将一个 IP 地址从网络、主机两级结构升级为由网络、子网和主机三个层级来组成，如图 5-11 所示。

图 5-11 IP 地址的三级层次

例如项目实施场景中的公司，共有 5 个部门。其中，工程部和技术支持部，每个部门 30 个信息点；市场部、总务部、财务部，共 25 个信息点。也就是说该公司共计需要 145 个 IP 地址。如果不进行子网划分，将所有设备放在一个网络中，就无法实现对各个部门的分别管理；而一个 C 类网络可以容纳 254 台主机，如果每一个部门用一个 C 类网络，会造成很大浪费。这种情况下，我们利用子网技术将一个网络划进一步分成五个子网。

2．子网划分的意义

在计算机网络规划中，通过子网技术将一个大网络划分为多个子网，它的意义主要有以下几点。

1）充分使用地址。可以使 IP 地址的分配更充分有效。

2）划分管理职责。同一个大的网络相比，小的网络更便于管理，判断并排除一个小网络中的故障，要比大网络容易得多。

3）提高网络性能。覆盖面越大的单一网络，其性能越不稳定，会出现各种意想不到的问题。而多个相对范围较小的网络，会使系统更高效。

3．子网的层次结构

子网技术将一个 IP 地址从网络、主机两级结构升级为由网络、子网和主机三个层级来组成。其具体的结构是将单个网络的主机位部分进一步分为两个部分，其中高位用于子网号编址，低位用于主机号编址。

网络号：确定了一个网络。

子网号：确定了这个网络中一个独立管理的子网。

主机号：确定了与子网相连的主机地址。

子网划分的本质就是从一个网络地址的主机位中进一步划分出几位作为子网位，剩下的位成为新的主机位。划分子网位的位数取决于具体的需要：子网所占的位数越多，则可以分配给主机的位数就越少。

如何来区分一个 IP 地址是否进行了子网划分呢？这就要用到子网掩码了。例如，某 IP 地址 172.17.16.95，它是一个 B 类地址，默认的子网掩码是 255.255.0.0，即它的主机位是低 16 位。而如果同一个 IP 地址，它的子网掩码变成了 255.255.255.0，也就意味着第 3 个字节的 8 位也成为网络位，主机位只有 8 位了。这就是说，将 172.17.0.0 这个网络进一步划分了子网，它的子网掩码改变了。

一个 B 类网络 172.17.0.0，将主机号分为两部分，其中，8 位用于子网号，另外 8 位用于主机号，那么这个 B 类网络就被分为（2^8−2）个 =254 个子网，每个子网可以容纳（2^8−2）台 =254 台主机。

4. 超网技术

子网划分在一定程度上缓解了 Internet 发展中遇到的 IP 地址的困难，然而早在 1992 年，B 类 IP 地址就已经分配了近一半，IP 地址枯竭成为一个亟待解决的问题。

与子网技术相反，超网（Supernetting）是将几个小的网络组合在一起，形成一个大网络。一个 C 类网络可以容纳 254 台主机，这对于一些较大规模的公司或机构可能会不够用，一个解决办法就是将几个 C 类网络合并在一起，构成一个超网。

与子网掩码相反，超网掩码中“1”的位数应该比对应地址的默认子网掩码少。把默认掩码中最右边的若干位 1 变成 0，就得到了超网掩码，如图 5-12 所示，将默认掩码的网络位向左移 4 位作为主机位，得到了超网掩码。

默认	255.255.255.0			
掩码：	11111111	11111111	11111111	00000000
超网	11111111	11111111	11110000	00000000
掩码			左移 4 位	
	255.255.240.0			

图 5-12　超网掩码示意图

5. 无分类编址

无分类域间路由选择（Classless Inter Domain Routing，CIDR）的提出是建立在“超网”的基础上。如前所述，“超级组网”是“子网划分”的反义词，可看作子网划分的逆过程。子网划分时，从地址主机部分借位，将其合并进网络部分；而在超级组网中，则是将网络部分的某些位合并进主机部分。

CIDR 消除了传统的 A 类、B 类、C 类地址以及子网划分的概念，因为可以更加有效地分配 IPv4 地址空间。

CIDR 使用各种不同长度的“网络前缀”来替代分类地址中的“网络号”和“主机号”。

CIDR 中，IP 地址从使用子网掩码的三级编址又回到了二级编址。它使用斜杠“/”

记法，即在 IP 地址后面加一个"/"，然后写出网络前缀的位数。这个数值其实就是子网掩码中"1"的个数。

CIDR 的方法是 ISP 为公司、家庭客户等分配大量 IP 地址的基本方法，很大程度上缓解了 IP 地址的枯竭。在有类地址中，ISP 在向其客户分配地址时只能以"/8""/16""/24"为单位。而在 CIDR 环境中，ISP 可以根据每个客户的具体情况进行分配。

5.4 地址解析协议

1．ARP 的概念和原理

地址解析协议（Address Resolution Protocol，ARP）是获取物理地址的一个 TCP/IP。它负责将某主机的 IP 地址解析为物理地址。

在 OSI 参考模型中，各层之间彼此不直接打交道，只通过接口传递信息。IP 地址在第三层网络层，MAC 地址在第二层数据链路层。协议在发送数据包时，得先封装第三层（IP 地址）和第二层（MAC 地址）的报头，但协议只知道目的节点的 IP 地址，不知道其 MAC 地址，又不能跨第二、三层，所以得用 ARP 的服务将 IP 地址转换为 MAC 地址。

假设网络中的主机 A 的 IP 地址为 192.168.1.1，MAC 地址为 00-11-22-33-44-AA。主机 E 的 IP 地址为 192.168.1.5，MAC 地址为 00-11-22-33-44-EE。

在 TCP/IP 中，A 给 E 发送 IP 包，在报头中需要填写 E 的 IP 为目的地址，但这个 IP 包在以太网上传输的时候，还需要进行一次以太包的封装，在这个以太包中，目的地址就是 E 的 MAC 地址。

A 是如何得知 E 的 MAC 地址呢？解决问题的关键就在于 ARP。

在 A 不知道 E 的 MAC 地址的情况下，A 就广播一个 ARP 请求包，请求包中填有 E 的 IP（192.168.1.5），以太网中的所有计算机都会接收这个请求，而正常的情况下只有 E 会给出 ARP 应答包，包中就填充上了 E 的 MAC 地址，并回复给 A。A 得到 ARP 应答后，将 E 的 MAC 地址放入本机缓存，便于下次使用。其工作原理如图 5-13 所示。

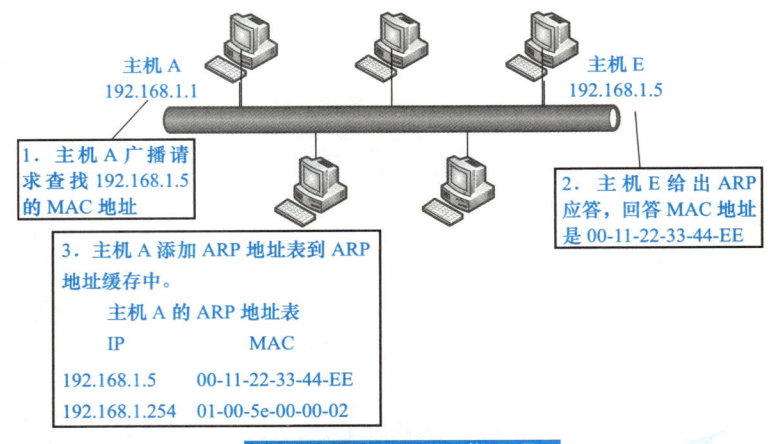

图 5-13 ARP 工作原理

2．RARP

反向地址解析协议（Reverse Address Resolution Protocol，RARP）经常在无盘

工作站上使用，它允许局域网的物理机器从网关服务器的 ARP 表或者缓存上请求其 IP 地址。其工作原理如图 5-14 所示。

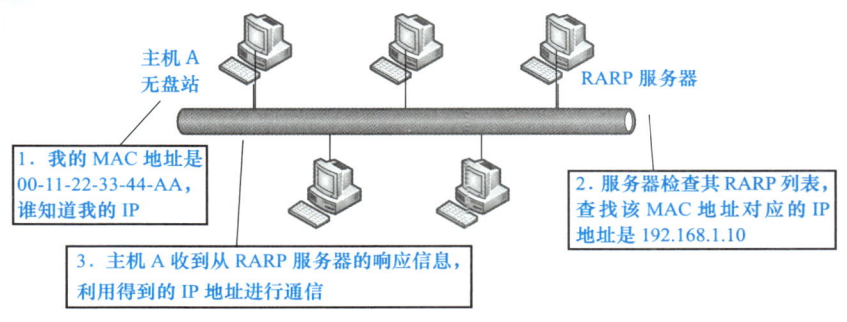

图 5-14 RARP 工作原理

首先，主机 A 发送一个本地的 RARP 广播，在此广播包中，声明自己的 MAC 地址并且请求任何收到此请求的 RARP 服务器分配一个 IP 地址；然后，本地网段上的 RARP 服务器收到此请求后，检查其 RARP 列表，查找该 MAC 地址对应的 IP 地址；如果存在，RARP 服务器就给源主机发送一个响应数据包并将此 IP 地址提供给对方主机使用；如果不存在，RARP 服务器对此不做任何的响应；最后，源主机 A 收到从 RARP 服务器的响应信息，就利用得到的 IP 地址进行通信；如果一直没有收到 RARP 服务器的响应信息，表示初始化失败。

5.5 子项目 4——规划配置公司各部门 IP 地址

项目实施场景中提到了公司一共租用了 2 层楼，5 个部门，工程部和技术支持部在 1 层，每个部门 30 个信息点。市场部、总务部、财务部在 2 层，共 25 个信息点。公司使用一个 C 类内部 IP 地址段 192.168.28.0/24，现要将其进一步划分为 5 个子网，该如何进行划分。

1．实施思考

本项目中使用同一个 IP 网段进行 IP 地址分配，不便于管理职责的划分，IP 地址使用混乱，如图 5-15 所示。

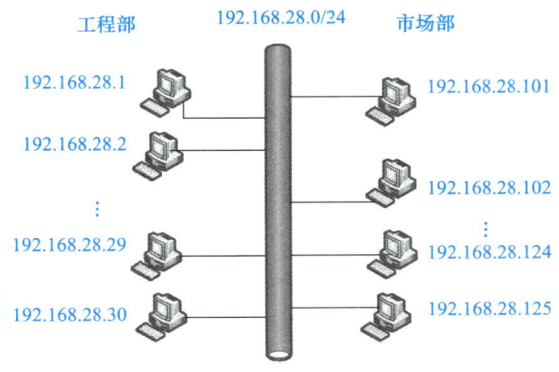

图 5-15 未划分 IP 子网之前的网络示意图

通过IP子网划分将每一个部门划分到不同的子网之中，便于网络的管理。

2．实施步骤

1）确定需要用多少位子网位来标识每一个子网。在子网划分中，n位子网位可以标识（2^n-2）个子网。

根据项目需求可知，我们需要划分5个子网，所以至少要用3位作为子网位。

2）根据子网位数确定主机位数并计算主机数量是否满足要求。

在子网划分中，m位子网位可以标识2^m-2个子网。C类网络中原本有8位主机位，现在借去3位作为子网位，所以主机位数为（8-3）位=5位，计算可得每个子网最大主机数为（2^5-2）台=30台，符合项目需求中每个部门的主机台数要求。

思考： 若使用4位作为子网位也可以满足5个子网的需求，为什么不采用4位子网位呢？

4位子网位则主机位数还剩（8-4）位=4位，而4位主机位能容纳的最多主机台数为（2^4-2）台=14台。而项目需求中的工程部和技术支持部每个部门都需要30台主机，14台主机的划分方法无法满足需求。

3）根据网络位数和主机位数确定子网掩码。

子网掩码的取值：网络位的掩码为1，主机位的掩码为0。

原本的C类网络，网络位数24位，主机位数8位，因此掩码为11111111.11111111.11111111.00000000，即255.255.255.0。

经过子网划分之后，网络位多了3位，而主机位成了5位。即将最后8位的高3位置为1，低5位仍为0，得到11111111.11111111.11111111.11100000，即255.255.255.224。

4）确定每一个子网的网络地址。

网络地址的确定方法，网络位不变，主机位全为0。

将每一个子网的网络地址对应填入表5-3。

表5-3 每一个子网的网络地址

子网序号	子网名称	子网地址（填写最后一个字节的二进制）	子网地址（转换为十进制）
1	工程部	192.168.28.（00100000）	192.168.28.32
2	技术支持部	192.168.28.（01000000）	192.168.28.64
3	市场部	192.168.28.（01100000）	192.168.28.96
4	总务部	192.168.28.（10000000）	192.168.28.128
5	财务部	192.168.28.（10100000）	192.168.28.160
6	备用	192.168.28.（11000000）	192.168.28.192

5）确定每一个子网中的可用IP地址范围。

由于每个子网中的主机位全0地址作为子网网络地址，主机位全1地址作为子网广播

第 5 单元 规划配置 IP 地址

地址，所以可以得到每个子网的可用地址范围，见表 5-4。

表 5-4 确定每个子网可用地址范围

子网序号	子网名称	最大主机台数	起始可用 IP 地址	最后一个可用 IP 地址	子网广播地址
1	工程部	30	192.168.25.33	192.168.25.63	192.168.25.64
2	技术支持部	30	192.168.25.65	192.168.25.94	192.168.25.95
3	市场部	30	192.168.25.97	192.168.25.126	192.168.25.127
4	总务部	30	192.168.25.129	192.168.25.158	192.168.25.159
5	财务部	30	192.168.25.161	192.168.25.190	192.168.25.191
6	备用	30	192.168.25.193	192.168.25.222	192.168.25.223

单元小结

IP 是 TCP/IP 体系结构中网络层的重要协议。当前主流的 IPv4 地址构成中，IP 地址为 32 位二进制数值，通常用点分十进制表示，IP 地址主要分为五类。出于对管理、性能和安全方面的考虑，许多单位把单一网络划分为多个物理网络，这就是子网划分技术。与之相反的还有超网技术。

本单元重点要掌握的知识：

（1）IP 地址的定义

（2）IP 地址的表示

（3）IP 地址的分类

（4）子网掩码、子网、超网的概念

本单元重点掌握的技能：

（1）通过计算完成 IP 子网划分

（2）对网络中设备的 IP 地址进行规划

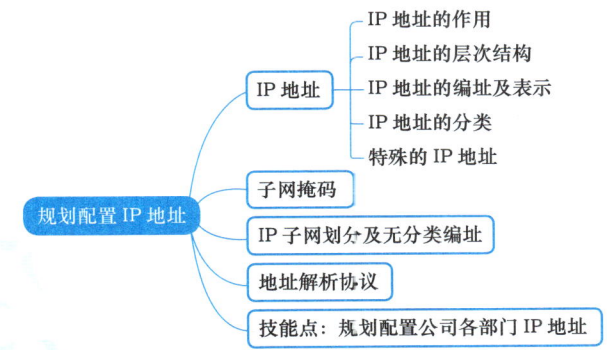

思考与练习

1. 简述 A、B、C 类 IP 地址的特征。
2. 某网络拓扑结构如图 5-16 所示，给定 IP 地址块 192.168.30.0/27，设计满足下列要求的 IP 编址方案。

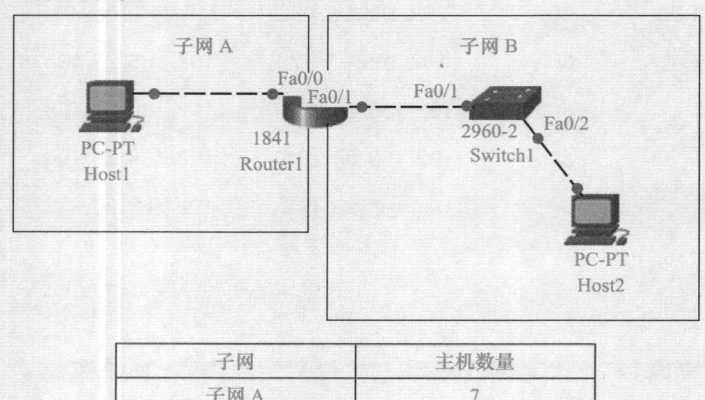

子网	主机数量
子网 A	7
子网 B	14

图 5-16 某网络拓扑结构

使用子网 0。创建满足主机要求的尽可能少的子网。将第一个可用子网分配给子网 A。主机计算机将使用子网中的第一个 IP 地址。网络路由器将使用子网中的最后一个 IP 地址。

将每台设备的 IP 地址信息填入表 5-5，并说明计算过程。

表 5-5 每台设备的 IP 地址信息

设备	接口	IP 地址	子网掩码
Host1	Ethernet		
Router1	子网 A 接口 Fa0/0		
Router1	子网 B 接口 Fa0/1		
Host2	Ethernet		

第 6 单元
配置路由器与交换机

计算机网络往往由许多种不同类型的网络互相连接而成。如果几个计算机网络只是在物理上连接在一起，它们之间并不能进行通信，那么这种"互连"并没有什么实际意义。因此通常在谈到"互连"时，就已经暗示这些相互连接的计算机是可以进行通信的，也就是说，从功能上和逻辑上看，这些计算机网络已经组成了一个大型的计算机网络。将网络互相连接起来要使用一些中间设备（或中间系统），这些中间设备中最重要的设备就是路由器与交换机。

路由器与交换机有明显区别，它的作用在于连接不同的网段并且找到网络中数据传输最合适的路径，可以说一般情况下个人用户需求不大。路由器是产生于交换机之后，就像交换机产生于集线器之后，所以路由器与交换机也有一定联系，并不是完全独立的两种设备。路由器主要解决了交换机不能转发数据包的问题。

6.1 交换机

交换机（Switch，意为"开关"）是一种用于电信号转发的网络设备。它可以为接入交换机的任意两个网络节点提供独享的电信号通路。最常见的交换机是以太网交换机。其他常见的还有电话语音交换机、光纤交换机等。

扫码观看视频

6.1.1 以太网交换机

随着计算机及互联技术（即"网络技术"）的迅速发展，以太网成为迄今为止普及率最高的短距离二层计算机网络。而以太网的核心部件就是以太网交换机。

不论是人工交换还是程控交换，都是为了传输语音信号，是需要独占线路的"电路交换"。而以太网是一种计算机网络，需要传输的是数据，因此采用的是"包交换"。但无论采取哪种交换方式，交换机为两点间提供"独享通路"的特性不会改变。就以太网设备而言，交换机和集线器的本质区别就在于：当 A 发信息给 B 时，如果通过集线器，则接入集线器的所有网络节点都会收到这条信息（也就是以广播形式发送），只是网卡在硬件层面会过滤掉不是发给本机的信息；而如果通过交换机，除非 A 通知交换机广播，否则发给 B 的信息 C 不会收到（获取交换机控制权限从而监听的情况除外）。

目前，以太网交换机厂商根据市场需求推出了三层甚至四层交换机。但无论如何，其核心功能仍是二层的以太网数据包交换，只是带有了一定的处理 IP 层甚至更高层数据包的能力。

6.1.2 VLAN 介绍

VLAN（Virtual Local Area Network，虚拟局域网）是一种将局域网（LAN）设备从逻辑上划分（注意，不是从物理上划分）成一个个网段（或者说是更小的局域网），从而实现虚拟工作组（单元）的数据交换技术。

VLAN 的好处主要有 3 个：

1）端口的分隔。即使在同一个交换机上，处于不同 VLAN 的端口也是不能通信的。这样一个物理的交换机可以当作多个逻辑的交换机使用。

2）网络的安全。不同 VLAN 不能直接通信，杜绝了广播信息的不安全性。

3）灵活的管理。更改用户所属的网络不需要换端口和连线，只更改软件配置就可以了。

VLAN 技术的出现使得管理员根据实际应用需求，把同一物理局域网内的不同用户逻辑地划分成不同的广播域，每一个 VLAN 都包含一组有着相同需求的计算机工作站，与物理上形成的 LAN 有着相同的属性。由于它是从逻辑上划分，而不是从物理上划分，所以同一个 VLAN 内的各个工作站没有限制在同一个物理范围中，即这些工作站可以在不同物理 LAN 网段。由 VLAN 的特点可知，一个 VLAN 内部的广播和单播流量都不会转发到其他 VLAN 中，从而有助于控制流量、减少设备投资、简化网络管理、提高网络的安全性。VLAN 除了能将网络划分为多个广播域，从而有效地控制广播风暴的发生，以及使网络的拓扑结构变得非常灵活的优点外，还可以用于控制网络中不同部门、不同站点之间的互相访问。

6.1.3 VLAN 实现方法分类

VLAN 在交换机上的实现方法，可以大致划分为以下 6 类。

1. 基于端口的 VLAN

这是最常用的一种 VLAN 划分方法，目前大多数 VLAN 协议的交换机都提供这种 VLAN 配置方法。这种划分 VLAN 的方法是根据以太网交换机的交换端口来划分的，它将 VLAN 交换机上的物理端口和 VLAN 交换机内部的 PVC（永久虚电路）端口分成若干个组，每个组构成一个虚拟网，相当于一个独立的 VLAN 交换机。

对于不同部门需要互访时，可通过路由器转发，并配合基于 MAC 地址的端口过滤。对某站点的访问路径上最靠近该站点的交换机、路由交换机或路由器的相应端口上，设定可通过的 MAC 地址集。这样就可以防止非法入侵者从内部盗用 IP 地址而从其他可接入点入侵。

从这种划分方法可以看出，优点是定义 VLAN 成员时非常简单，只要将所有的端口都定义为相应的 VLAN 组即可，适合于任何大小的网络。缺点是如果某用户离开了原来的端口，到了一个新的交换机的某个端口，则必须重新定义。

2. 基于 MAC 地址的 VLAN

这种划分 VLAN 的方法是根据每个主机的 MAC 地址，即对每个 MAC 地址的主机都配置分组，每一块网卡都对应唯一的 MAC 地址，VLAN 交换机跟踪属于 VLAN MAC 的地址。这种方式的 VLAN 允许网络用户从一个物理位置移动到另一个物理位置时，自动保留其所属 VLAN 的成员身份。

由这种划分的机制可以看出，这种 VLAN 的划分方法的最大优点就是当用户物理位置移动时，即从一个交换机换到其他的交换机时，VLAN 不用重新配置，因为它是基于用户，而不是基于交换机的端口。这种方法的缺点是初始化时，所有的用户都必须进行配置，如果有几百个甚至上千个用户，配置是非常累的，所以这种划分方法通常适用于小型局域网。而且这种划分的方法也导致了交换机执行效率的降低，因为在每一个交换机的端口都可能存在很多个 VLAN 组的成员，保存了许多用户的 MAC 地址，查询起来相当不容易。另外，对于使用笔记本计算机的用户来说，他们的网卡可能经常更换，这样 VLAN 就必须经常配置。

3. 基于网络层协议的 VLAN

VLAN 按网络层协议来划分，可分为 IP、IPX、DECnet、AppleTalk、Banyan 等 VLAN 网络。这种按网络层协议来组成的 VLAN，可使广播域跨越多个 VLAN 交换机。这对于希望针对具体应用和服务来组织用户的网络管理员来说是非常具有吸引力的。而且用户可以在网络内部自由移动，但其 VLAN 成员身份仍然保留不变。

这种方法的优点是用户的物理位置改变了，但不需要重新配置所属的 VLAN，而且可以根据协议类型来划分 VLAN，这对网络管理者来说很重要。还有这种方法不需要附加的帧标签来识别 VLAN，这样可以减少网络的通信量。这种方法的缺点是效率低，因为检查每一个数据包的网络层地址是需要消耗处理时间的（相对于前面两种方法），一般的交换机芯片都可以自动检查网络上数据包的以太网帧头，但要让芯片能检查 IP 帧头，需要更高的技术，同时也更费时。当然，这与各个厂商的实现方法有关。

4. 根据 IP 组播的 VLAN

IP 组播实际上也是一种 VLAN 的定义，即认为一个 IP 组播组就是一个 VLAN。这种划分的方法将 VLAN 扩大到了广域网，因此这种方法具有更大的灵活性，而且也很容易通过路由器进行扩展，主要适合于不在同一地理范围的局域网用户组成一个 VLAN，不适合局域网，主要是效率不高。

5. 按策略划分的 VLAN

基于策略组成的 VLAN 能实现多种分配方法，包括 VLAN 交换机端口、MAC 地址、IP 地址、网络层协议等。网络管理人员可根据自己的管理模式和本单位的需求来决定选择哪种类型的 VLAN。

6. 按用户定义、非用户授权划分的 VLAN

基于用户定义、非用户授权来划分 VLAN 是指为了适应特别的 VLAN 网络，根据具体的网络用户的特别要求来定义和设计 VLAN，而且可以让非 VLAN 群体用户访问 VLAN，但是需要提供用户密码，在得到 VLAN 管理的认证后才可以加入一个 VLAN。

6.1.4 交换机基于端口 VLAN 应用配置

1. 组网要求

PC1 和 PC2 分别连接到交换机的端口 E1/0/1 和 E1/0/2，端口分别属于 VLAN 10 和 VLAN 20。

2. 拓扑图

VLAN 拓扑图如图 6-1 所示。

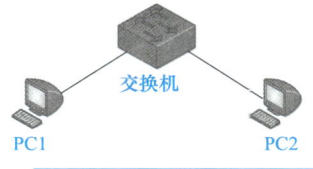

图 6-1 VLAN 拓扑图

3. 配置步骤

方法 1：

1）创建（进入）VLAN 10，将 E1/0/1 加入到 VLAN 10。

[SwitchA]vlan 10
[SwitchA-vlan10]port Ethernet 1/0/1

2）创建（进入）VLAN 20，将 E1/0/2 加入到 VLAN 20。
[SwitchA]vlan 20
[SwitchA-vlan20]port Ethernet 1/0/2
方法 2：
1）进入以太网端口 E1/0/1 的配置视图。
[SwitchA]interface Ethernet 1/0/1
2）配置端口 E1/0/1 的 PVID 为 10。
[SwitchA-Ethernet1/0/1]port access vlan 10
3）进入以太网端口 E1/0/1 的配置视图。
[SwitchA]interface Ethernet 0/2
4）配置端口 E1/0/2 的 PVID 为 20。
[SwitchA-Ethernet1/0/2]port access vlan 20

6.1.5 VLAN 接口动态获取 IP 地址配置

1．组网要求

1）Switch A 为二层交换机，管理 VLAN 为 VLAN 10，Switch A 的 VLAN 接口 10 动态获取 IP 地址。

2）Switch A 的以太网端口 E1/0/1 为 Trunk 端口，连接到 Switch B，同时 Switch B 提供 DHCP Server 功能。

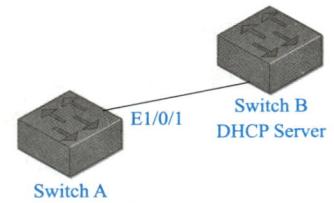

图 6-2 VLAN 接口动态获取 IP 地址配置的拓扑图

2．拓扑图

VLAN 接口动态获取 IP 地址配置的拓扑图如图 6-2 所示。

3．配置步骤

（1）配置 Switch A

1）将 E0/1 端口设为 trunk，并允许所有的 VLAN 通过。
[SwitchA-Ethernet1/0/1]port link-type trunk
[SwitchA-Ethernet1/0/1]port trunk permit vlan all
2）创建（进入）VLAN 10。
[SwitchA]vlan 10。
3）创建（进入）VLAN 接口 10。
[SwitchA]interface Vlan-interface 10
4）为 VLAN 接口 10 配置 IP 地址。
[SwitchA-Vlan-interface10]ip address dhcp-alloc
（2）配置 Switch B
1）创建 DHCP 地址池。
[SwitchB] dhcp server ip-pool h3c
2）指定可以分配的地址段。
[SwitchB-dhcp-pool-h3c]network 192.168.1.0 mask 255.255.255.0
3）指定网关，与 LAN 口的地址一致，指定 DNS Server 地址，指定域名。
[SwitchB-dhcp-pool-h3c]gateway-list 192.168.1.1

[SwitchB-dhcp-pool-h3c]dns-list 202.202.202.202
[SwitchB-dhcp-pool-h3c]domain-name huawei-3com.com
4）配置 LAN 口地址。
[SwitchB-Ethernet1/0]ip address 192.168.1.1 255.255.255.0
5）保留网关的地址。
[SwitchB] dhcp server forbidden-ip 192.168.1.1

4．配置关键点

1）二层交换机只允许设置一个 VLAN 虚接口，在创建 VLAN 10 的虚接口前需要保证没有别的 VLAN 虚接口。

2）虽然交换机的 VLAN 接口动态获取了 IP 地址，但是不能获得网关地址，因此还需要在交换机上手工添加静态默认路由。

6.1.6　交换机 VLAN 接口静态 IP 地址配置

1．组网需求

1）Switch A 为三层交换机，PC1 和 PC2 可以通过 Switch A 进行互通。
2）PC1 连接到 Switch A 的以太网端口 E1/0/1，属于 VLAN 10。
3）PC2 连接到 Switch A 的以太网端口 E1/0/2，属于 VLAN 20。
4）交换机的 VLAN 接口 10 的 IP 地址为 192.168.0.1/24，VLAN 接口 20 的 IP 地址为 192.168.1.1/24，分别作为 PC1(192.168.0.2/24) 和 PC2(192.168.1.2/24) 的网关。

2．拓扑图

VLAN 接口静态 IP 地址配置拓扑图如图 6-3 所示。

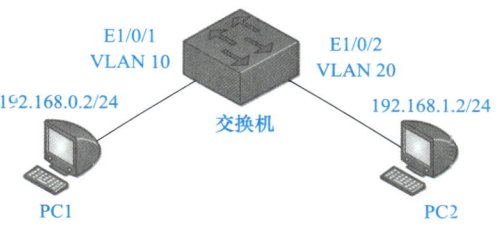

图 6-3　VLAN 接口静态 IP 地址配置拓扑图

3．配置步骤

1）创建（进入）VLAN 10。
[SwitchA]vlan 10
2）将 E1/0/1 加入到 VLAN 10，并退出 VLAN 视图。
[SwitchA-vlan10]port Ethernet 1/0/1
[SwitchA-vlan10]quit
3）创建（进入）VLAN 接口 10。
[SwitchA]interface Vlan-interface 10
4）为 VLAN 接口 10 配置 IP 地址。
[SwitchA-Vlan-interface10]ip address 192.168.1.1 255.255.255.0
5）创建（进入）VLAN 20。
[SwitchA]vlan 20
[SwitchA-vlan20]quit
6）将 E1/0/2 加入到 VLAN 20。
[SwitchA-vlan20]port Ethernet 1/0/2
7）创建（进入）VLAN 接口 20。
[SwitchA]interface Vlan-interface 20

8）为 VLAN 接口 20 配置 IP 地址。

[SwitchA-Vlan-interface20]ip address 20.1.1.1 255.255.255.0

4. 配置关键点

1）交换机的 VLAN 虚接口承载在物理端口之上，即某 VLAN 所包含的物理端口 UP 之后，该 VLAN 虚接口才会 UP。

2）对于三层交换机，可以为多个 VLAN 接口配置 IP 地址，而且默认情况下各个 VLAN 接口之间可以访问。对于二层交换机来说，为 VLAN 接口配置的 IP 地址只能用于管理。

6.1.7 配置 MAC-Address 表项

1. 命令

系统视图下的命令形式：

mac-address { static | dynamic | blackhole } mac-address interface interface-type interface-number vlan vlan-id undo mac-address [mac-address-attribute]

端口视图下的命令形式：

mac-address { static | dynamic | blackhole } mac-address vlan vlan-id
undo mac-address { static | dynamic | blackhole } mac-address vlan vlan-id

2. 参数

static：配置静态 MAC 地址表项。

dynamic：配置动态 MAC 地址表项。

blackhole：配置黑洞 MAC 地址表项。

mac-address：MAC 地址。

interface-type：端口类型。

interface-number：端口编号。

vlan-id：指定的 VLAN ID，取值范围为 1～4094。

mac-address-attribute：表示要删除的 MAC 地址属性的字符串，取值的情况见表 6-1。

表 6-1 mac-address-attribute 参数的取值及含义

取值	含义
{static|dynamic|blackhole}**interface** interface-type interface-number	删除指定端口上的静态、动态或黑洞 MAC 地址
{static|dynamic|blackhole}**vlan** vlan-id	删除指定 VLAN 中的静态、动态或黑洞 MAC 地址
{static|dynamic|blackhole}mac-address [**interface** interface-type interface-number] **vlan** vlan-id	删除指定的静态、动态或黑洞 MAC 地址
interface interface-type interface-number	删除指定端口上的所有 MAC 地址表项
vlan vlan-id	删除指定 VLAN 中的所有 MAC 地址表项
mac-address [**interface** interface-type interface-number] **vlan** vlan-id	删除指定 MAC 地址的表项

3．描述

mac-address 命令用来在 MAC 地址转发表中添加/修改地址表项。undo mac-address 命令用来删除地址表项。在端口视图下使用 mac-address 命令添加或删除的 MAC 地址表项，只在本端口上生效，所以无需使用 interface 参数。如果输入的 MAC 地址在地址表中已经存在，系统将根据用户的配置修改此地址表项的相关属性。用户可以删除某个端口上的所有 MAC 地址（只能是单播 MAC 地址），也可以选择删除系统自动学习的地址、用户配置的动态地址、用户配置的静态地址或者黑洞地址。

6.1.8　在交换机上手动添加静态 MAC 地址

1．组网要求

服务器通过 Ethernet1/0/2 端口连接到交换机。为了避免交换机在转发目的地址是服务器的报文时仍然进行广播，要求在交换机上设置静态的服务器 MAC 地址表项，使交换机始终通过 Ethernet1/0/2 端口单播发送去往服务器的报文。

服务器的 MAC 地址为 000f-e20f-dc71，端口 Ethernet1/0/2 属于 VLAN 1。

2．配置步骤

```
# 增加 MAC 地址（指出所属 VLAN、端口、状态）。
<Sysname> system-view
[Sysname] mac-address static 000f-e20f-dc71 interface Ethernet 1/0/2 vlan 1
# 查看当前 MAC 地址转发表的信息。
[Sysname] display mac-address interface Ethernet 1/0/2
MAC ADDR          VLAN ID STATE          PORT INDEX        AGING TIME(s)
000f-e20f-dc71    1       Config static  Ethernet1/0/2     NOAGED
000f-e20f-a7d6    1       Learned        Ethernet1/0/2     AGING
000f-e20f-b1fb    1       Learned        Ethernet1/0/2     AGING
000f-e20f-f116    1       Learned        Ethernet1/0/2     AGING
 --- 4 mac address(es) found on port Ethernet1/0/2 ---
```

6.1.9　ACL 配置

1．配置时间段

用户可以根据时间段对报文进行控制。ACL 中的每条规则都可以选择一个时间段。如果规则引用的时间段未配置，则系统给出提示信息，并允许这样的规则创建成功。但是规则不能立即生效，直到用户配置了引用的时间段，并且系统时间在指定时间段范围内才能生效。对时间段的配置有如下两种情况：

1）配置周期时间段：采用每个星期固定时间段的形式，例如从星期一至星期五的 8:00 至 18:00。

2）配置绝对时间段：采用从某年某月某日某时某分起至某年某月某日某时某分结束的形式，例如从 2010 年 1 月 28 日 15:00 起至 2014 年 1 月 28 日 15:00 结束。配置时间段见表 6-2。

表 6-2 配置时间段

配置步骤	命令	说明
进入系统视图	system-view	
创建一个时间段	dime-range time-name{start-time to end-time days-of-the-week [from start-time start-date] [to end-time end-date] |from start-time start-date] |to end-time end-date}	必选

需要注意的是，如果一个时间段只定义了周期时间段，则只有系统时钟在该周期时间段内，该时间段才进入激活状态。如果一个时间段下定义了多个周期时间段，则这些周期时间段之间是"或"的关系。

如果一个时间段只定义了绝对时间段，则只有系统时钟在该绝对时间段内，该时间段才进入激活状态。如果一个时间段下定义了多个绝对时间段，则这些绝对时间段之间是"或"的关系。

如果一个时间段同时定义了绝对时间段和周期时间段，则只有同时满足绝对时间段和周期时间段的定义时，该时间段才进入激活状态。例如，一个时间段定义了绝对时间段：从 2014 年 1 月 1 日 0 点 0 分到 2014 年 12 月 31 日 23 点 59 分，同时定义了周期时间段：每周三的 12:00 到 14:00。该时间段只有在 2014 年内每周三的 12:00 到 14:00 才进入激活状态。

配置绝对时间段时，如果不配置开始日期，时间段就是从 1970/1/1 00:00 起到配置的结束日期为止。如果不配置结束日期，时间段就是从配置的开始日期起到 2100/12/31 23:59 为止。

配置举例：
配置周期时间段，时间范围为周一到周五每天 8:00 到 18:00。
<Sysname> system-view
[Sysname] time-range test 8:00 to 18:00 working-day
[Sysname] display time-range test
Current time is 13:27:32 Apr/14/2012 Saturday
Time-range : test (Inactive) 08:00 to 18:00 working-day
配置绝对时间段，时间范围为 2016 年 1 月 28 日 15:00 起至 2018 年 1 月 28 日 15:00 结束。
<Sysname> system-view
[Sysname] time-range test from 15:00 1/28/2016 to 15:00 1/28/2018
[Sysname] display time-range test
Current time is 13:27:32 Apr/14/2012 Saturday
Time-range : test (Inactive)
From 15:00 Jan/28/2016 to 15:00 Jan/28/2018

基本 ACL 只根据源 IP 地址制定规则，对数据包进行相应的分析处理。
基本 ACL 的序号取值范围为 2000～2999。

2．配置准备

如果要配置带有时间段参数的规则，则需要定义相应的时间段。定义时间段的配置请参见配置时间段。还需要确定规则中的源 IP 地址。

3. 配置过程

定义基本 ACL 规则见表 6-3。

表 6-3 定义基本 ACL 规则

配置步骤	命令	说明
进入系统试图	**system-view**	-
创建并进入基本 ACL 视图	**acl number** acl-number [**match-order** {**auto**|**config**}]	必选 默认情况下，匹配顺序为 config
定义 ACL	**rule** [rule-id] {**deny**|**permit**} [rule-string]	必选 rule-string 的具体内容请参考命令手册
定义 ACL 规则	**description** text	可选 默认情况下，ACL 没有描述信息

需要注意的是，当基本 ACL 的匹配顺序为 config 时，用户可以修改该 ACL 中的任何一条已经存在的规则，在修改 ACL 中的某条规则时，该规则中没有修改到的部分仍旧保持原来的状态。当基本 ACL 的匹配顺序为 auto 时，用户不能修改该 ACL 中的任何一条已经存在的规则，否则系统会提示错误信息。

在创建一条 ACL 规则的时候，用户可以不指定规则的编号，设备将自动为这个规则分配一个编号：如果此 ACL 中没有规则，编号为 0；如果此 ACL 中已有规则，编号为现有规则的最大编号 +1；如果此 ACL 中现有规则的最大编号为 65 534，则系统会提示错误信息，此时用户必须指定规则的编号才能创建成功。

新创建或修改后的规则不能和已经存在的规则相同，否则会导致创建或修改不成功，系统会提示该规则已经存在。

当基本 ACL 的匹配顺序为 auto 时，新创建的规则将按照"深度优先"的原则插入到已有的规则中，但是所有规则对应的编号不会改变。

4. 配置举例

```
# 配置基本 ACL 2000，禁止源 IP 地址为 192.168.0.1 的报文通过。
<Sysname> system-view
[Sysname] acl number 2000
[Sysname-acl-basic-2000] rule deny source 192.168.0.1 0
# 显示基本 ACL 2000 的配置信息。
[Sysname-acl-basic-2000] display acl 2000
Basic ACL  2000, 1 rule
Acl's step is 1
 rule 0 deny source 192.168.0.1 0
```

6.2 路由器

扫码观看视频

扫码观看视频

路由器（Router）是连接 Internet 中各局域网、广域网的设备，它会根据信道的情况自动选择和设定路由，以最佳路径按前后顺序发送信号的设备。路由器是互联网的枢纽，目前已经广泛应用于各行各业，各种不同档次的产品已成为实现各种骨干网内部连接、骨干网间互联和骨干网与互联网互联互通业务的主力军。路由和交换之间的主要区别就是交换发生在 OSI 参考模型第二层（数据链路层），而路由发生在第三层，即网络层。这一区别决定了路由和交换在移动信息的过程中需使用不同的控制信息，所以两者实现各自功能的方式是不同的。

6.2.1 IP 路由协议概述

在互联网中进行路由选择要使用路由器，路由器根据所收到的报文的目的地址选择一条合适的路由（通过某一网络），将报文传送到下一个路由器，路由中最后的路由器负责将报文送交目的主机。例如，在图 6-4 中，主机 A 到主机 C 共经过了 3 个网络和 2 个路由器，跳数为 3。由此可见，若一个节点通过一个网络与另一个节点相连接，这两个节点相隔一个路由段，则认为这两个节点是相邻的。同理，两台连接在同一个网络上的路由器也叫作相邻路由器。一个路由器到本网络中的某个主机的路由段数算作零。在图中用箭头标出了这些路由段。至于每一个路由段又由哪几条物理链路构成，路由器并不关心。

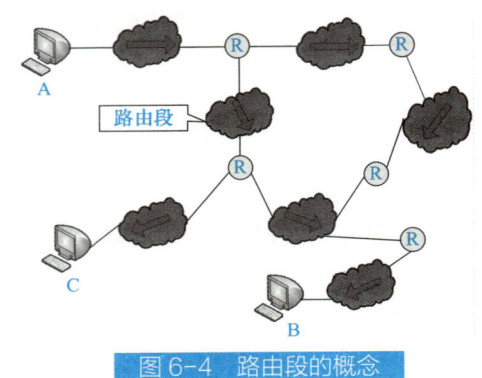

图 6-4 路由段的概念

由于网络大小可能相差很大，每个路由段的实际长度可能并不相同，因此对不同的网络，可以将其路由段乘以一个加权系数，用加权后的路由段数来衡量通路的长短。如果把路由器看成网络中的节点，把一个路由段看成网络中的一条链路，那么路由段中的路由选择就与简单网络中的路由选择相似了。采用路由段数最小的路由有时也并不一定是最理想的。例如，经过三个高速局域网段的路由可能比经过两个低速广域网段的路由快得多。

6.2.2 基本配置

1．如何登录进入路由器

首先要搭建配置环境、配置电缆连接，最后通过 Console 口搭建，如图 6-5 所示。

第一步：建立本地配置环境，只需将 PC（或终端）的串口通过标准 RS-232 电缆与路由器的 Console 口连接。

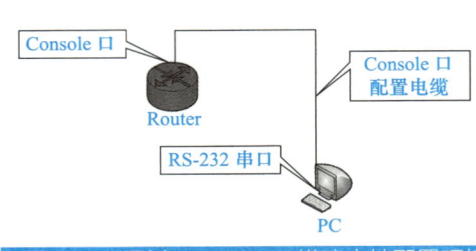

图 6-5 通过 console 口搭建本地配置环境

第二步：在计算机上运行终端仿真程序（如 Windows 9X/Windows XP/Windows 2000 的超级终端等，Windows 7 没有超级终端，一般使用第三方的 Console 仿真软件），设置终端通信参数为 9600bit/s、8 位数据位、1 位停止位、无奇偶校验和无流量控制，如图 6-6 所示。

第三步：路由器上电自检，系统自动进行配置，自检结束后提示用户按 <Enter> 键，直到出现命令行提示符（如 <H3C>）。

第四步：输入命令，配置路由器或查看路由器运行状态，如果需要帮助可以随时输入

"?"，关于具体的命令将在后续单元中讲解。

图 6-6　端口通信参数设置

2. 进入和退出系统视图

在从 Console 口登录到路由器后，即进入用户视图，此时屏幕显示的提示符是 <H3C>。进入和退出系统视图，可以使用表 6-4 中的操作。

表 6-4　进入和退出系统

操作	命令
从用户视图进入系统视图	system-view
从系统视图返回到用户视图	quit
从任意的非用户视图返回到用户视图	return

命令 quit 的功能是返回上一层视图，在用户视图下执行 quit 命令就会退出系统。return 命令的功能也可以用组合键 <Ctrl+Z> 完成。

3. 设置路由器名

路由器名出现在命令提示符中，用户可以根据需要更改路由器名。在系统视图下进行下面的操作：

sysname sysname

4. IP 地址配置命令

（1）命令

ip address ip-address net-mask [sub]

undo ip address [ip-address net-mask [sub]]

（2）参数说明

ip-address：接口 IP 地址，为点分十进制格式。

net-mask：相应的子网掩码，为点分十进制格式或指定掩码长度。

sub：为了使不同的子网之间进行通信，需要使用配置的从 IP 地址。

（3）描述

ip address 命令用来配置接口 IP 地址，undo ip address 命令用来取消接口的 IP 地址。默认情况下接口无 IP 地址，用户可以根据实际情况选择合适的 IP 子网，另外主机地址部分全为 0 表示网络地址，全为 1 表示广播地址，不能作为一般的 IP 地址使用。通过子网掩码来标识 IP 地址包含的网络号，例如路由器以太网口的 IP 地址是 129.9.30.42，掩码是 255.255.0.0，将 IP 地址与掩码相与，可得到路由器以太网接口所在的网络号为 129.9.0.0。在一般情况下，一个接口配置一个 IP 地址即可，为了使路由器的一个接口可以与多个子网相连，在一个接口可以配置多个 IP 地址，其中一个为主 IP 地址，其余为从 IP 地址。主从地址的配置关系为：

当配置主 IP 地址时，如果接口上已经有主 IP 地址，则原主 IP 地址被删除，新配置的地址成为主 IP 地址。

undo ip address 命令不带任何参数表示删除该接口的所有 IP 地址。undo ip address ip-address net-mask 表示删除主 IP 地址，undo ip address ip-address net-mask sub 表示删除从 IP 地址。在删除主 IP 地址前必须先删除所有的从 IP 地址。另外，路由器各个接口上配置的 IP 地址都不能位于相同的子网。

相关配置可参考命令 ip route-static、display ip interface 和 display interface。

（4）举例

为接口 Serial 0/0/0 配置主 IP 地址为 129.102.0.1，从 IP 地址为 202.38.160.1，子网掩码都为 255.255.255.0。

[H3C-Serial0/0/0] ip address 129.102.0.1 255.255.255.0

[H3C-Serial0/0/0] ip address 202.38.160.1 255.255.255.0 sub

6.3 静态路由

6.3.1 静态路由简介

静态路由是一种特殊的路由，由管理员手工配置。配置静态路由后，去往指定目的地的数据报文将按照管理员指定的路径进行转发。在组网结构比较简单的网络中，只需配置静态路由就可以实现网络互通。恰当地设置和使用静态路由可以改善网络的性能，并可为重要的网络应用保证带宽。

静态路由的缺点在于：不能自动适应网络拓扑结构的变化，当网络发生故障或者拓扑发生变化后，可能会出现路由不可达，导致网络中断，此时必须由网络管理员手工修改静态路由的配置。

默认路由是一种特殊的静态路由。如果到达某个指定网络的数据报文在路由器的路由表里找不到对应的表项，那么该报文将被路由器丢弃。给当前路由器配置一条默认路由，那些在路由表里找不到匹配路由表入口项的数据报文将会转发给另外一台路由器（如果这台路由器的路由能力比较强，包括到达大部分所有网络的路由信息），由另外一台路由器进行报文的转发。默认路由是在路由器没有找到匹配的路由表入口项时才使用的路由。

1. 静态路由配置命令

ip route-static ip-address { mask | mask-length } [interface-type interface-number] [nexthop-address] [preference preference-value] [reject | blackhole] [tag tag-value] [description string] undo ip route-static ip-address { mask | mask-length } [interface-type interface-number | nexthop-address] [preference preference-value] ip route-static vpn-instance vpn-instance-name1 vpn-instance-name2 … ip-address { mask | mask-length } [interface-type interface-number [nexthop-address] | vpn-instance vpn-nexthop-name nexthop-address | nexthop-address [public]] [preference preference-value] [reject | blackhole] undo ip route-static vpn-instance vpn-instance-name1 vpn-instance-name2 … ip-address { mask | mask-length } [interface-type interface-number | vpn-instance vpn-nexthop-name nexthop-address | nexthop-address [public]] [preference preference-value]

2. 参数

ip-address：目的 IP 地址，用点分十进制格式表示。

mask：掩码。

mask-length：掩码长度。由于要求 32 位掩码中的"1"必须是连续的，因此点分十进制格式的掩码也可以用掩码长度 mask-length 来代替（掩码长度是掩码中连续"1"的位数）。

interface-type、interface-number：指定该静态路由的出接口类型及接口号。可以指定公网或者其他 vpn-instance 下面的接口作为该静态路由的出接口。

vpn-instance-name：指定一个 VPN 实例的名字，最多可以取 6 个值。

vpn-nexthop-name：用于指定该静态路由下一跳所在的 vpn-instance。

nexthop-address：指定该静态路由的下一跳 IP 地址（点分十进制格式）。

preference-value：为该静态路由的优先级别，范围 1～255。

public：公网。

reject：指明为不可达路由。

blackhole：指明为黑洞路由。

tag tag-value：静态路由 tag 值，用于路由策略。

description string：静态路由描述信息。

3. 描述

ip route-static 命令用来配置静态路由，undo ip route-static 命令用来删除静态路由配置。到同一目的地址、下一跳相同、preference 不同的两条静态路由是两条完全不同的路由，系统会优先选择 preference 值小（即优先级较高）的作为当前路由。undo ip route-static 命令可以删除到同一目的地址、下一跳相同的所有静态路由。ip route-static vpn-instance 命令用来配置静态路由，在多角色主机应用背景下，用于配置一个私网下面的静态路由指向另外一个私网或者公网的接口作为该静态路由的出接口。undo ip route-static vpn-instance 命令用来取消静态路由的配置。默认情况下，系统可以获取到去往与路由器直连的子网路由。在配置静态路由时如果不指定优先级，则默认为 60。如果没有指明 reject 或 blackhole，则默认为可达路由。

配置静态路由的注意事项：

当目的 IP 地址和掩码均为 0.0.0.0 时，就是默认路由。当查找路由表失败后，根据默认路由进行包的转发。

对优先级的不同配置，可以灵活应用路由管理策略。比如配置到达相同目的地的多条路由，如果指定相同优先级，则可实现负载分担，如果指定不同优先级，则可实现路由备份。

在配置静态路由时，可指定发送接口，也可指定下一跳地址，具体采用哪种方法可根据实际情况而定。对于支持网络地址到链路层地址解析的接口或点到点接口，可以指定发送接口，也可以指定下一跳地址。对于 NBMA 接口，如封装 X.25 或帧中继的接口、拨号口等，支持点到多点，这时除了配置 IP 路由外，还需在链路层建立二次路由，即 IP 地址到链路层地址的映射，这种情况下配置静态路由不能指定发送接口，应配置下一跳 IP 地址。

配置出接口不能为 VT 接口。在某些情况下（如链路层封装 PPP），配置路由器的时候可能根本就不知道对端地址，这时可以指定发送接口。在指定发送接口后，当对端地址更改时此路由器的配置就不需要修改了。相关配置可参考命令 display ip routing-table。

4. 举例

\# 配置默认路由的下一跳为 129.102.0.2。
[H3C] ip route-static 0.0.0.0 0.0.0.0 129.102.0.2
\# 配置静态路由，该静态路由的目的地址为 100.1.1.1，下一跳地址为 1.1.1.2。
[H3C] ip route-static 100.1.1.1 255.255.255.0 1 1.1.1.2

6.3.2 静态路由典型配置举例

1. 组网要求

路由器各接口及主机的 IP 地址和掩码如图 6-7 所示。要求采用静态路由，使图中任意两台主机之间都能互通。

2. 拓扑图

静态路由网络拓扑图如图 6-7 所示。

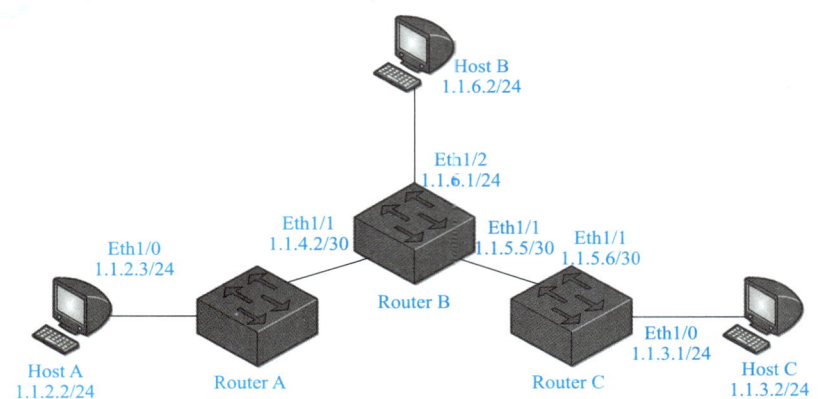

图 6-7　静态路由网络拓扑图

3. 配置步骤

1）配置各接口的 IP 地址。

2）配置静态路由。

\# 在 Router A 上配置默认路由。

\<RouterA\> system-view

　　[RouterA] ip route-static 0.0.0.0 0.0.0.0 1.1.4.2

\# 在 Router B 上配置两条静态路由。

\<RouterB\> system-view

　　[RouterB] ip route-static 1.1.2.0 255.255.255.0 1.1.4.1

　　[RouterB] ip route-static 1.1.3.0 255.255.255.0 1.1.5.6

\# 在 Router C 上配置默认路由。

\<RouterC\> system-view

　　[RouterC] ip route-static 0.0.0.0 0.0.0.0 1.1.5.5

3）配置主机。

配置 Host A 的默认网关为 1.1.2.3，Host B 的默认网关为 1.1.6.1，Host C 的默认网关为 1.1.3.1。

4）查看配置结果。

\# 显示 Router A 的 IP 路由表。

　　[RouterA] display ip routing-table

Routing Tables: Public

Destinations : 7 Routes : 7

Destination/Mask Proto Pre Cost NextHop Interface

0.0.0.0/0 Static 60 0 1.1.4.2 Eth1/1

1.1.2.0/24 Direct 0 0 1.1.2.3 Eth1/0

1.1.2.3/32 Direct 0 0 127.0.0.1 InLoop0

1.1.4.0/30 Direct 0 0 1.1.4.1 Eth1/1

1.1.4.1/32 Direct 0 0 127.0.0.1 InLoop0

127.0.0.0/8 Direct 0 0 127.0.0.1 InLoop0

127.0.0.1/32 Direct 0 0 127.0.0.1 InLoop0
显示 Router B 的 IP 路由表。
  [RouterB] display ip routing-table
Routing Tables: Public
Destinations : 10 Routes : 10
Destination/Mask Proto Pre Cost NextHop Interface
1.1.2.0/24 Static 60 0 1.1.4.1 Eth1/0
1.1.3.0/24 Static 60 0 1.1.5.6 Eth1/1
1.1.4.0/30 Direct 0 0 1.1.4.2 Eth1/0
1.1.4.2/32 Direct 0 0 127.0.0.1 InLoop0
1.1.5.4/30 Direct 0 0 1.1.5.5 Eth1/1
1.1.5.5/32 Direct 0 0 127.0.0.1 InLoop0
127.0.0.0/8 Direct 0 0 127.0.0.1 InLoop0
127.0.0.1/32 Direct 0 0 127.0.0.1 InLoop0
1.1.6.0/24 Direct 0 0 1.1.6.1 Eth1/2
1.1.6.1/32 Direct 0 0 127.0.0.1 InLoop0
在 Host B 上使用 ping 命令验证 Host A 是否可达，需要在 Host B 的命令提示符界面使用 ping 命令进行测试。
C:\Documents and Settings\Administrator> ping 1.1.2.2
Pinging 1.1.2.2 with 32 bytes of data:
Reply from 1.1.2.2: bytes=32 time=1ms TTL=128
Reply from 1.1.2.2: bytes=32 time=1ms TTL=128
Reply from 1.1.2.2: bytes=32 time=1ms TTL=128
Reply from 1.1.2.2: bytes=32 time=1ms TTL=128
Ping statistics for 1.1.2.2:
Packets: Sent = 4, Received = 4, Lost = 0 (0% loss),
Approximate round trip times in milli-seconds:
Minimum = 1ms, Maximum = 1ms, Average = 1ms

6.4 子项目 5——路由器与交换机配置

6.4.1 任务描述

有一个公司租用了一个写字楼的一层和二层两层，该公司共有五个部门，技术部和技术支持部在一层，技术部有 20 个信息点，技术支持部有 50 个信息点；市场部、总务部、财务部及各部门的部门经理办公室及公司的总经理办公室在二层，其中市场部和总务部各有 10 个信息点，财务部有 5 个信息点，各部门经理和总经理办公室各有 2 个信息点，公司的每个员工在座位上都有 1 个信息点。

公司有一个内部服务器提供文件传输服务、Web 服务、DNS 服务等，服务器放置位置或连接方法不定。公司的外部网站服务器连接位置无特殊要求。

针对上述需求，通过路由与交换的配置解决网络的连通性。主要实现步骤如下：
1）结合第 1 单元绘制的拓扑图搭建网络。
2）结合第 5 单元完成的地址规划配置网络设备及终端的 IP 地址。
3）利用基本的路由与交换及时完成对网络设备的配置。
4）测试网络的连通性，验证方案的可行性。

6.4.2 网络拓扑图

根据需求可以得出设备需求如下：

技术部需要 2 层交换机 24 口 1 台；

技术支持部需要 2 层交换机 24 口 3 台；

市场部和总务部需要 2 层交换机 24 口 1 台；

财务部和总经理 需要 2 层交换机 24 口 1 台；

VLAN 的划分原则：1 个部门一个 VLAN。所以会出现 1 个交换机多个 VLAN 和多个交换机 1 个 VLAN 的情况。考虑到本网络属于中型网络，信息点的数量不是太多，地址相对比较富裕，因此内网地址的划分比较容易。此处没有过细的子网划分，有兴趣的同学可以参考本书第 4 单元。此处，具体划分情况和相关网段的地址如下：

技术部 VLAN 10：网段地址 192.168.10.0/24

技术支持部 VLAN 20：网段地址 192.168.20.0/24

市场部 VLAN 30：网段地址 192.168.30.0/24

总务部 VLAN 40：网段地址 192.168.40.0/24

财务部 VLAN 50：网段地址 192.168.50.0/24

总经理 VLAN 60：网段地址 192.168.60.0/24

各部门经理属于自己部门的 VLAN 中，物理位置与财务部和总经理接在同一台二层交换机上，此处以技术部部门经理为例。

综合实验网络拓扑图如图 6-8 所示。

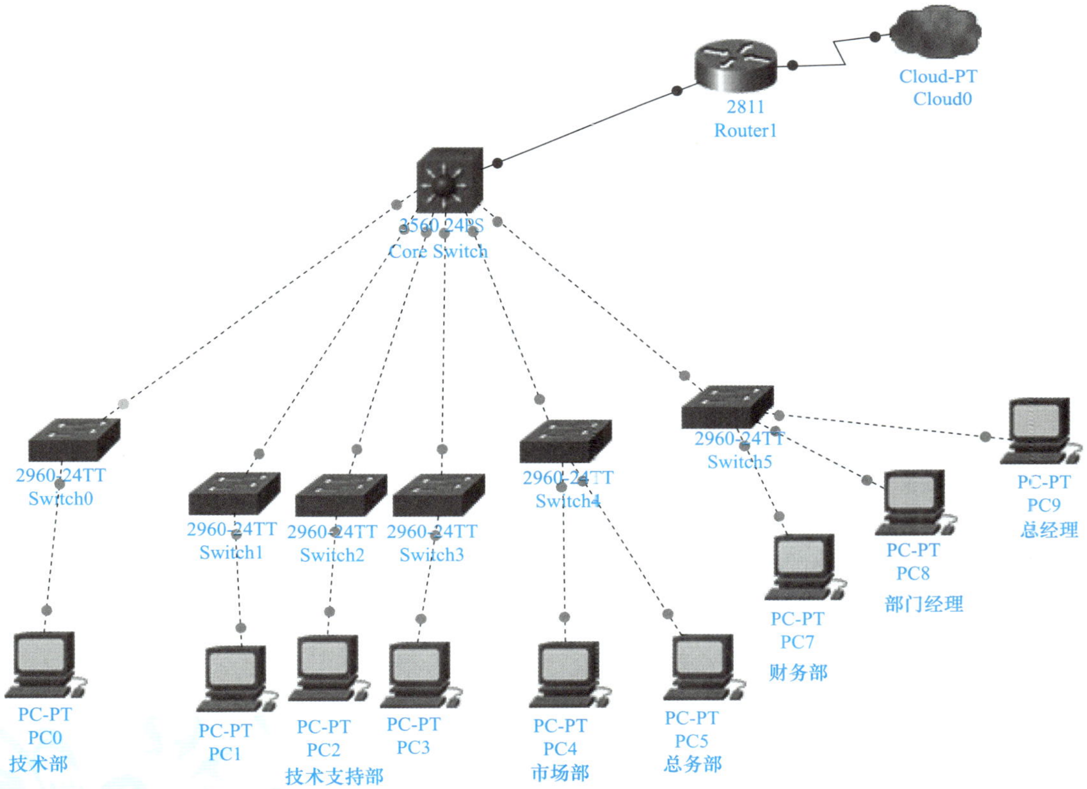

图 6-8 综合实验网络拓扑图

6.4.3 主要设备的配置命令

根据上面的设计，进行各网络设备的配置。

1. 核心交换机（Core Switch）的配置

创建 VLAN：

    sysname H3C
  vlan 10
  vlan 20
  vlan 30
  vlan 40
  vlan 50
  vlan 60

给 VLAN 配置地址：

  interface Vlan-interface10
   ip address 192.168.10.1 255.255.255.0
  interface Vlan-interface20
   ip address 192.168.20.1 255.255.255.0
  interface Vlan-interface30
   ip address 192.168.30.1 255.255.255.0
  interface Vlan-interface40
   ip address 192.168.40.1 255.255.255.0
  interface Vlan-interface50
   ip address 192.168.50.1 255.255.255.0
  interface Vlan-interface60
   ip address 192.168.60.1 255.255.255.0

将与二层交换机相连的接口配置成 trunk：

  interface GigabitEthernet1/0/1
  port link-type trunk
  port trunk permit vlan 1 10 to 60
  interface GigabitEthernet1/0/2
  port link-type trunk
  port trunk permit vlan 1 10 to 60
  interface GigabitEthernet1/0/3
  port link-type trunk
  port trunk permit vlan 1 10 to 60
  interface GigabitEthernet1/0/4
  port link-type trunk
  port trunk permit vlan 1 10 to 60
  interface GigabitEthernet1/0/5

port link-type trunk
port trunk permit vlan 1 10 to 60
interface GigabitEthernet1/0/6
port link-type trunk
port trunk permit vlan 1 10 to 60

配置与上行路由器相连接口的地址：
interface GigabitEthernet1/0/7
ip address 192.168.100.2 255.255.255.0

配置默认路由：
ip route-static 0.0.0.0 0.0.0.0 192.168.100.1

二层设备（此处以 Switch0 为例，其余请读者自己扩展）：
Switch0：
创建 VLAN：
vlan 10 to 60

配置与上行交换机连接的接口为 trunk：
interface GigabitEthernet1/1/2
port link-type trunk
port trunk permit vlan 1 10 to 60

配置下行接口到相应的 VLAN：
interface GigabitEthernet1/1/1
port access vlan 10

2. 交换机配置

创建 VLAN：
vlan 10 to 60

配置与上行交换机连接的接口为 trunk：
interface GigabitEthernet1/1/2
port link-type trunk
port trunk permit vlan 1 10 to 60

配置下行接口到相应的 VLAN：
interface GigabitEthernet1/1/1
port access vlan 10

出口路由器 Router0 的配置：
配置与下行三层交换相连的接口的地址：
interface GigabitEthernet1/0/7
ip address 192.168.100.1 255.255.255.0

配置静态路由：
ip route-static 192.168.10.0 255.255.255.0 192.168.100.2
ip route-static 192.168.20.0 255.255.255.0 192.168.100.2
ip route-static 192.168.30.0 255.255.255.0 192.168.100.2

　　　　ip route-static 192.168.40.0 255.255.255.0 192.168.100.2
　　　　ip route-static 192.168.50.0 255.255.255.0 192.168.100.2
　　　　ip route-static 192.168.60.0 255.255.255.0 192.168.100.2
配置默认路由：
　　　　ip route-static 0.0.0.0 0.0.0.0 e0/0/1

6.4.4　测试网络的连通性

为测试机配置地址，此处以技术部的测试计算机为例，地址配成 192.168.10.2，网关地址为相应 VLAN 的地址。其余的测试机一样做相应配置。

用技术部的测试机与技术支持部门的测试机进行连通性测试，测试代码如下，其余部门间测试请读者自己尝试。

　　　　PC > ping 192.168.20.2
　　　　Pinging 192.168.20.2 with 32 bytes of data:
　　　　Reply from 192.168.20.2: bytes=32 time=1ms TTL=128
　　　　Reply from 192.168.20.2: bytes=32 time=1ms TTL=128
　　　　Reply from 192.168.20.2: bytes=32 time=1ms TTL=128
　　　　Reply from 192.168.20.2: bytes=32 time=1ms TTL=128
　　　　Ping statistics for 192.168.20.2:
　　　　Packets: Sent = 4, Received = 4, Lost = 0 (0% loss),
　　　　Approximate round trip times in milli-seconds:
　　　　Minimum = 1ms, Maximum = 1ms, Average = 1ms

通过测试可以看出，局域网的内部已经连通了。

单元小结

通过本单元的学习，大家对交换机与路由器有了一定的了解，可以在后续课程中学习更多的相关知识。许多单位因为计算机比较多，为预防广播风暴，所以基本上都采用 VLAN 的方式将不同组的计算机划分开。不同网段的数据传输需要通过路由器相连。不论在局域网或者广域网中，路由器与交换机都是非常重要的网络中间设备。

本单元重点要掌握的知识：

（1）交换机的定义

（2）VLAN 的定义

（3）路由器的定义

（4）静态路由的定义

本单元重点要掌握的技能：

（1）通过交换机的配置能够划分 VLAN

（2）通过路由器的配置能够实现多个网段之间的静态路由

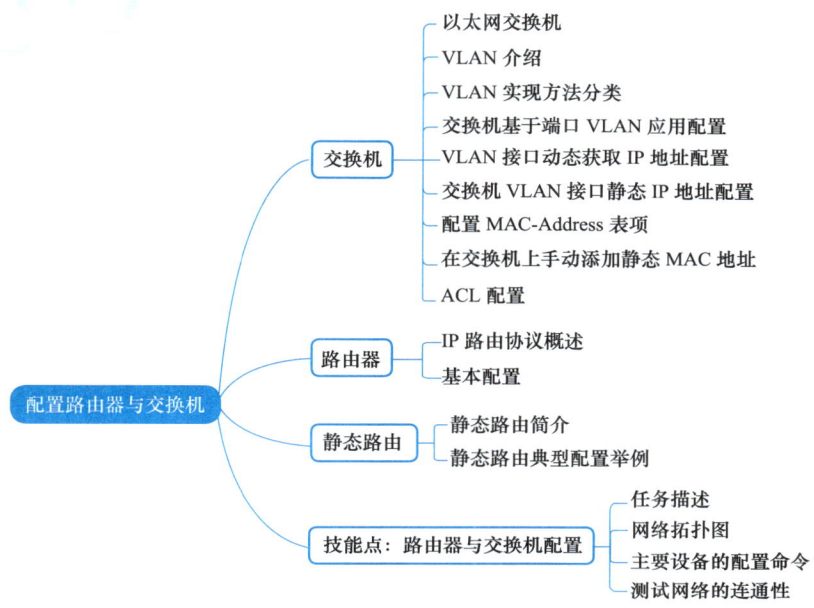

思考与练习

1. 与路由器相连的计算机串口属性的设置有哪些？请详细说明。
2. 交换机和路由器相比，主要的区别有哪些？
3. 请简单说明交换机为什么知道将数据包发送到哪个对应的端口。
4. VLAN 的主要功能是哪些？
5. 使用 TRUNK 技术时可以实现什么样的功能，为什么？
6. 实现静态路由的主要命令有哪些？怎么使用？

扫码观看视频

第 7 单元
无线局域网

在无线网络技术飞速发展的今天,基于 802.11 标准的无线局域网广泛应用于家庭、企业。它使人们在局域网内部摆脱了碍手碍脚的双绞线的束缚,实现"移动"访问,达到"信息随身化、便利走天下"的理想境界。

扫码观看视频

扫码观看视频

本单元我们将认识无线局域网,了解它的概念和特点,并对项目案例中的企业网络扩展无线局域网模块,实现办公区域内的无线局域网访问。

7.1 无线局域网基础

无线局域网(Wireless LAN,WLAN)是不使用任何导线或传输电缆连接的局域网,而使用无线电波作为数据传送的媒介,传送距离从几十米到几千米甚至更远。无线局域网现在已经广泛应用在商务区、大学、机场及其他公共区域。

一般来讲,凡是采用无线传输介质的计算机局域网都可称为无线局域网,如图 7-1 所示。

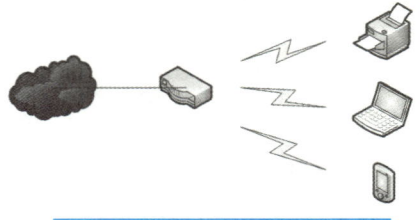

图 7-1 无线局域网示意图

7.1.1 无线局域网概述

无线局域网有独立无线局域网和非独立无线局域网两种类型。独立 WLAN 是指整个网络都使用无线通信;非独立 WLAN 是指网络中既有无线模式也有有线模式存在。目前的企业局域网大都采用非独立 WLAN 模式。

无线局域网给人们带来前所未有的便利,但是无线局域网绝不是用来取代有线局域网的,而是用来作为有线局域网的补充,弥补有线局域网的不足和局限,以达到网络延伸的目的。

无线局域网与传统的有线局域网相比,在布线、布线复杂度、网络速率、布线成本、移动性和扩展性等方面都有所不同,具体见表 7-1。

表 7-1 无线局域网和有线局域网的对比

项目	有线局域网	无线局域网
布线复杂度	布线烦琐复杂,网络环境内线缆泛滥	完全不需要布线
网络速率	10Mbit/s、100Mbit/s、1000Mbit/s	11Mbit/s、54Mbit/s、150Mbit/s
成本	布线成本高、设备成本较低、维护成本高	安装成本低、设备成本较高、维护成本低
移动性	无法实现移动	移动性强、具有无可比拟"移动办公"优势
扩展性	支持扩展,但网络扩展性较弱,扩展网络需要重新进行布线施工,施工复杂、成本高	支持网络扩展,扩展性强。通常只需要给终端设备增加无线网络适配器即可。如果网络出现瓶颈,也只需增加一个新的接入点就可以实现扩展
线路费用	对于远距离连接,需要租用线路,费用高、传输速率低	不需要增加租用公共线路的费用,只需要架设无线天线一次性投资即可
安全性	高,主要在三层以上实现	高,二层和三层共同实现

7.1.2 无线局域网特点

1．无线局域网的优点

通过有线局域网和无线局域网的对比，我们看到无线局域网有很多有线网络不可比拟的优点：

1）安装简易。在网络建设中，网络布线施工耗时长、对环境影响大、工作量大。而无线局域网最大的优点就是减少了复杂的网络布线工作量，一般只要安放一个或多个无线接入点（Access Point）设备就可以建立覆盖整个局域网区域的无线网络。

> **知识链接**
>
> 无线接入点（Access Point），简称无线AP，是用于无线局域网中的无线交换机，也是无线网络的核心。无线AP是移动计算机用户进入有线网络的接入点，主要用于宽带家庭、大楼内部以及园区内部，也同样是无线路由器（含无线网关、无线网桥）等类设备的统称。

2）使用灵活。无线局域网的网络终端设备不像传统有线局域网中那样，只能在固定的信息点安放，而是能够轻松实现在信号覆盖范围内的任何位置接入网络。接入无线网络中的终端设备可以在信号覆盖范围内任意移动，实现"移动"办公。

3）经济节约。由于有线网络缺少灵活性，所以网络设计者在规划网络时要考虑未来的网络发展需要，预设大量利用率较低的信息点。这在预算和施工上都需要大量的经费，而一旦网络的发展超出了设计规划，又要花费较多费用进行网络改造。而无线局域网可以避免或减少以上情况的发生。

4）易于扩展：无线局域网有多种配置方式，能够根据需要灵活选择。无线局域网既可以运用在只有几个用户的小型局域网也可以胜任上千用户的大型网络，并且能够提供像"漫游（Roaming）"等有线网络无法提供的特性。

2．无线局域网的不足之处

无线局域网在能够给网络用户带来便捷和实用的同时，也存在着一些缺陷。无线局域网的不足之处体现在以下几个方面：

1）性能：无线局域网是依靠无线电波进行传输的。这些电波通过无线发射装置进行发射，而建筑物、车辆、树木和其他障碍物都可能阻碍电磁波的传输，所以会影响网络的性能。

2）速率：无线信道的传输速率与有线信道相比要低得多。目前，无线局域网的最大传输速率为150Mbit/s，只适合于个人终端和小规模网络应用。

3）安全性：本质上无线电波不要求建立物理的连接通道，无线信号是发散的。从理论上讲，很容易监听到无线电波广播范围内的任何信号，造成通信信息泄漏。

总而言之，无线局域网是有线局域网的有益补充，通过无线和有线局域网的共同组建和使用，实现局域网的全方位立体化应用。

7.1.3 无线局域网的传输介质

与有线网络一样，无线局域网也需要传输介质，不过它采用的介质不是双绞线或者光纤，

而是无线信道,如红外线或者无线电波。

1. 红外(IR)系统

早期的无线网络中曾使用红外线作为传输介质。红外传输是一种点对点的无线传输方式,不能离得太远,要对准方向,且中间不能有障碍物,几乎无法控制信息传输的进度。

另外,红外线作为传输介质很难传输 30m 以上的距离,还会受到环境光纤的影响造成干扰。如今,红外系统已经几乎被淘汰,取而代之的是蓝牙技术。

2. 无线电波(RF)

无线电波覆盖范围广、应用广泛,是目前采用最多的无线局域网传输介质。无线局域网主要使用 2.4GHz 频段和 5GHz 频段,具有较强的抗干扰、抗噪声及抗衰减能力,因此通信十分安全,具有很高的可用性。

7.1.4 无线局域网标准协议

目前,无线局域网的主要标准协议有 IEEE 802.11、蓝牙(Bluetooth)以及 HomeRF 标准。

1. IEEE 802.11

1997 年,美国电气和电子工程师协会(IEEE)推出无线局域网标准 802.11,主要用于解决办公室局域网和校园网中用户与用户终端的无线接入,业务主要限于数据存取,速率最高只能达到 2Mbit/s。由于 802.11 在速率和传输距离上都不能满足人们的需要,因此,IEEE 小组又相继推出了 802.11b 和 802.11a 两个标准。

2019 年 9 月,Wi-Fi 联盟开始了新的无线技术标准的认证工作,至 2022 年 1 月,Wi-Fi 联盟宣布了 Wi-Fi6 第二版标准。即当前最新的无线技术标准——IEEE 802.11ax,相比于第五代 802.11ac,它是第六代无线网络技术。Wi-Fi6 将允许与多达 8 个设备通信,最高速率可达 9.6Gbit/s。新的 Wi-Fi6 标准的启用带来了一个全新的 Wi-Fi 时代。

802.11 全系列的标准至少包括了 19 个标准,其中 802.11a、802.11b、802.11g 和 802.11n 的产品最为常见。它们使用的信号频段、带宽及主要业务范围等见表 7-2。

表 7-2 早期的 IEEE 802.11 系列标准对比

	802.11	802.11a	802.11b	802.11g	802.11n
标准发布时间	1997 年 7 月	1999 年 9 月	1999 年 9 月	2003 年 6 月	2009 年 9 月正式发布
工作频率	2.4GHz	5GHz	2.4GHz	2.4GHz	2.4GHZ 和 5GHz
物理发送速率(bit/s)	1M、2M	最高可达 54M	1M、2M、5.5M、11M	最高可达 54M	150M,最高可达 540M
无线覆盖范围	N/A	50m	100m	<100m	可达 300m
兼容性	N/A	与 802.11b/g 不能互通	与 802.11g 产品可互通	与 802.11b 产品可互通	可向下兼容 802.11b、802.11g

第 7 单元　无线局域网

> **知识链接**
>
> Wi-Fi（Wireless Fidelity）是一个无线网路通信技术的品牌，中文译为"无线相容认证"，由 Wi-Fi 联盟（Wi-Fi Alliance）所持有。目的是改善基于 IEEE 802.11 标准的无线网路产品之间的互通性。实际上 Wi-Fi 是符合 802.11b 标准的产品的一个商标，该商标仅保障使用该商标的商品互相之间可以合作，与标准本身实际上没有关系。Wi-Fi 产品商标如图 7-2 所示。

图 7-2　Wi-Fi 商标

2．蓝牙（Bluetooth）

蓝牙技术由于在手机等移动终端上的广泛应用而被大家所熟知。蓝牙技术即 IEEE 802.15，具有短距离、低能量、低成本的特征，适用于个人操作空间。蓝牙工作在全球通用的 2.4GHz 频段，最大数据速率为 1Mbit/s，最大传输距离通常不超过 10m。蓝牙技术具有成本低、体积小等特点，它与 802.11 的相互补充，可以应用于多种类型的设备。蓝牙商标如图 7-3 所示。

图 7-3　蓝牙商标

3．HomeRF

HomeRF 无线标准是由 HomeRF 工作组开发的开放性行业标准，目的是在家庭范围内，使计算机与其他电子设备之间实现无线通信。HomeRF 是对现有无线通信标准的综合和改进：当进行数据通信时，采用 IEEE 802.11 规范中的 TCP/IP 传输协议；当进行语音通信时，则采用数字增强型无绳通信标准（DECT）。但是该标准与 802.11b 不兼容，并占据了与 802.11b 和 Bluetooth 相同的 2.4GHz 频率段，所以在应用范围上会有很大的局限性，更多的是在家庭网络中使用。

HomeRF 的特点是安全可靠、成本低廉、简单易行，不受墙壁和楼层的影响，传输交互式语音数据采用 TDMA 技术，传输高速数据分组则采用 CSMA/CA 技术，无线电干扰影响小。

三种常见的无线局域网标准的对比见表 7-3。

表 7-3　三种常见的无线局域网标准的对比

	802.11g	HomeRF	Bluetooth
传输速度	54Mbit/s	1、2、10Mbit/s	1Mbit/s
应用范围	办公区和校园局域网	家庭办公室，私人住宅和庭院的网络	
终端类型	笔记本计算机、台式计算机、平板计算机和互联网网关	笔记本计算机、台式计算机、Modem、电话、移动设备和互联网网关	笔记本计算机、移动电话、平板计算机、寻呼机和车载终端等
接入方式	接入方式多样化	点对点或每节点多种设备的接入	
最大覆盖范围	300m	50m	100m
支持公司	Cisco、Lucent、3Com、WECA consortium	Apple、Compaq、Dell、HomeRF 工作群、Intel、Motorola	"蓝牙"研究组、Ericsson、Motorola、Nokia

7.2 无线局域网的组网模式

无线局域网的组网模式多种多样,网络规模可大可小,具有很高的灵活度。802.11 定义了无线局域网的两种基本工作模式,即点对点(Ad Hoc)模式和基础设施(infrastructure)模式。另外,在实际工程中常见的组网模式还有:多接入点漫游模式、无线桥接模式和无线路由模式等。

扫码观看视频

7.2.1 点对点模式(Ad Hoc)

无线局域网可以简单也可以复杂,最简单的网络可以只要两个装有无线适配卡的 PC,放在有效距离内,这就是所谓的对等(peer-to-peer)网络,这类简单网络无需经过特殊组合或专人管理,任何两个移动式 PC 之间不需中央服务器(central server)就可以相互对通。

Ad Hoc 模式就和以前通过一条双绞线直连两台计算机的双机互联一样,只是不是通过双绞线而是通过无线方式连接。

在家庭无线局域网的组建中,最简单的方式就是两台安装有无线网卡的计算机实施无线互联,其中一台计算机在通过有线网络连接 Internet 就可以共享带宽。如图 7-4 所示,一个基于 Ad Hoc 结构的无线局域网便完成了组建。

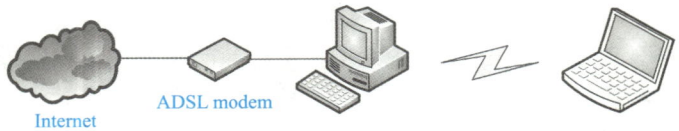

图 7-4　Ad Hoc 模式实现访问 Internet

这种点对点的连接方式就像它的名称那样,网络中的计算机只能一对一互相传递信息,而不能同时进行多点访问。这在工作组的某些应用中将会受到较大的局限,这种方式在灵活性上更胜一筹,但是在功能性上有局限性。点对点连接的应用环境和优缺点分析见表 7-4。

表 7-4　点对点连接的应用环境和优缺点分析

应用环境	优缺点
无法安装网络设备的环境	例如机场、医院等无法自由安装无线 AP 或者有线交换机等联网设备时,通过 Ad Hoc 模式可以快速联网,灵活性强
快速数据传输模式	两台计算机之间的数据传输和红外传输或蓝牙传输相比,速度快、效率高。缺点是同时只能一对一的传输
家庭办公(SOHO)环境	更加方便,自由的上网模式

7.2.2 基础设施(Infrastructure)模式

基础设施模式是在一种整合有线与无线局域网架构的应用模式,与 Ad Hoc 不同的是配备无线网卡的计算机必须通过 AP(Access Point)来进行无线通信,如图 7-5 所示。通过这种架构模式即可实现网络资源的共享。

第 7 单元　无线局域网

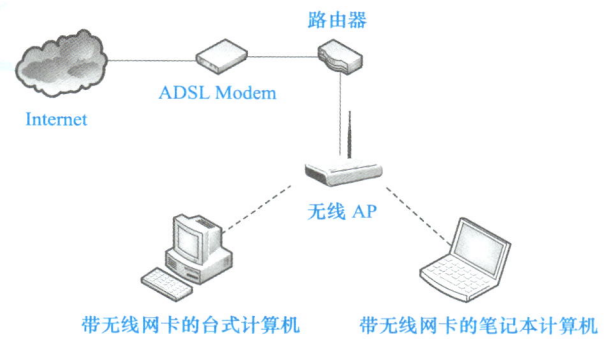

图 7-5　基础设施模式实现访问 Internet

无线网络 AP 可增大网络移动设备之间的有效距离，这是因为两端的无线移动设备都通过访问点，这样实际最大的访问距离可以到达原有通信距离的两倍，而利用接入点作为两个移动设备的中继。

在理论上每个接入点可容纳 1024 个终端的接入，但是由于数据实际传输的要求，一般一个访问点可以支持 15～63 个客户端无线终端。

无线 AP 就相当于有线网络中的集线器或交换机。每一个接入点的信号覆盖范围呈圆形扩展，可以连接周边的无线网络终端，形成星形网络结构，同时通过以太网或快速以太网端口与有线网络相连，使整个无线网的终端都能访问有线网络的资源，并可通过路由器访问 Internet。

这种接入点的连接方式可以为工作组创造一个更有利的工作环境，这种模式和已有的有线网络以太网完全一致，也就是说，在以太网上可以运行的应用程序在这种工作模式下也能够运行。无线接入点模式的应用环境和优缺点分析见表 7-5。

表 7-5　无线接入点模式的应用环境和优缺点分析

应用环境	优缺点
不易布线的区域	在不方便布线或者不允许布线的区域中提供网络服务
灵活的工作区域	可以灵活的更改工作区域的设置，不受当前布线信息点的影响，降低了成本
子公司网络	为远程或销售部门提供易于安装、使用和维护的网络
部门范围的网络移动	漫游功能使企业可以建立抑郁使用的无线网络，可覆盖所有企业部门

7.2.3　多接入点漫游模式

无线网络接入点和无线终端之间有一定的有效距离，在室内约为 150m，户外约为 300m。在大的场所（如仓库或学校）可能需要多个访问点，这些访问点之间通过无线进行互联，这个功能类似于有线网络中的网桥。

在选择接入点安放位置时，需要对摆放的位置事先进行充分的考察，使有效范围覆盖全场并互相重叠，而且使每个用户都不会和网络失去联络，同时互相覆盖的频段又不能互相覆盖。这样用户可以在一群访问点覆盖的范围内漫游（roaming），用户在不知不觉中从一个访问点的覆盖范围转移到另一个访问点的覆盖范围，确保通信不会中断。

这种模式采用多个接入点分别与有线网络相连，从而形成以有线网络为主干的多接入点的无线网络,所有无线终端可以通过就近的接入点接入网络,访问整个网络的资源,从而突破无线网覆盖半径的限制,如图 7-6 所示。

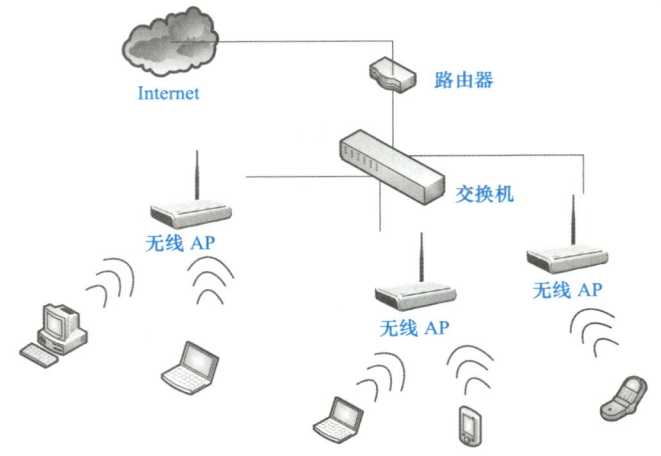

图 7-6　多接入点漫游模式示意图

将这种方式引入一个大楼中或者在很大的平面里面部署无线网络时,可以大范围地布置接入点构成一套微蜂窝系统,这与移动电话的微蜂窝系统十分相似。微蜂窝系统允许一个用户在不同的接入点覆盖区域内任意漫游,随着位置的变换,信号会由一个接入点自动切换到另外一个接入点。整个漫游过程对用户是透明的,虽然提供连接服务的接入点发生了切换,但对用户的服务却不会被中断。多接入点漫游模式的应用环境和优缺点分析见表 7-6。

表 7-6　多接入点漫游模式的应用环境和优缺点分析

应用环境	优缺点
大范围的区域	工作方式与单接入点模式相似,但是服务范围更大更广,适合学校、机场、企业等单接入点无法全球覆盖的大范围区域。同样的网络下,应用范围更加广泛,可适用的条件也更多
部门范围的网络移动	漫游功能是企业可以建立区域使用的无线网络,可覆盖所有部门。缺点是需要多个接入点分散接入并合理设置接入点的位置

7.2.4　无线桥接模式

无线接入器还有另外一种用途,即充当有线网络的延伸。比如在工厂车间中,车间具有一个网络接口连接有线网,而车间中许多信息点由于距离很远使得网络布线成本很高,还有一些信息点由于周边环境比较恶劣,无法进行布线。由于这些信息点的分布范围超出了单个接入点的覆盖半径,可以采用两个接入点实现无线中继,以扩大无线网络的覆盖范围。

无线桥接设备一般需要拥有网桥的功能,它的重要作用就是连接两段网络,连接的网络可以是有线网络,也可以是无线网络。无线桥接模式通过各类天线和信号增益放大器来实现的延长网络连接的距离。

例如,若要将在第一幢楼内无线网络的范围扩展到 1km 甚至数千米以外的第二幢楼,其中的一个方法是在每栋楼上安装一个定向天线,天线的方向互相对准,第一栋楼的天线经过网桥连接到有线网络上,第二栋楼的天线是接在第二栋楼的网桥上,如此无线网络就可接通相距较远的两个或多个建筑物。

无线桥接模式示意图如图 7-7 所示。

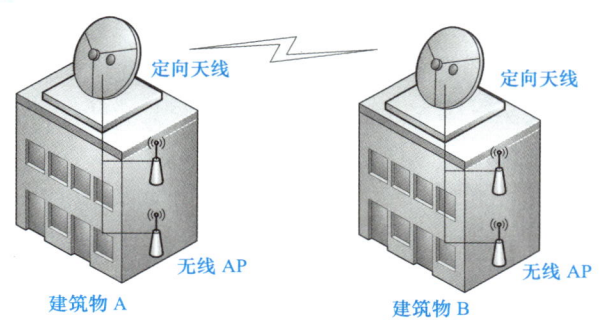

图 7-7　无线桥接模式示意图

7.3　无线局域网常见名词解释

在组建无线局域网进行无线 AP 的配置时，经常会用到一些无线局域网中的专有名词，下面就来认识这些专有名词。

7.3.1　SSID

1．SSID 的功能

SSID（Service Set Identifier，服务集标识）技术可以将一个无线局域网分为几个需要不同身份验证的子网络，每一个子网络都需要独立的身份验证，只有通过身份验证的用户才可以进入相应的子网络，防止未被授权的用户进入本网络。

无线网卡设置了不同的 SSID 就可以进入不同网络，SSID 通常由 AP 广播出来，通过网络中的无线终端的查找 WLAN 功能就可以扫描出来，并查看当前区域内的所有的 SSID。但是并不是所有查找到的 SSID 都可以连接并使这台无线终端设备接入到 WLAN 中。

出于安全考虑可以不广播 SSID，此时用户就要手工设置 SSID 才能进入相应的网络。简单来说，SSID 就是一个无线局域网的名称，只有设置为名称相同 SSID 值的计算机才能互相通信。

2．禁用 SSID 广播

通俗地说，SSID 就是一个无线网络的名称。需要注意的是，同一生产商推出的无线路由器或 AP 都默认使用相同的 SSID，一旦那些企图非法连接的攻击者利用通用的初始化字符串来连接无线网络，就极易建立起一条非法的连接，从而给无线网络带来威胁。因此，建议将 SSID 进行命名，减少安全威胁。

无线路由器一般都会提供"允许 SSID 广播"功能。如果不想让自己的无线网络被别人通过 SSID 名称搜索到，那么最好"禁止 SSID 广播"。此时无线网络仍然可以使用，只是不会出现在其他人所搜索到的可用网络列表中。

7.3.2　WEP 与 WPA

WEP 和 WAP 都是无线网络中使用的数据加密技术。它们的功能都是在两台设备间无线传输的数据进行加密，用以防止非法用户窃听或侵入无线网络。

1．WEP

WEP（Wired Equivalent Privacy，有线等效保密）是 802.11b 标准里定义的一个用于无线局域网（WLAN）的安全性协议。用来给 WLAN 提供和有线 LAN 同级的安全性。LAN 天生比 WLAN 安全，因为 LAN 的物理结构对其有所保护，部分或全部网络埋在建筑物里面也可以防止未授权的访问。

不过 WEP 有许多弱点，因此在 2003 年被 Wi-Fi Protected Access（WPA）淘汰，又在 2004 年由完整的 IEEE 802.11i 标准（又称为 WPA2）所取代。

2．WPA 和 WPA2

WPA 全名为 Wi-Fi Protected Access，有 WPA 和 WPA2 两个标准，是一种保护无线计算机网络（Wi-Fi）安全的系统，它是应研究者在 WEP 中找到的几个严重的弱点而产生的。

WPA 是一种基于标准的可互操作的 WLAN 安全性增强解决方案，可大大增强现有以及未来无线局域网系统的数据保护和访问控制水平。WPA 源于 IEEE 802.11i 标准并与之保持向前兼容。部署适当的话，WPA 可保证 WLAN 用户的数据受到保护，并且只有授权的网络用户才可以访问 WLAN 网络。

由于 WEP 已被证明不够安全，WPA 为用户提供一个更为安全的解决方案。该标准的数据加密采用 TKIP（Temporary Key Integrity Protocol），认证有两种模式可供选择，一种是使用 802.1x 协议进行认证；一种是预先共享密钥（PreShared Key，PSK）模式。

WPA2 是经由 Wi-Fi 联盟验证过的 IEEE 802.11i 标准的认证形式。WPA2 是完整的标准，但不能用在某些早期的网卡上。这两个都提供优良的安全性，但也都有两个明显的问题：

1）WPA 或 WPA2 一定要启动并且被选来代替 WEP 才有用，但是大部分的 WLAN 都默认安装和使用 WEP。

2）在使用家中和小型办公室最可能选用的"个人"模式时，为了保全的完整性，所需的密码一定要比用户设定的 6～8 个字符的密码还长。

7.3.3　无线信道

信道（channel）是对无线通信中发送端和接收端之间的通路的一种形象比喻，对于无线电波而言，它从发送端传送到接收端，其间并没有一个有形的连接，它的传播路径也有可能不只一条，但是为了形象地描述发送端与接收端之间的工作，假设两者之间有一个看不见的道路衔接，把这条衔接通路称为信道。信道具有一定的频率带宽，正如公路有一定的宽度一样。

IEEE 802.11b/g 工作在 2.4～2.4835GHz 频段，而每个频段又划分为若干信道，且每个国家自己决定如何使用这些频段。

802.11 协议在 2.4GHz 频段定义了 14 个信道，每个频道的频宽为 22MHz。两个信道中心频率之间为 5MHz。信道 1 的中心频率为 2.412GHz，信道 2 的中心频率为

2.417GHz，依此类推至位于 2.472GHz 的信道 13。信道 14 是特别针对日本所定义的，其中心频率与信道 13 的中心频率相差 12MHz。

在北美地区（美国、加拿大）开放 1～11 信道，在欧洲开放 1～13 信道。在我国，与欧洲一样，同样开放 1-13 信道，见表 7-7。

表 7-7   2.4GHz 信道列表

信道	频率 GHz	中国	美国、加拿大	欧洲	日本
1	2.412	是	是	是	是
2	2.417	是	是	是	是
3	2.422	是	是	是	是
4	2.427	是	是	是	是
5	2.432	是	是	是	是
6	2.437	是	是	是	是
7	2.442	是	是	是	是
8	2.447	是	是	是	是
9	2.452	是	是	是	是
10	2.457	是	是	是	是
11	2.462	是	是	是	是
12	2.467	是	否	是	是
13	2.472	是	否	是	是
14	2.484	否	否	否	仅 802.11b

7.4 子项目 6——扩展企业局域网满足移动办公的需要

7.4.1 确定网络架构

我们的网络公司已经有了一个简单的有线局域网。现在由于业务的发展，现有的网络不能满足需求，要对本办公楼网络进行改造。原有的网络已通过 ADSL 宽带上网，增加的用户也要能够访问 Internet。要求员工在任意位置都可以直接通过笔记本计算机和移动终端设备上网。

由于项目需求中要求网络可以实现任意位置移动办公，所以无线局域网是必须的选择。要求组建后无线连入局域网用户应能访问有线网资源并能访问 Internet。因此确定本项目的网络架构为 WLAN 和有线局域网混合的非独立 WLAN，无线接入点与周边的无线客户机形成了一个星形网络结构，再使用无线接入点的 LAN 端口与有线网络相连，则可以使整个 WLAN 的终端都能访问有线网络的资源，并能访问 Internet。

该项目的网络架构方案同样适用于学校机房、家庭用户组建无线局域网，具有较强的实用性。

7.4.2 绘制项目拓扑结构图

根据对项目进行的分析，决定在现有的 LAN 基础上扩展无线局域网，安置无线 AP，实现无线网络接入。项目的拓扑示意图如图 7-8 所示。

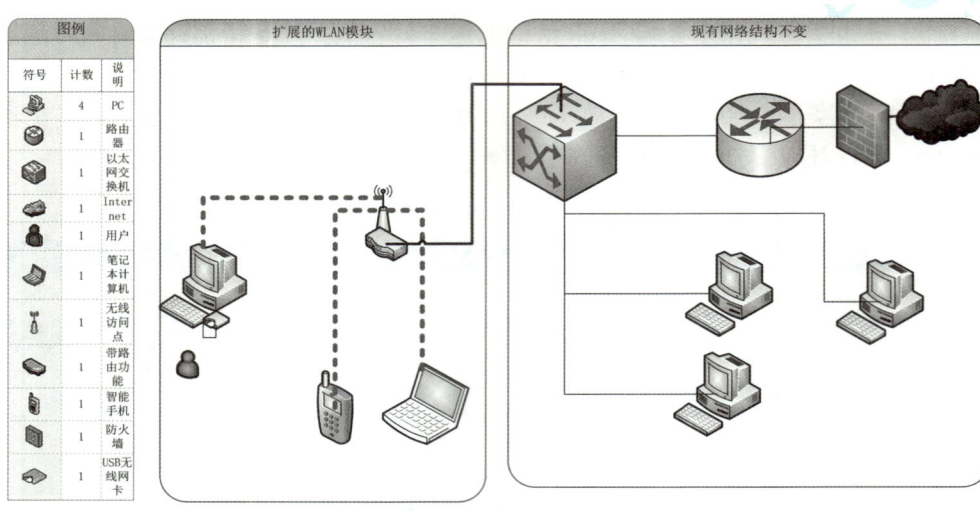

图 7-8 子项目设计拓扑结构示意图

7.4.3 选择 WLAN 组网设备

1. 无线局域网常见硬件设备

组建无线局域网所需的硬件设备主要包括无线网络适配器（网卡）、无线 AP、无线网桥、无线天线等。组建小型无线局域网还需要无线路由器等设备。

（1）无线网卡

无线网卡与普通网卡功能相同，主要有 PCI（适用于台式计算机）、PCMCIA（用于笔记本计算机）、USB 接口等类型。USB 接口的无线网卡适用于笔记本计算机和台式计算机，支持热插拔，携带非常方便。各种不同类型的无线网卡对比见表 7-8。

表 7-8 无线网卡对比

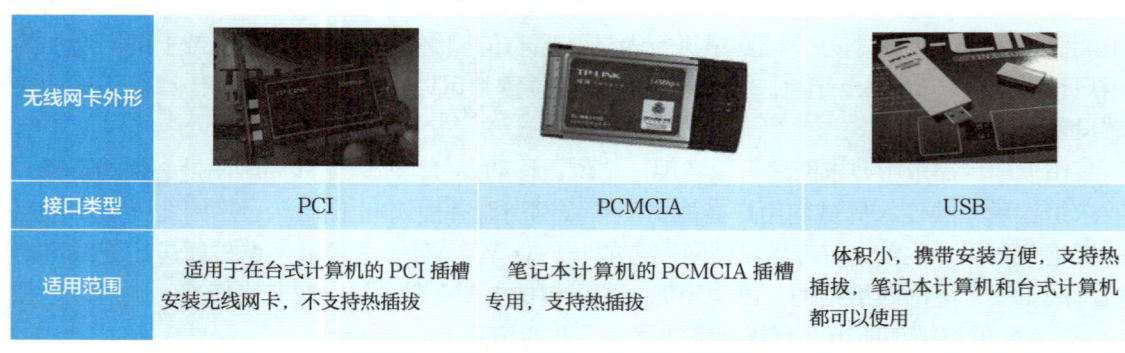

无线网卡外形			
接口类型	PCI	PCMCIA	USB
适用范围	适用于在台式计算机的 PCI 插槽安装无线网卡，不支持热插拔	笔记本计算机的 PCMCIA 插槽专用，支持热插拔	体积小，携带安装方便，支持热插拔，笔记本计算机和台式计算机都可以使用

（2）无线 AP

无线 AP 有带路由功能的和不带路由功能的。不带路由功能的无线 AP 就相当于网络中的无线集线器，还需要搭配路由器使用；带路由功能的无线 AP 则可以共享 Internet 连接。常见的带路由功能的无线 AP 如图 7-9 所示。

图 7-9 无线 AP

（3）AC+AP

独立的无线设备也称为"瘦 AP"，相对于"胖 AP"它的部署灵活，但是在批量部署时缺乏统一管理、运行监控弱、不易于维护，因此在这个基础之上又出现了 AC，来实现对 AP 的管理。

在大学校园中，我们通常可以在一个无线 AP 处认证通过，切换到图书馆、球场等其他地方时无须再次认证，平滑切换上网，这就是 AC+AP 的应用场景。

2. 选择 WLAN 组网设备

WLAN 组网设备品种繁多，价位高低相差悬殊，功能也不尽相同。在选择完成本项目的设备时，要从实际出发，结合项目需求，不要一味追求功能全、技术新、价格高的产品，能够满足实际工程需要就可以了。

无线网络设备种类繁多，如何根据网络建设需求选择合适的设备是一个很重要的问题。在初涉实际工程，经验不足的时候，可通过丰富的网络资源查找网络设备，对比选择设备。通过网络可以查询相关设备的价格，并了解具体设备的参数，还可以对类似的产品进行对比。通过 www.it168.com 网站查询设备参数的结果如图 7-10 所示。

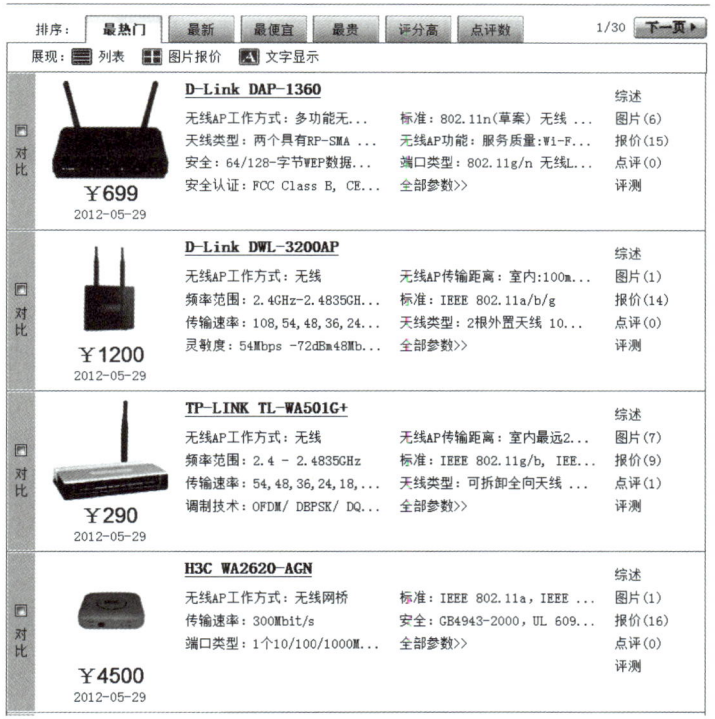

图 7-10　通过网站查询设备参数

7.4.4　实施 WLAN 组建

具体实施步骤参考：首先选择位置安放无线 AP，给没有无线网卡的设备安装无线网卡。然后设置无线 AP，对 AP 进行安全设置，组建好无线部分后将无线网络接入有线网络，最后实现 Internet 访问。

1. 安放无线 AP

安放无线 AP 的步骤如下：

1）安放 AP 在合适的位置。一台无线 AP 的信号覆盖范围呈圆形扩散，因此需要将 AP 放置在工作区域的中心位置，这样可以提高 AP 的覆盖效率。另外，一般将 AP 放在地理位置相对较高处，也可放在连入有线网络较方便的地方。

此外，需要注意的是无线 AP 的管理访问有默认的访问地址、用户账户和密码，这些信息会在 AP 背面的商标铭牌上记载，需要在放置 AP 之前记录好这些信息。

2）接通电源，AP 将自行启动。

2. 安装无线网卡

为不同的设备选择适用的无线网卡，安装网卡并安装网卡驱动程序，如图 7-11 所示。

图 7-11　安装无线网卡示意图

步骤如下：

1）将无线网卡装入计算机中。

2）安装无线网卡驱动程序。

完成硬件安装后，按照如下步骤进行无线网卡的驱动安装。

① 插入光盘，光驱读盘后会自动运行安装向导，如图 7-12 所示，单击"自动安装"按钮。

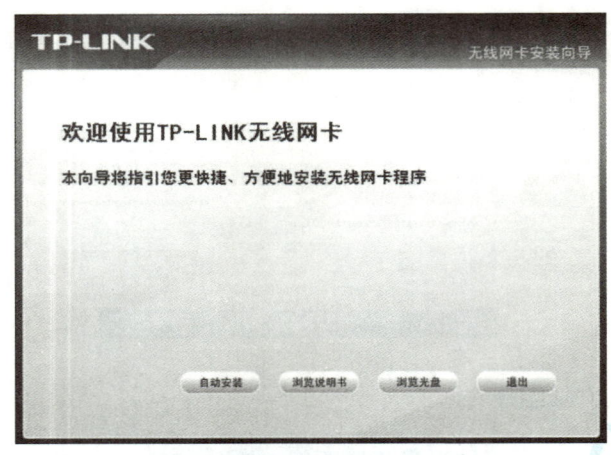

图 7-12　无线网卡安装向导

② 安装向导会自动运行安装程序，如图 7-13 所示。

第 7 单元　无线局域网

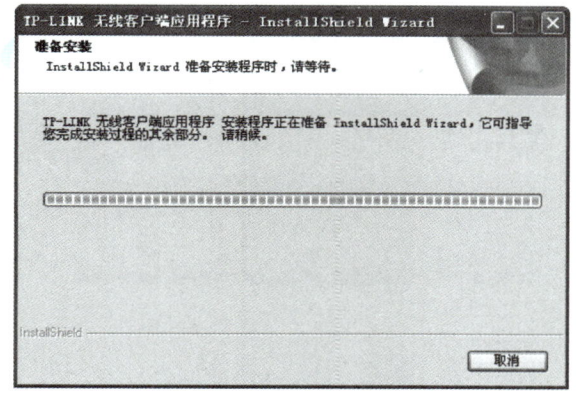

图 7-13　准备安装

③ 在随后出现的安装界面中，单击"下一步"按钮继续安装。

④ 选择安装类型，推荐选择安装客户端实压程序和驱动程序，如图 7-14 所示。单击"下一步"按钮继续安装。

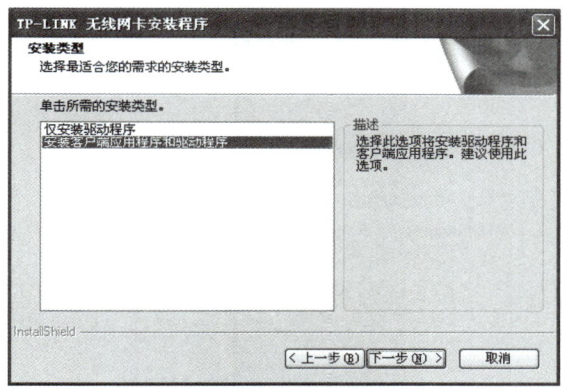

图 7-14　安装类型

⑤ 在图 7-15 的界面中选择安装文件的路径，可以采用默认路径，也可以单击"浏览"按钮来重新选择安装文件的路径。单击"下一步"按钮继续安装。

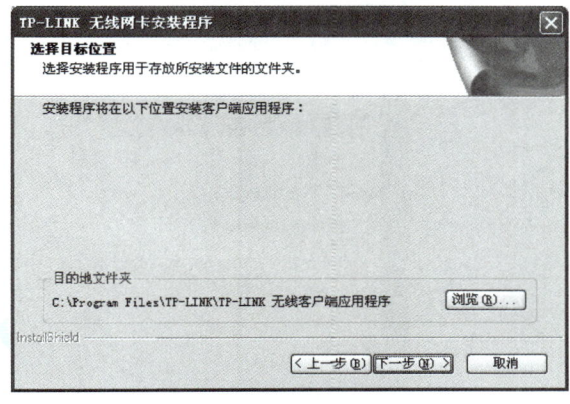

图 7-15　选择安装路径

127

⑥ 选择程序文件夹，可以新建一个文件夹或者从现有文件夹列表中选择，推荐使用默认配置。单击"下一步"按钮继续安装，如图7-16所示。

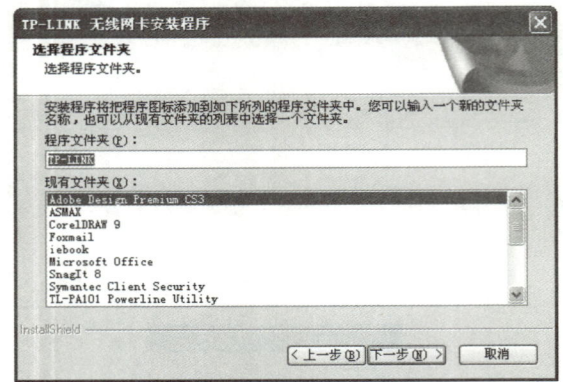

图7-16 选择程序文件夹

⑦ 选择配置工具，如果不确定则保留默认设置，单击"下一步"按钮继续安装，如图7-17所示。

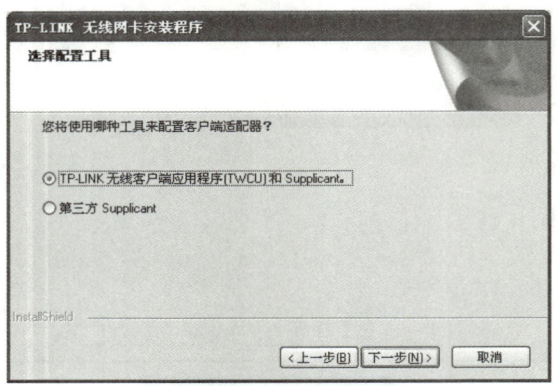

图7-17 选择配置工具

⑧ 接下来的安装过程大概需要一分钟的时间，当出现图7-18所示的界面时，表示已经完成安装。单击"完成"按钮重启计算机使设置生效。

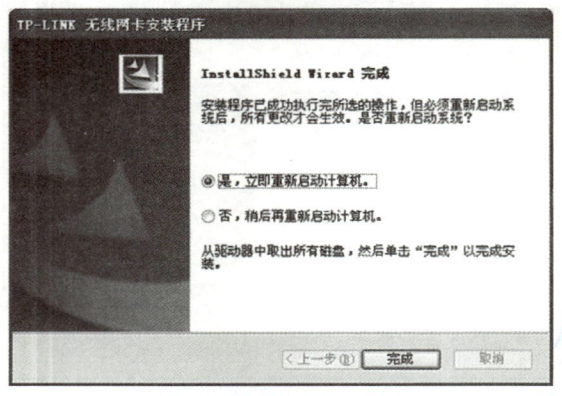

图7-18 安装完成

⑨ 系统重启后，右击选择"我的电脑"→"属性"→"硬件"→"设备管理器"，查看网卡下有无新安装网卡的标识，如果存在，则表示无线网卡已安装成功，如图7-19所示。

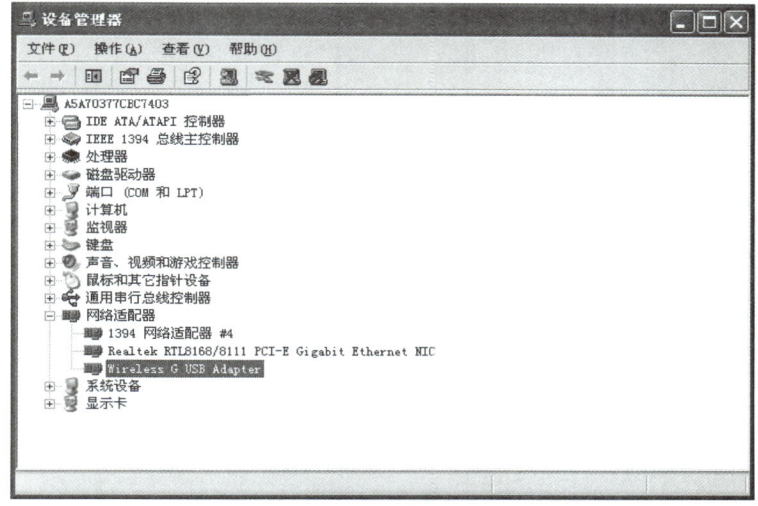

图7-19 设备管理器中添加了无线网卡

3）网卡安装好后，在桌面的右下角会出现网络连接图标，双击该图标，系统将自动搜索无线网络并在列表中显示，如图7-20所示。

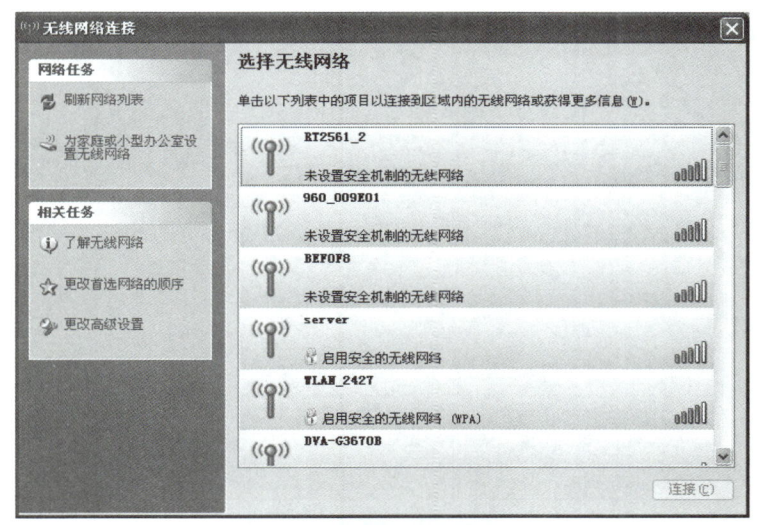

图7-20 无线网络连接列表

4）设置计算机的TCP/IP。配置一台计算机作为该无线AP的管理计算机，需要将它的IP地址配置为无线AP的同一网段。这台要连接的无线AP的默认IP地址为192.168.1.1，因此将计算机的IP地址设置为192.168.1.××（××范围为2至254，注意不要与原网络中的IP地址相同）。

子网掩码：255.255.255.0

默认网关：192.168.1.1

如图 7-21 所示，这些值可以根据需要而改变，此处先按照默认值设置。

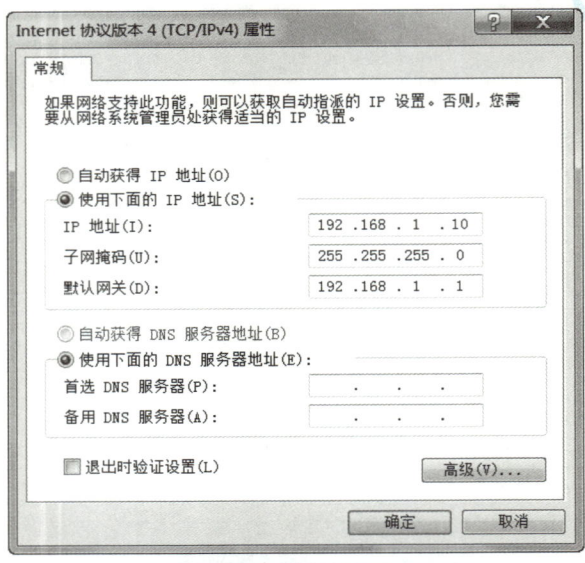

图 7-21　配置 TCP/IP 属性

5）测试计算机与无线 AP 之间是否连通。在 CMD 对话框下执行 ping 命令：ping 192.168.1.1，如图 7-22 所示。

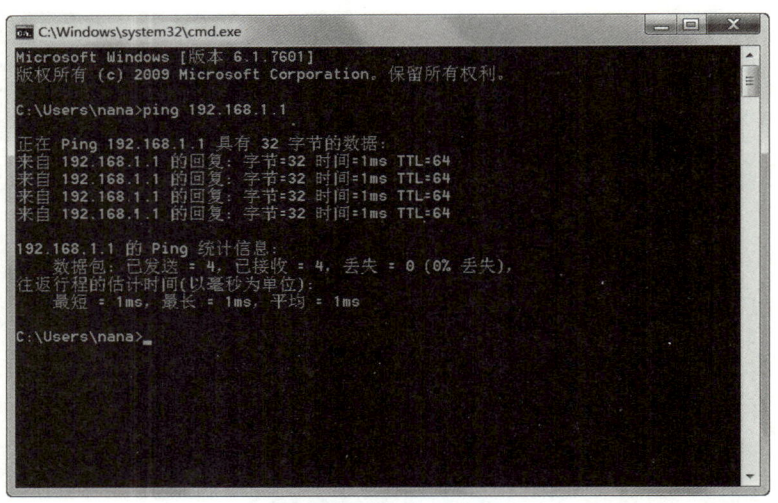

图 7-22　测试连通性

如果屏幕显示结果能 ping 通，则说明计算机已与无线 AP 成功连接，如果屏幕显示行出现：Request timed out. 请求超时，则说明设备还未安装好，可以检查：

① 无线 AP 上的 Power 灯以及 WLAN 状态灯（Act）是否亮起。
② 计算机中的无线网卡是否已装好，TCP/IP 设置是否正确。

3．设置无线 AP

本项目无线 AP 以 TP-LINK 54M 宽带路由器为例进行设置。步骤如下：

1）在浏览器的地址栏输入 AP 的地址，如 http://192.168.1.1/，连接建立起来后将会出现图 7-23 所示的登录页面，输入用户名和密码（该产品用户名和密码的出厂设置均为 admin）。

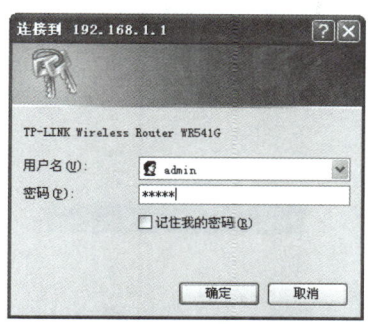

图 7-23　输入用户名和密码

2）进入无线 AP 设置页面，如图 7-24 所示。

图 7-24　无线 AP 设置主页面

3）单击该页面中左边的"设置向导"，进入上网方式页面，可以根据实际情况进行选择，在这里选择"以太网宽带"，如图 7-25 所示。

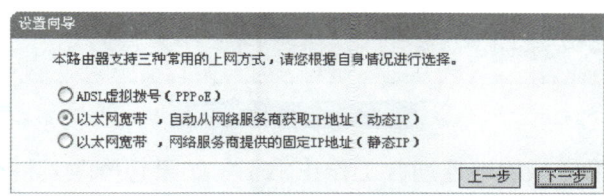

图 7-25　选择上网方式

单击"下一步"按钮，进入无线设置页面，如图 7-26 所示。

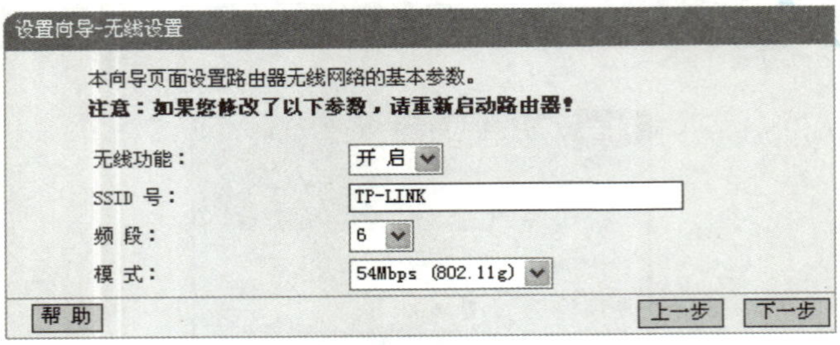

图 7-26 无线设置

参数说明如下：

无线功能：如果启用此功能，则接入本无线网络的计算机将可以访问有线网络。

SSID 号：无线局域网用于身份验证的登录名，只有通过身份验证的用户才可以访问本无线网络。

频段：用于确定本无线路由器使用的无线频率段，选择范围从 1 到 13。若一个网络中有多个无线 AP，为了防止干扰，每个 AP 要设为不同的频段。

模式：可以选择 11Mbit/s 带宽的 802.11b 模式、54Mbit/s 带宽的 802.11g 模式（兼容 802.11b 模式）。

设置完上网所需的各项网络参数后，可以看到设置向导完成页面。

4) 查看无线 AP 的运行状态：单击页面左边的"运行状态"，出现图 7-27 所示的界面。

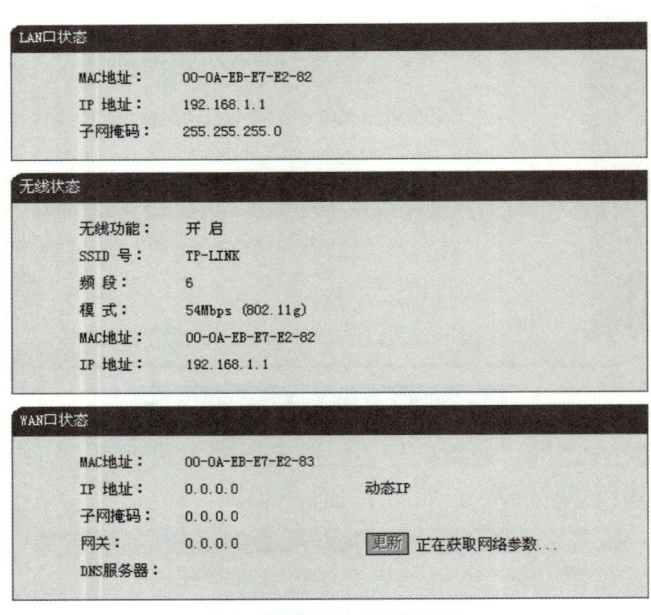

图 7-27 运行状态

至此，此无线网络应该能够连通并工作正常了。如果想修改其他网络参数，则继续按下面的步骤进行。

5）网络参数设置：单击页面左边的"网络参数"进行 LAN 口设置，如图 7-28 所示。

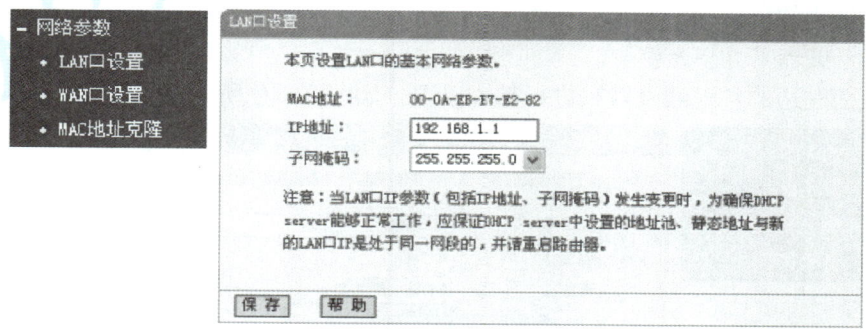

图 7-28　LAN 口设置

参数说明：

MAC 地址：该路由器对局域的 MAC 地址，此值不可更改。

IP 地址：该路由器对局域网的 IP 地址，默认值为 192.168.1.1，可根据需要改变它。若改变了该 IP 地址，必须用新的 IP 地址才能登录路由器进行 Web 页面管理。

子网掩码：也可改变，但网络中的计算机的子网掩码必须与此处相同。

此外"WAN 口设置"和"MAC 地址克隆"暂可不设，按默认值进行。

6）配置测试，选择网络无线信号范围内的一台无线终端设备，查看它可以扫描到该 AP 的 SSID，并且能够直接连接，如图 7-29 所示。

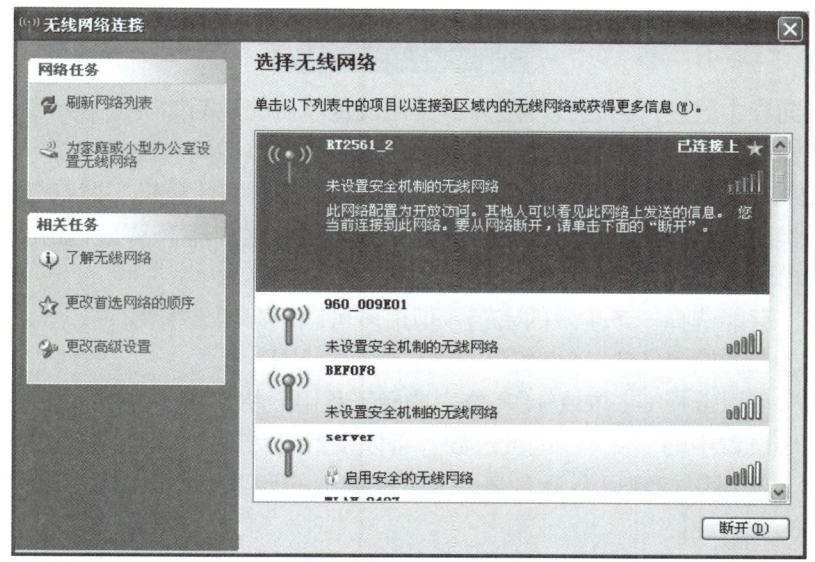

图 7-29　连接未设置安全机制的无线网络

4．安全设置

如果一个无线 AP 未进行安全设置，那么所有在它信号覆盖范围内的移动终端设备都可以查找到它的 SSID 值，并且可以无需密码直接接入到 WLAN 中。这样整个 WLAN 完全暴露在一个没有安全设置的环境下是非常危险的。因此，需要在无线 AP 上进行安全设置。

当在无线"基本设置"里面"安全认证类型"选择"自动选择""开放系统""共享密钥"这三项时，使用的就是 WEP 加密技术，"自动选择"是无线 AP 可以和客户端自动协商成"开放系统"或者"共享密钥"。

单击页面左边的"无线设置"进行基本设置，如图 7-30 所示。

图 7-30 安全设置

除了设置向导中已进行的无线设置外，其他设置项目的说明如下：

无线功能：如果选中，接入此无线网络的计算机将可以访问有线网络。

允许 SSID 广播：如果选中，路由器将向所有的无线联网计算机广播自己的 SSID 号。

安全认证类型：可以选择允许任何访问的开放系统模式，基于 WEP 加密机制的共享密钥模式，以及自动选择方式。

密钥选择：只能选择一条生效的密钥，但最多可以保存四条密钥。

密钥内容：在此输入密钥，注意长度和有效字符范围。

密钥类型：可以选择 64 位或 128 位，选择"禁用"将禁用该密钥。

此外，无线设置中的"MAC 地址过滤"可以设置具有某些 MAC 地址的计算机无法访问此无线网络，又可以指定只有具有某些 MAC 地址的计算机才可以访问此无线网络，大大增强了无线的安全性。

然后进行配置验证，选择网络无线信号范围内的一台无线终端设备，查看它是否可以扫描到该 AP 的 SSID，连接时需要输入之前设置的密码才可以连接上，如果不输入密码或密码错误则无法连接。

5．将无线网络接入有线网络

1）用一根网线将无线 AP 的 LAN 端口连接到局域网中核心交换机的一个端口，连接示意图如图 7-31 所示。

第 7 单元　无线局域网

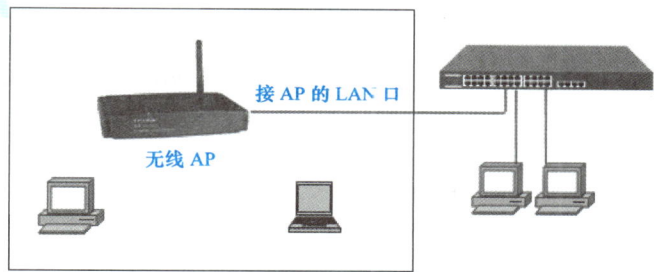

图 7-31　无线局域网连入有线网络示意图

2）观察无线 AP 上的 LAN 指示灯，亮表示已连接，不亮则需要检查网线等。

3）从连入无线的计算机上测试是否能访问到有线网络中的计算机：可通过 ping 命令进行连通测试，也可通过网上邻居访问，如图 7-32 所示。

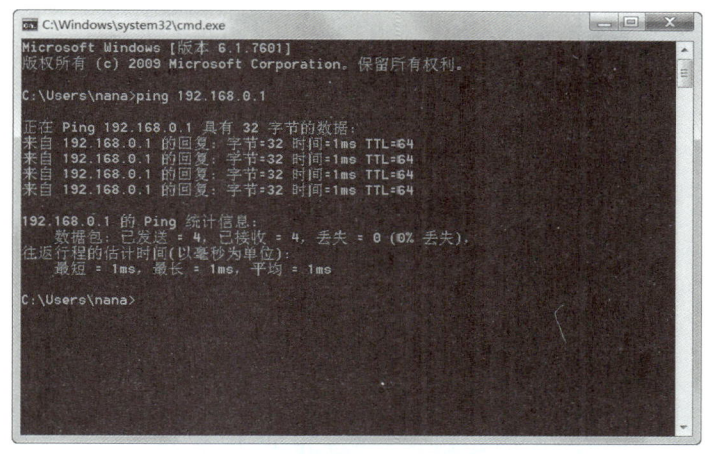

图 7-32　测试无线网络与有线网络的连通性

若 ping 不到或访问不到，需检查网络中的 IP 地址是否有冲突，网关设置是否不相同。

6．访问 Internet

按照有线网络中的网关和 DNS 服务器的设置，设置无线网络。这样，接入无线局域网的终端设备，可以通过有线局域网的 Internet 连接访问 Internet。

单元小结

无线技术给人们带来的影响是无可争议的，如今无线局域网广泛地应用在企业厂区、车间、酒店、证券市场、校园乃至公共场所。北京、上海等城市中心地区已经实现了无线信号的覆盖，人们可以随时随地享受无线网络带来的方便和快捷。

本单元重点要掌握的知识：

（1）WLAN 的定义

（2）WLAN 的特点

（3）WLAN 的协议标准

（4）WLAN 的组网模式

本单元重点掌握的技能：

（1）通过对无线 AP 的配置搭建小型 WLAN

（2）将无线网络加入到有线局域网中，实现 Internet 访问

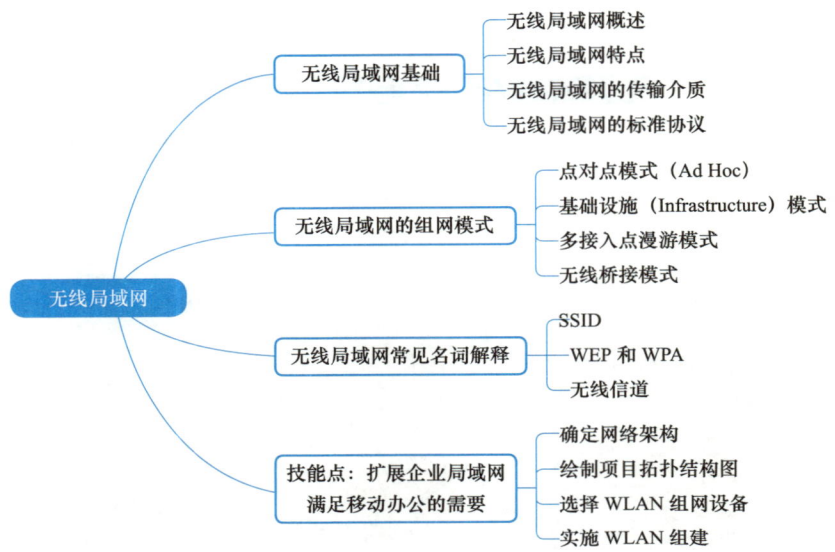

思考与练习

1．无线局域网最大的挑战就是网络安全性的问题，通过课后查找资料讨论如何提高 WLAN 的安全性。

2．与有线局域网相比，WLAN 具备哪些优势？

3．什么是 Infrastructure 模式？画一个拓扑示意图展示该模式的 WLAN。

4．家庭用户常常使用无线路由器构建家庭 WLAN，如果家庭用户采用 ADSL 拨号上网，则无线 AP 应该配置在网络的什么位置？请画出拓扑示意图展示你的设计。

5．家庭用户常常使用无线路由器构建家庭 WLAN，如果家庭用户采用 ADSL 拨号上网，则无线路由器的网络参数中的"WAN 口设置"应如何设置？

第 8 单元

Windows Server 2008配置

本单元讲解 Windows Server 2008 的常用配置，包括客户端的基本配置和常见服务器的简单配置等。

8.1 Windows Server 2008 概述

8.1.1 了解 Windows Server 2008

Windows Server 是一个平台，用于构建连接的应用程序、网络和 Web 服务的基础结构，包括从工作组到数据中心。作为 Windows Server 系列版本之一，Windows Server 2008 直观、优越的性能使其成为 Windows 服务器系列应用的优良选择。Windows Server 2008 R2 版本通过增加补丁程序 service pack 1（SP1）提供了全新的虚拟化技术和更多高级功能，在改善计算机效率的同时，还提高了灵活性。无论是希望整合服务器、构建私有云，还是提供虚拟桌面基础架构（VDI），Windows Server 2008 强大的虚拟化功能都可以将用户的数据中心和桌面的虚拟化战略提升到一个新的层次，并且帮助流动办公的员工更方便地访问公司的资源。

在安装 Windows Server 2008 前，应确认计算机能够达到所需的最低配置。Windows 7 和 Windows Server 2008 的最低配置要求见表 8-1。通过比较可以看出 Windows Server 2008 和 Windows 7 是有区别的，Windows Server 系列专门用于服务器，Windows 系列用于个人家庭用户。

表 8-1 Windows 7 和 Windows Server 2008 的最低配置要求

	Windows 7	Windows Server 2008
处理器	1GHz 32 位或 64 位处理器	1.4 GHz（x64 处理器）
内存	1GB（基于 32 位）或 2GB（基于 64 位）	最低：512MB RAM 最高：8GB（基础版）、32GB（标准版）或 2TB（企业版、数据中心版及 Itanium-Based Systems 版）
可用磁盘空间	16GB（基于 32 位）或 20GB（基于 64 位）	最低：32GB 或以上，基础版 40GB 或以上
显示器	带有 WDDM 1.0 或更高版本驱动程序的 DirectX 9 图形设备	超级 VGA（800×600 像素）或更高分辨率的显示器
其他	—	键盘和 Microsoft 鼠标（或兼容的指针设备）、Internet 访问（可能需要付费）

8.1.2 安装 Windows Server 2008

通过虚拟机软件，可以在一台物理计算机上模拟出一台或多台虚拟的计算机。这些虚拟机完全就像真正的计算机那样进行工作，比如可以安装操作系统、应用程序、访问网络资源等。接下来以 Windows Server 2008 R2 Standard Edition 为例，演示通过 VMware Workstation 16 Pro 软件安装 Windows Server 2008 R2 操作系统的步骤。

1）在桌面上双击 VMware Workstation 快捷方式图标（如果之前没有安装，请参考相关教程完成安装），选择"创建新的虚拟机"。按照新建虚拟机向导页面进行设置，如图 8-1 所示。

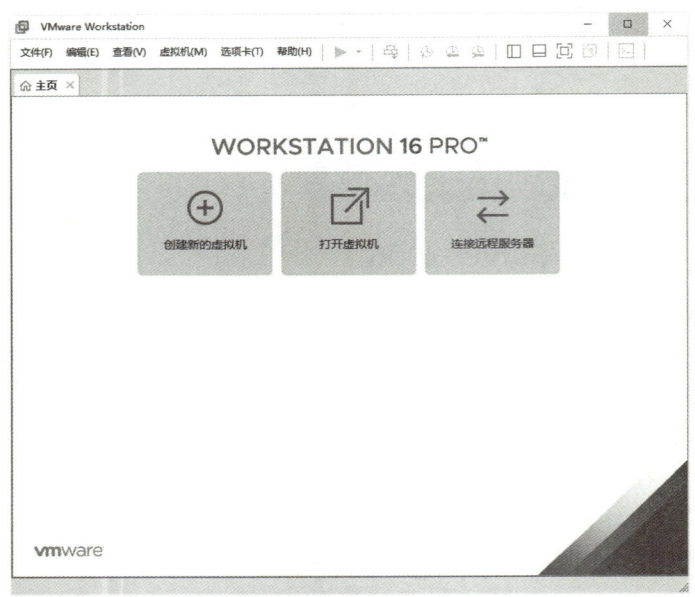

图 8-1　创建新的虚拟机

2）在安装客户机操作系统页面，选择"稍后安装操作系统（S）"，单击"下一步"按钮，如图 8-2 所示。

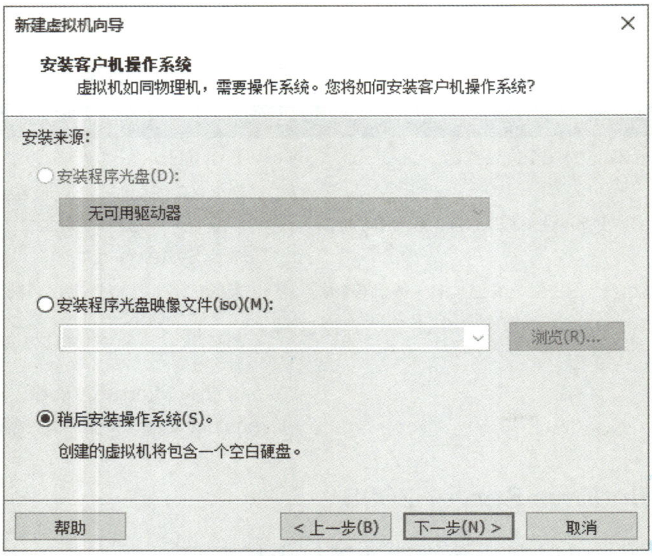

图 8-2　安装客户机操作系统页面

3）在下一页中选择"典型（推荐）（T）"选项，单击"下一步"按钮，如图 8-3 所示。

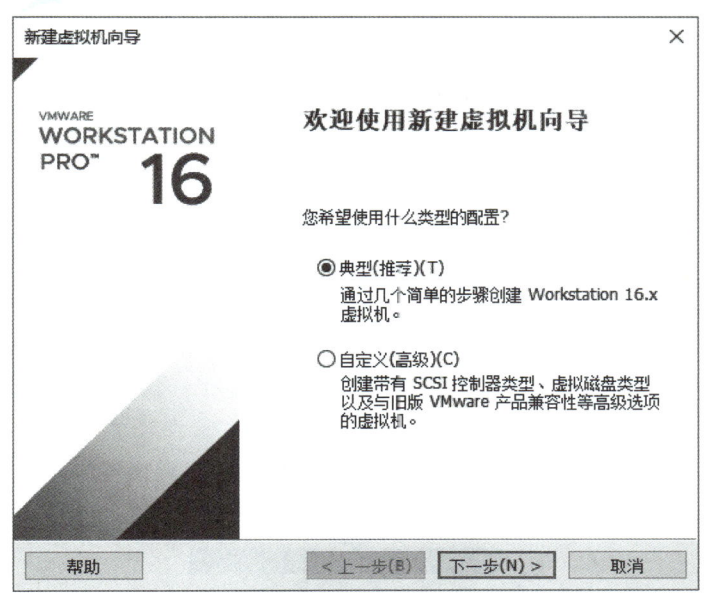

图 8-3　类型配置选择页面

4）在选择客户机操作系统页面上，选择 Microsoft Windows(W)，版本列表中选择 Windows Server 2008 R2 x64，单击"下一步"按钮，如图 8-4 所示。

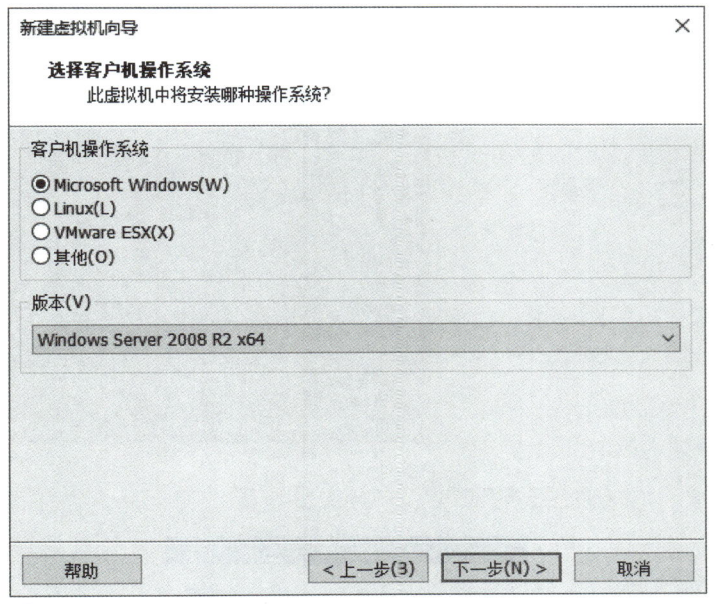

图 8-4　客户机操作系统配置页面

5）在命名虚拟机页面，填写虚拟机名称，如"Windows Server 2008 R2 x64"，选择本地保存位置，如"D：\WinServer2008"，如图 8-5 所示，单击"下一步"按钮。

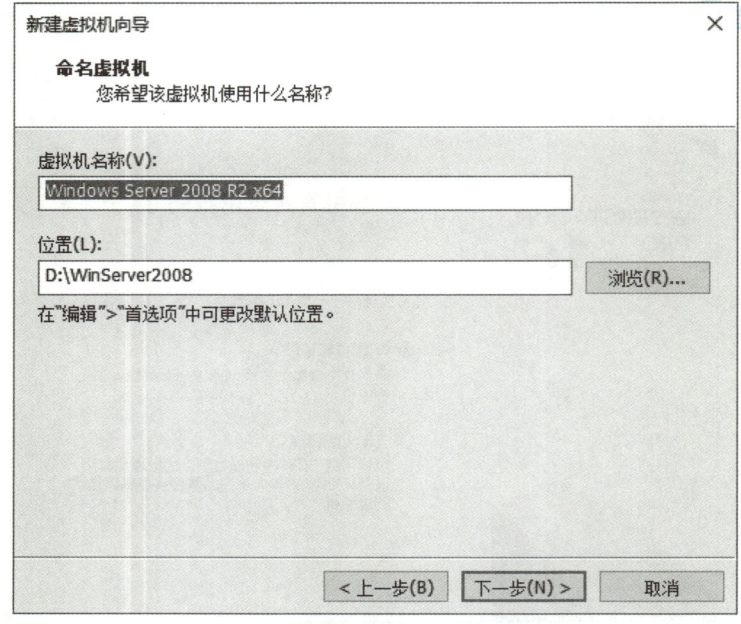

图 8-5 命名虚拟机页面

6）在指定磁盘容量页面，采用默认选项，单击"下一步"按钮。

7）在已准备创建虚拟机页面，单击"完成"按钮，虚拟机安装完成页面如图 8-6 所示。

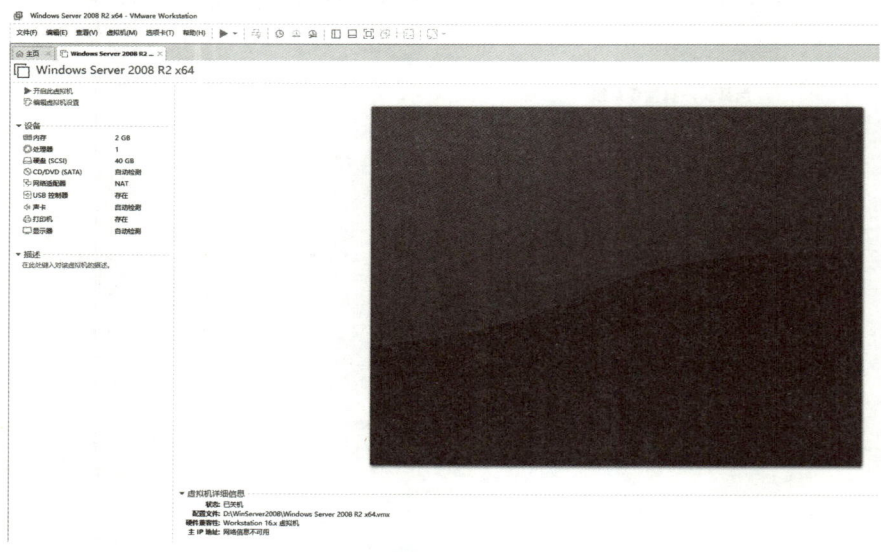

图 8-6 虚拟机安装完成页面

8.1.3 配置新创建的虚拟机

1）在图 8-6 虚拟机安装完成页面中单击"编辑虚拟机设置"，进入虚拟机设置的硬件选项页，选择使用 ISO 映像文件，如图 8-7 所示。

第 8 单元　Windows Server 2008配置

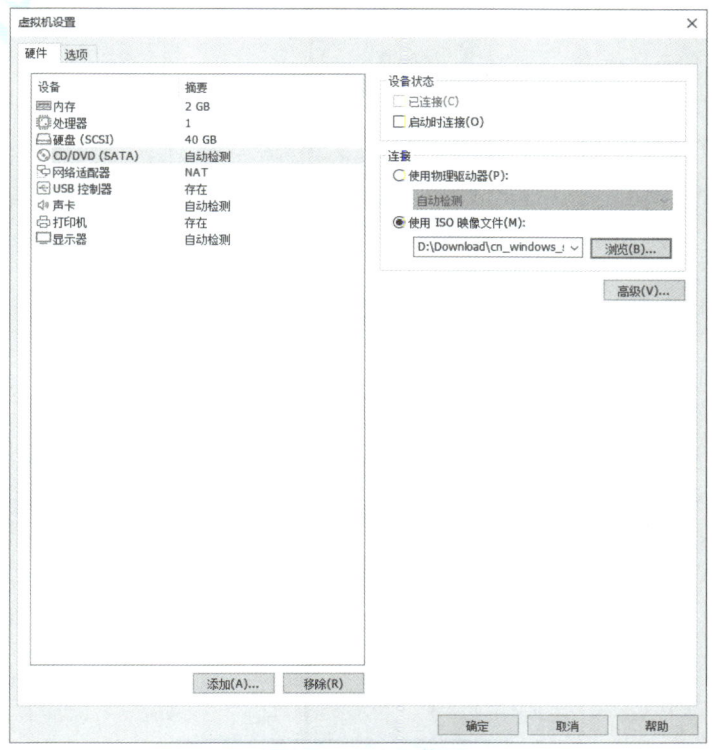

图 8-7　选择使用 ISO 映像文件

2）在图 8-6 虚拟机安装完成页面，单击"开启此虚拟机"，进入安装页面，采用默认设置，单击"下一步"按钮，如图 8-8 所示。

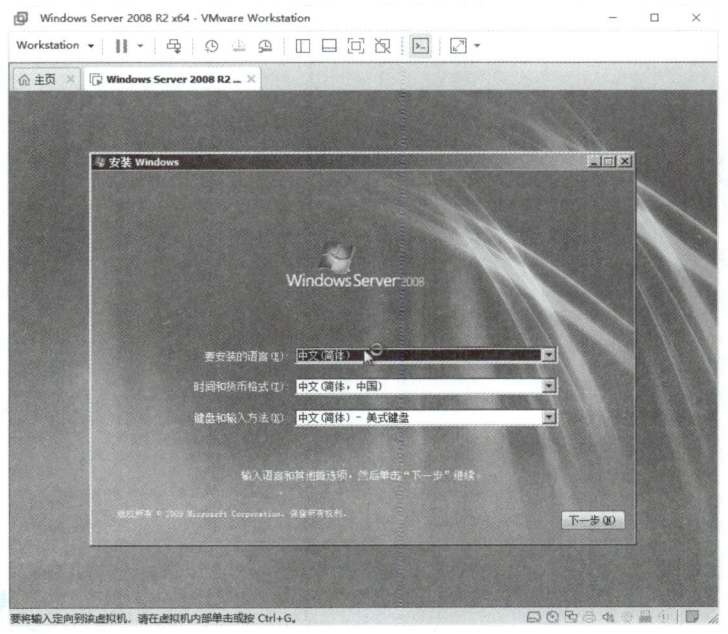

图 8-8　安装 Windows 页面

3）在选择操作系统页面上，选择 Windows Server 2008 R2 Standard（完全安装），如图8-9所示，单击"下一步"按钮。

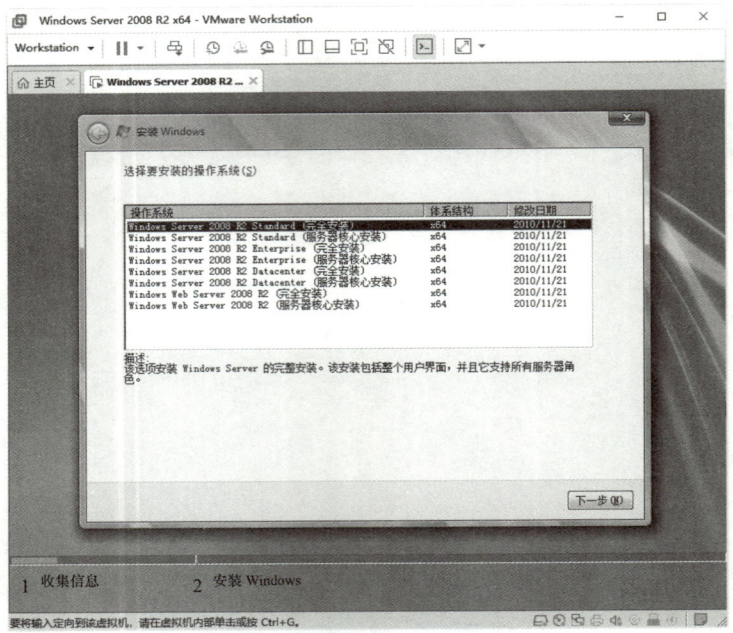

图8-9 选择操作系统页面

4）在阅读许可条款页面，选择"我接受许可条款"，如图8-10所示，单击"下一步"按钮。

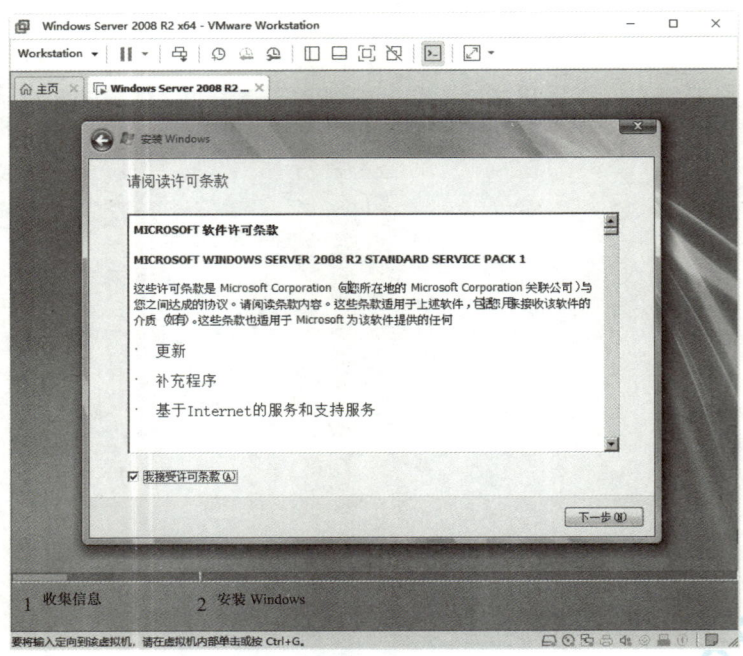

图8-10 阅读许可条款页面

第 8 单元　Windows Server 2008配置

5）在安装类型选择页面，选择"自定义（高级）"，如图 8-11 所示，单击"下一步"按钮。

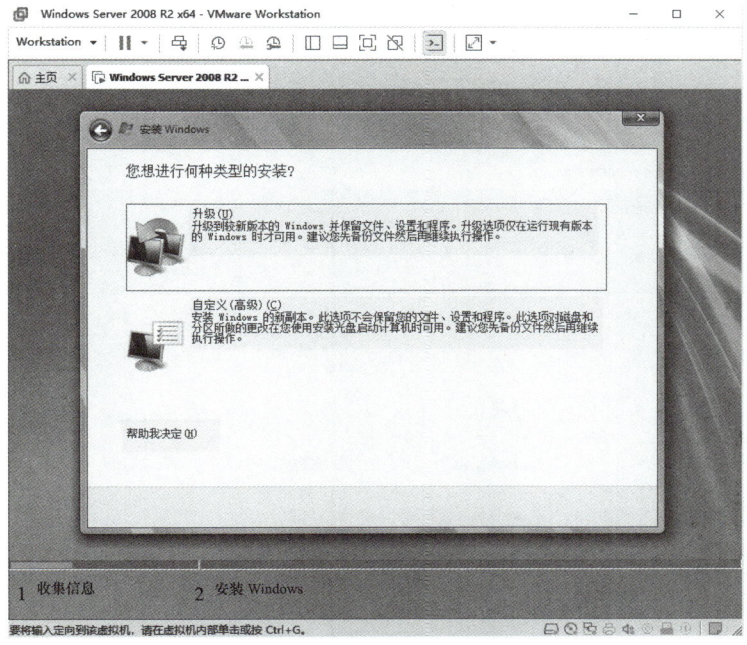

图 8-11　安装类型选择页面

6）在安装位置选择页面，单击"下一步"按钮，等待安装完毕，会重新启动，然后进入如图 8-12 所示的页面。

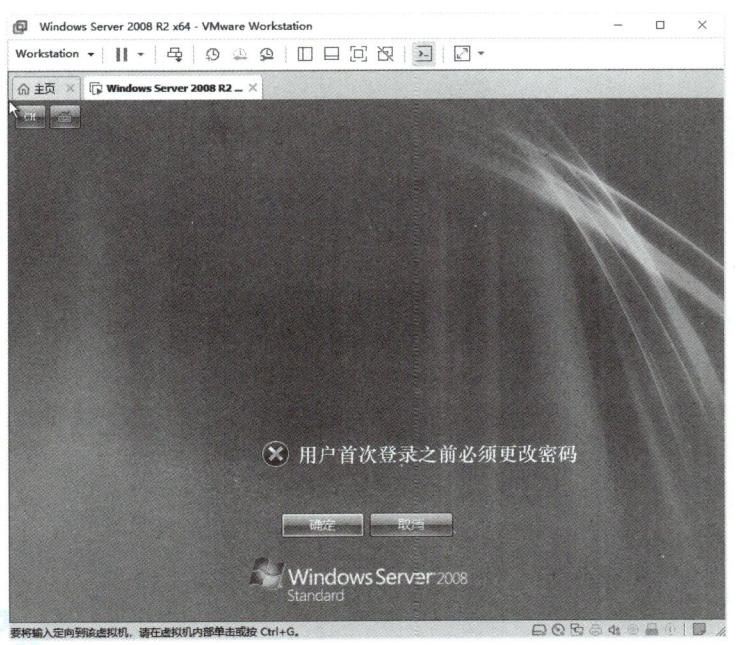

图 8-12　安装完成页面

7)单击"确定"按钮,为 Administrator 用户设置密码,需要满足密码复杂度规则的要求,即字母、数字、特殊符号均要包含,例如,使用"Wserver123!"作为密码。密码设置完成后登录系统,如图 8-13 所示。

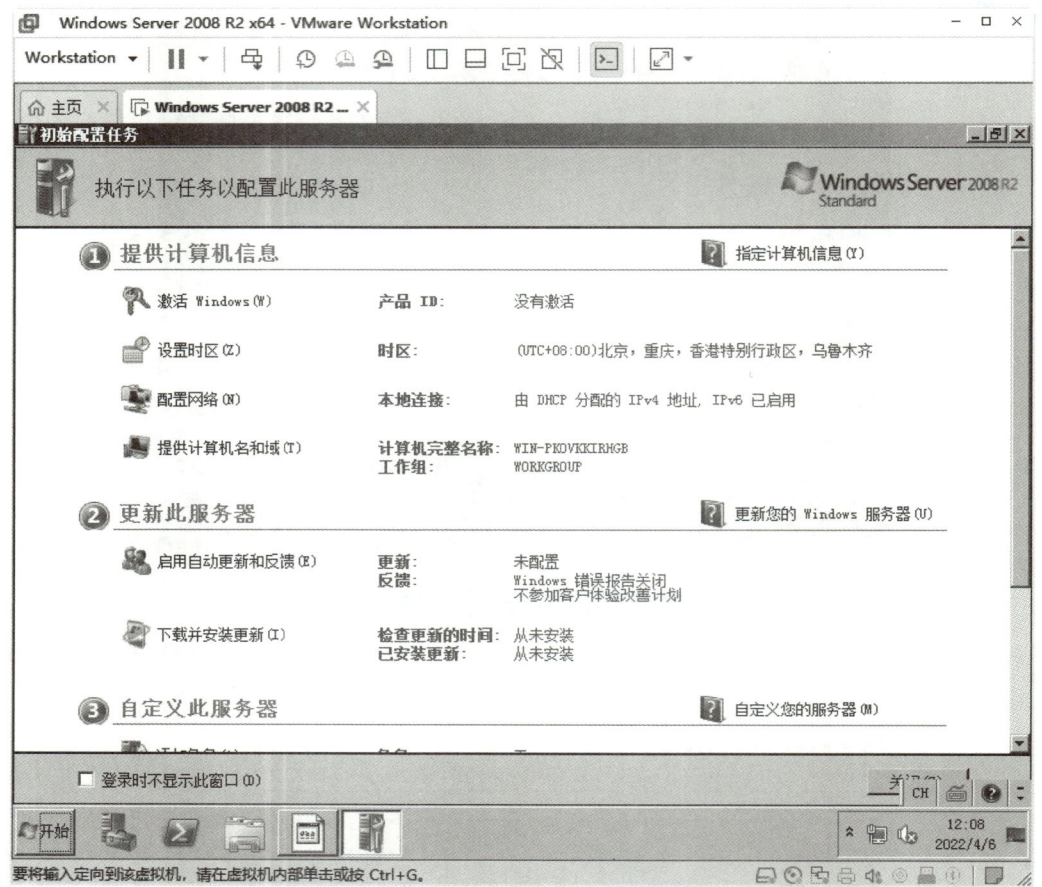

图 8-13 密码修改完成后登录系统页面

8.1.4 Windows Server 2008 的网络组件

作为一款网络服务器软件,Windows Server 2008 最基础的操作是添加网络组件。可以通过图 8-12 所示的"初始配置任务"窗口设置,也可以通过服务管理器设置。在"初始配置任务"窗口中,主要分为提供计算机信息、更新服务器和自定义服务器 3 个模块,其中计算机信息和自定义服务器会在后面介绍。Windows 的服务器更新功能默认为自动更新,如果用户希望对自己计算机的行为进行高度控制,应将更新设置为手动更新。这样可以有效地分配资源,避免在服务的高峰期时计算机不完成高优先级的事务。服务器更新提示对话框如图 8-14 所示。

第 8 单元　Windows Server 2008配置

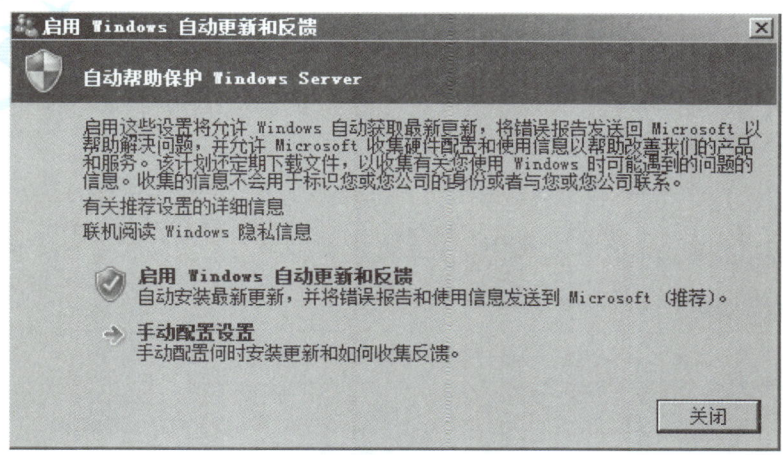

图 8-14　服务器更新提示对话框

8.1.5　配置 Windows Server 2008 客户机

常规的 Windows Server 2008 客户端配置主要包括计算机时间设置（见图 8-15）、网络名称设置和网络地址设置等，这里简单介绍网络地址的设置。

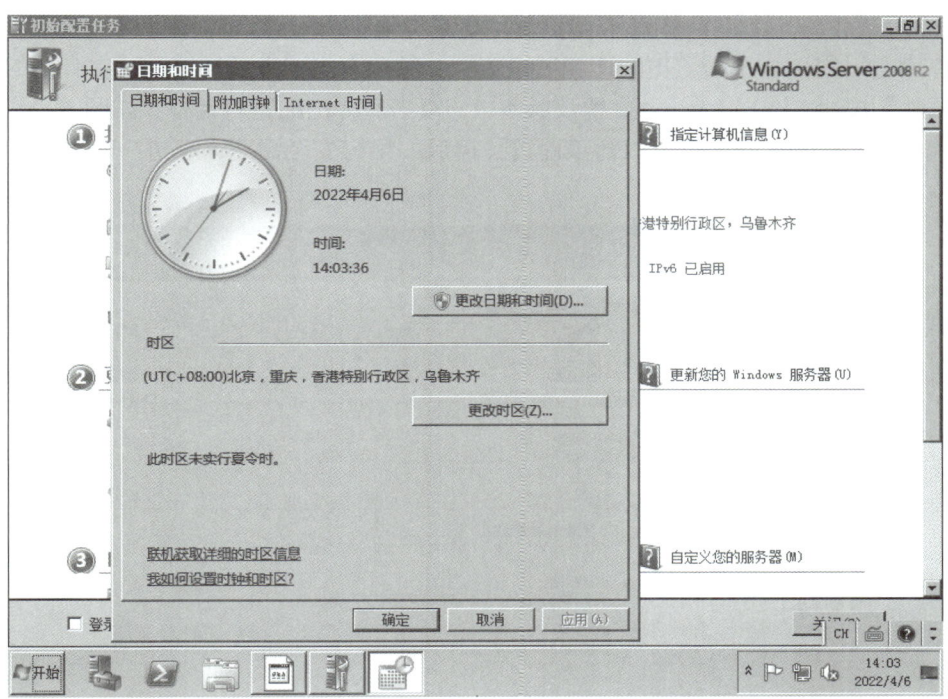

图 8-15　日期和时间设置对话框

客户端的基本网络配置类似于 Windows 的其他版本，首先在桌面的右下角找到网络图标，将鼠标指针指向网络图标，打开网络和共享中心，如图 8-16 所示。

计算机网络基础

图 8-16 快捷显示网络状态

接下来的配置与其他版本的 Windows 设置步骤基本一致，如图 8-17 所示，在"网络和共享中心"窗口，单击"更改适配器设置"，随后双击"本地连接"，在弹出的窗口中单击"属性"按钮，选择 Internet 协议版本 4，双击后弹出配置对话框，如图 8-18 所示。如果不需要配置 IPv6 网络，可以暂不设置，日后如果有安全需要，可进一步参考相关资料进行配置。

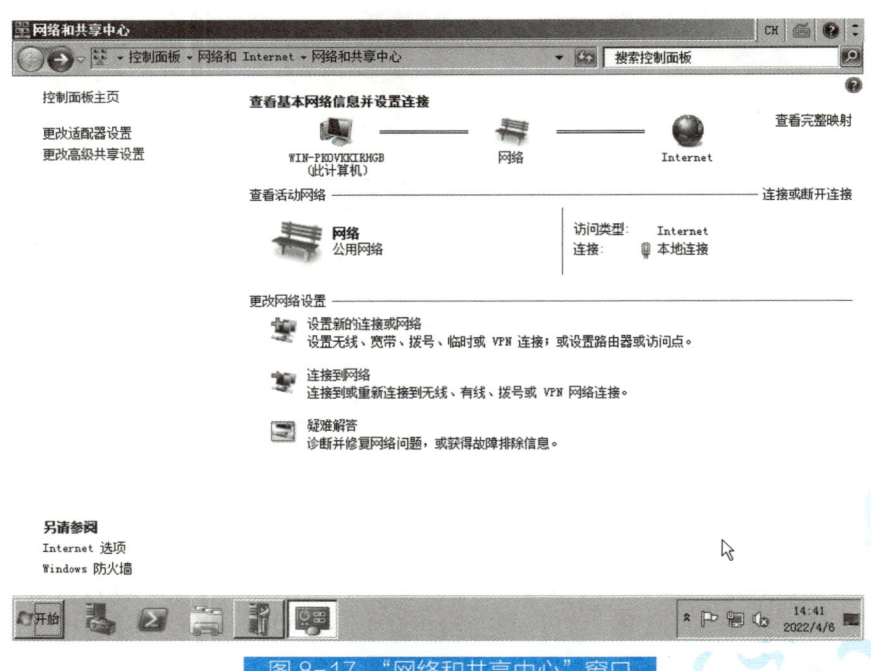

图 8-17 "网络和共享中心"窗口

第 8 单元　Windows Server 2008配置

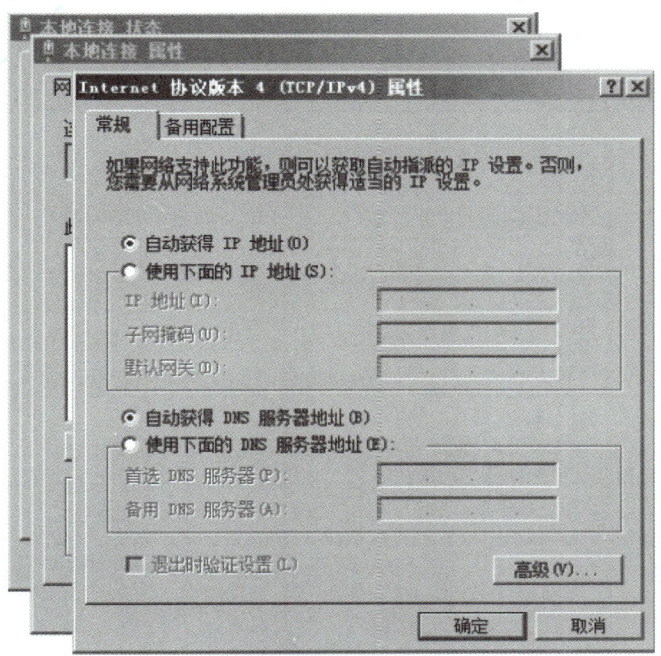

图 8-18　本地网络设置

8.2　活动目录和用户组管理

8.2.1　活动目录概述

活动目录（Active Directory）是用于 Windows Server 2008 的目录服务，它存储着网络上各种对象的相关信息，并使这些信息易于管理员和用户查找及使用。该目录服务使用结构化的数据存储作为目录信息逻辑层次结构的基础。

简单地说，活动目录是域中的概念，与组相对应。局域网中的工作组要求每个工作人员在固定的计算机上工作，并将自己的账户信息和文件内容存储在本地计算机上。而活动目录形象地描述了一个能够活动的人，即用户可以在同一个域中的不同计算机上登录，所使用的资源仍为自己独有的资源。这是因为所有的账户信息与资源都存储在服务器上，而不是客户端上，因此与登录点无关。

8.2.2　安装活动目录

从本节开始，将逐个讲解 Windows Server 2008 各种服务的设置步骤。Windows Server 2008 将所有的服务程序理解为各种不同的角色，即在网络中扮演不同的服务器角色，从而为所在网络提供各种服务。建议读者在理解这款软件的设计思路后再进行相关的学习操作，而非单纯地依照书中提示逐步操作直至完成。这里仍然在"初始配置任务"窗口中操作。首先找到"自定义此服务器"选项组下的"添加角色"链接，如图 8-19 所示，单击该链接进入添加角色向导的配置说明界面，如图 8-20 所示。

计算机网络基础

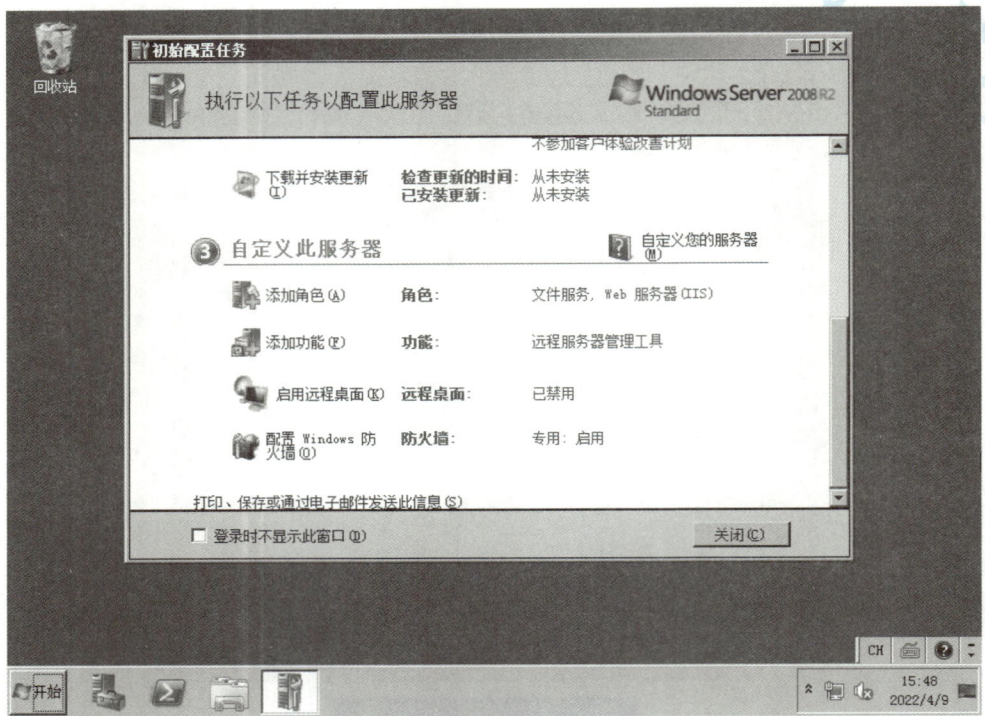

图 8-19 配置界面

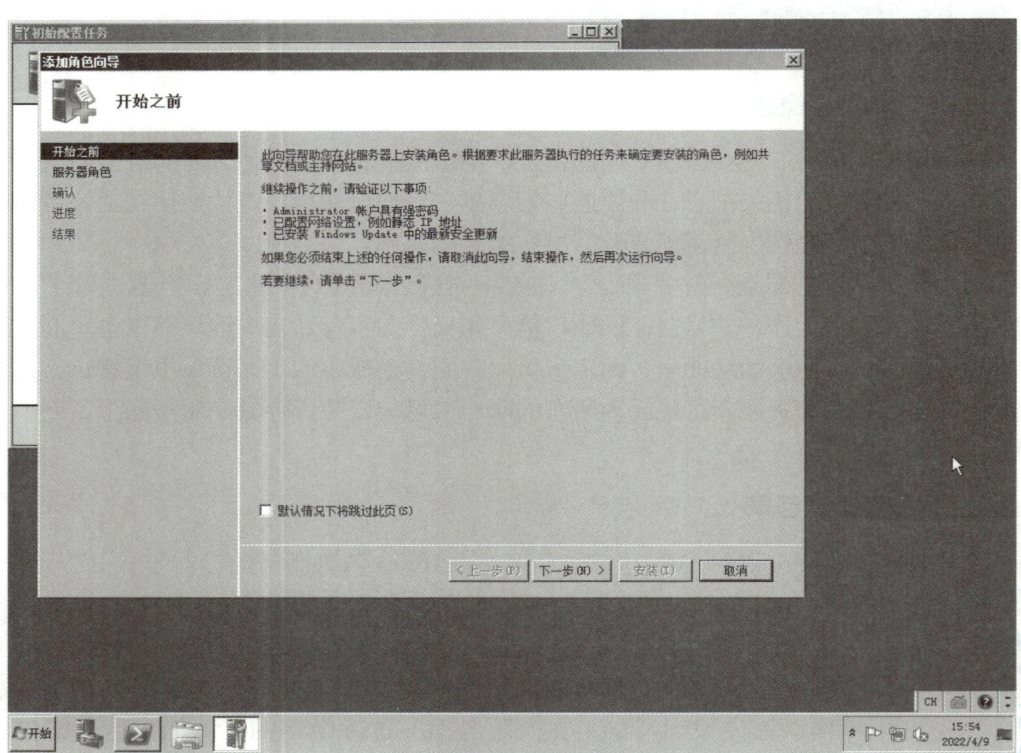

图 8-20 配置说明界面

单击"下一步"按钮,打开"选择服务器角色"界面,可根据需要安装相关的 Active Directory,如图 8-21 所示。Windows Server 2008 将活动目录进行了细致的分类,用户可根据需要自行选择。

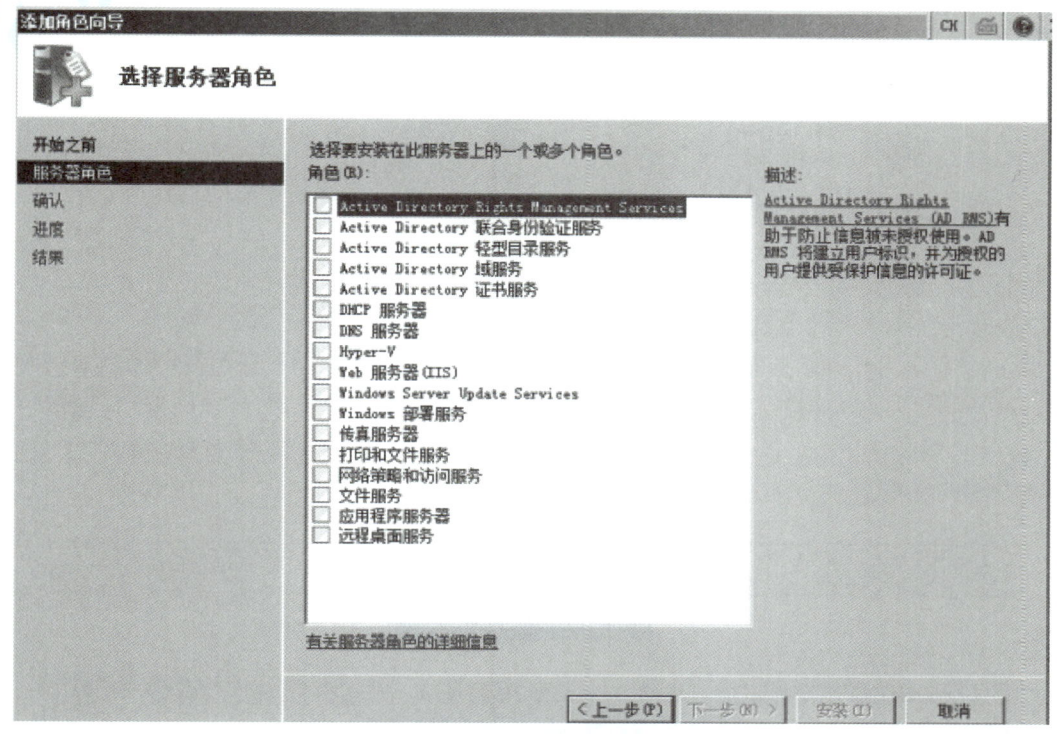

图 8-21　选择服务器角色

8.2.3　用户设置与管理

从第一个多用户操作系统开始,计算机用户的设置就是计算机的关键技术之一,用户管理的配置合理与否往往对计算机网络乃至计算机安全有着很大的影响。在实际工作中常常会遇到下面的情况:本机配置的各种服务正常,但当其他客户机访问服务器时始终无法访问。出现上述情况的原因之一就是用户管理设置不当。正确地配置用户账户,不仅可以保障服务器的安全,还能保证服务器的其他服务功能正常运转。打开图 8-22 所示的"控制面板"窗口,单击"用户账户",打开图 8-23 所示的"管理账户"窗口,在其中可完成基本的添加、删除、修改密码等操作。

8.2.4　组账户的设置与管理

Windows Server 2008 中组的用户从直观上看要多于用户数,这是因为大多数用户是系统默认产生的。组的配置在一般的设置中不是必需的,可直接通过"计算机管理"窗口设置本地用户和组,如图 8-24 所示。

在窗口左侧依次展开"系统工具→本地用户和组→组"选项,窗口右侧即列出所有的组名称。如果需要将已有用户添加到某组中,只需右击组名,在弹出的快捷菜单中选择"所有任务""添加到组"命令,在弹出的对话框中选择已有用户即可,如图 8-25 所示。

计算机网络基础

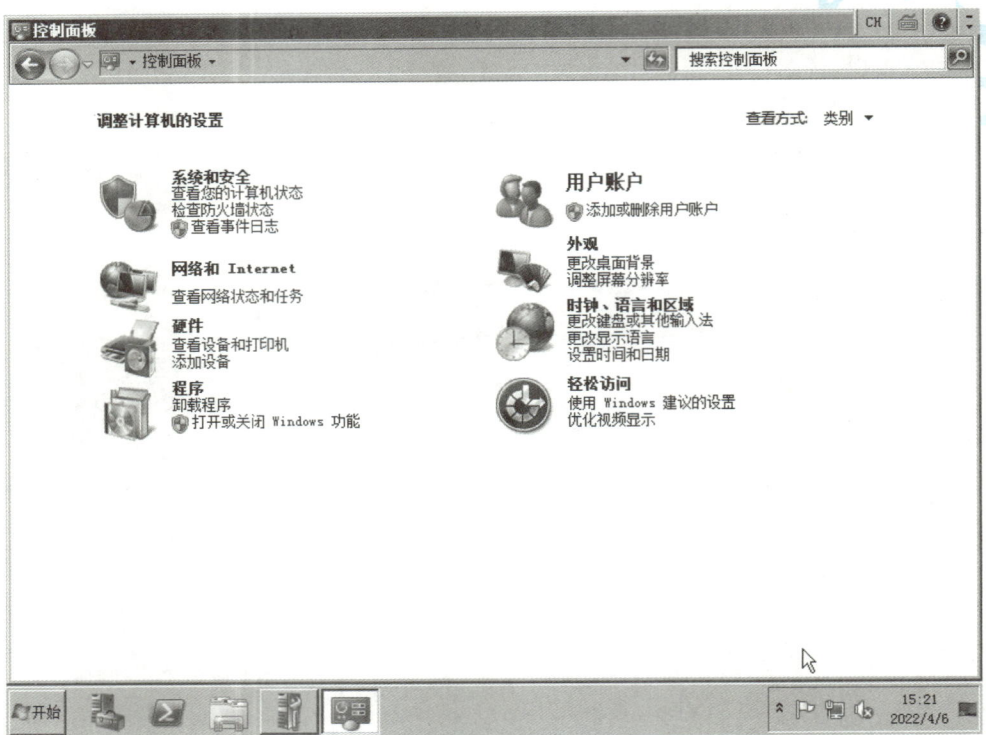

图 8-22 控制面板

图 8-23 管理账户

第8单元　Windows Server 2008配置

图 8-24　"计算机管理"窗口

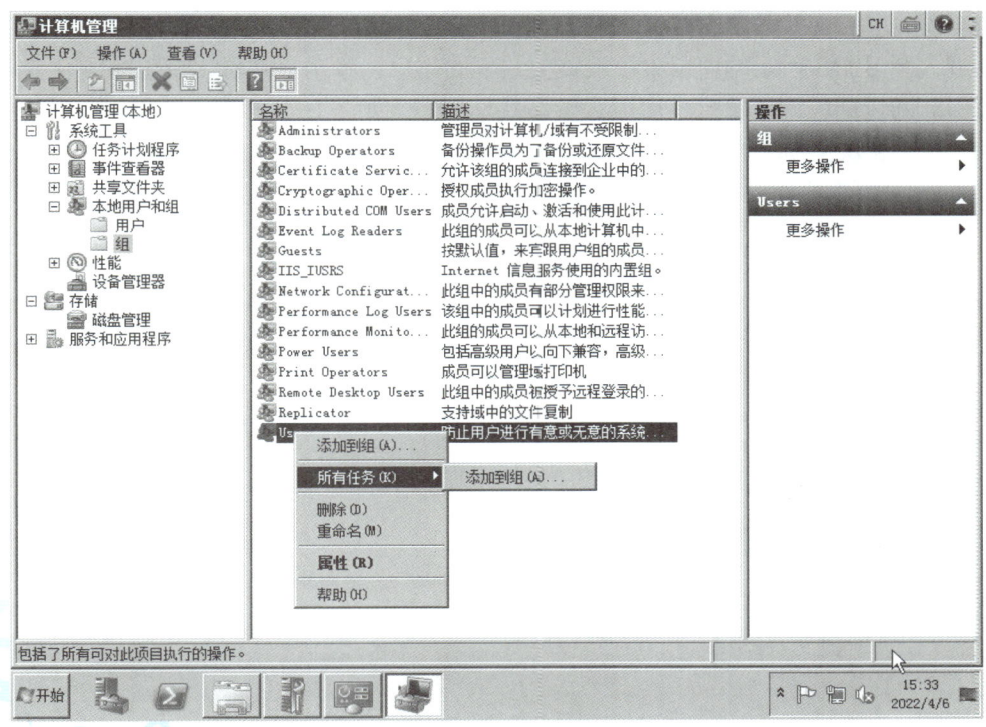

图 8-25　将已有用户添加到组

说明：

开通了组服务后，系统通常会创建同名的组和用户。如果希望创建新用户并享有某组的权限，只需将新用户添加到该组即可。数据库的某些用户账号，如 sa，通常具有极高的权限，有时甚至与管理员权限等同，因此安装数据库后应谨慎管理用户。

8.3 文件共享

8.3.1 文件系统概述

文件系统由三部分组成：文件、与文件管理有关的软件和实施文件管理所需的数据结构。文件是指用户赋予了名字并存储在磁盘上的信息的集合，可以是用户创建的文档，或是可执行的应用程序，或是一张图片、一段声音等。操作系统中负责管理和存储文件信息的软件机构称为文件管理系统。

从系统角度看，文件系统是对文件存储空间进行组织和分配，负责文件存储并对存入的文件进行保护和检索的系统。具体地说，文件系统负责为用户建立文件，存入、读出、修改、转储文件，以及撤销文件等。

8.3.2 设置共享文件和文件夹

文件共享是计算机网络的基本功能。设置网络文件共享的步骤如下：打开"网络和共享中心"窗口，选择"高级共享设置"页面，展开"公用（当前配置文件）"选项组，如图 8-26 所示。选择"启用文件和打印机共享"，单击"保存修改"按钮，关闭当前配置页面。选中要共享的文件并单击鼠标右键，如图 8-27 所示，在弹出的菜单中选择"特定用户"选项。进入图 8-28 所示的窗口中，设置要共享的用户，单击"共享"按钮即可完成共享文件的设置。通过局域网计算机，可以查看该共享文档，如图 8-29 所示。

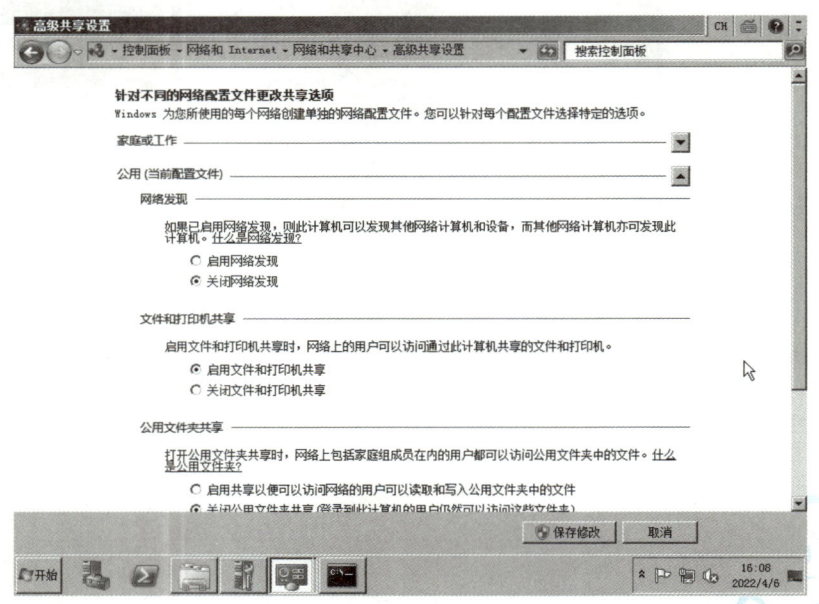

图 8-26　启用文件和打印机共享页面

第 8 单元　Windows Server 2008配置

图 8-27　设置文件共享

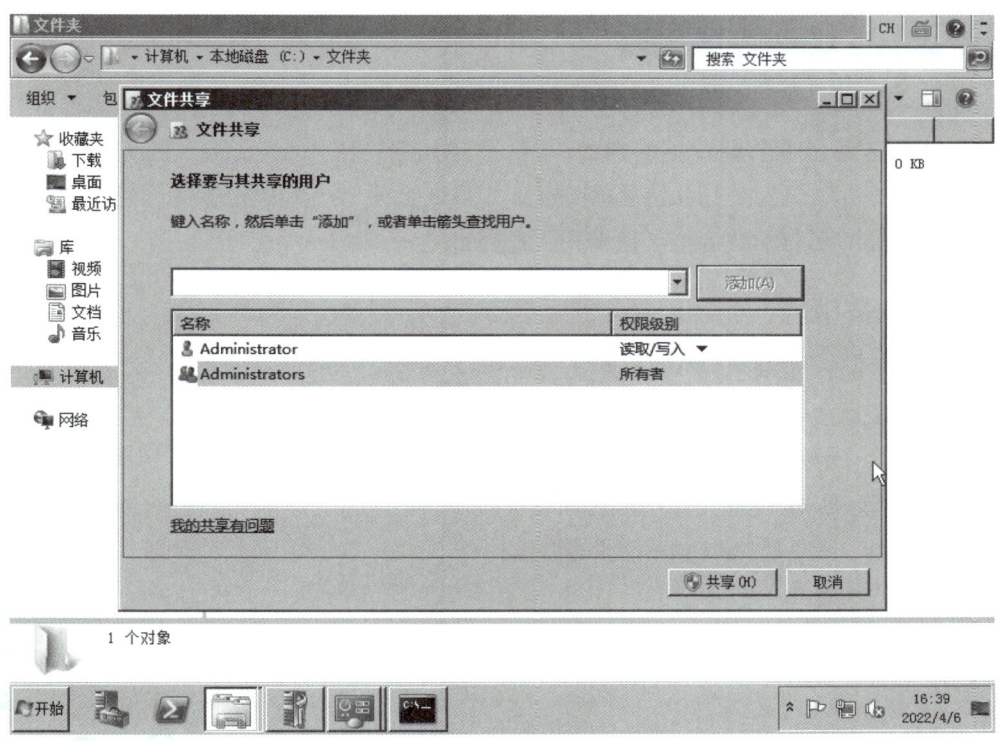

图 8-28　设置文件共享窗口

图 8-29 在局域网计算机查看该共享文档

同理，可以设置公用文件夹共享。

8.4 Internet 信息服务

互联网中的网站通过网站平台向互联网用户发布信息，而网站平台通常需要操作系统平台的支持，这就是本节要介绍的内容。常见的网站平台有 Internet 信息服务（IIS）和 Apache，后者通常安装在 Linux 服务器上。IIS 则是 Windows 自带的网站平台，商业捆绑销售有效地推广了它，成为当今最流行的服务器之一。

8.4.1 安装 IIS

安装 IIS 之前，先来了解 Web 服务器。Web 服务器是指一台安装了特定软件的计算机，这些软件使服务器可以从客户端接受请求，并对这些请求做出回应。Web 服务器支持在 Internet、Intranet 或 Extranet 上共享信息。Web 服务器角色是一个集成了 IIS 7.0、ASP.net 和 Windows Communication Foundation 的统一 Web 平台。其中，IIS 7.0 具有安全性增强、诊断简单和委派管理的特点。

安装 IIS 的步骤如下：

1）在所示的对话框中选择"Web 服务器（IIS）"，单击"下一步"按钮进入图 8-30 所示的界面。

2）单击"下一步"按钮，进入"角色服务"选择界面，如图 8-31 所示。

第 8 单元　Windows Server 2008配置

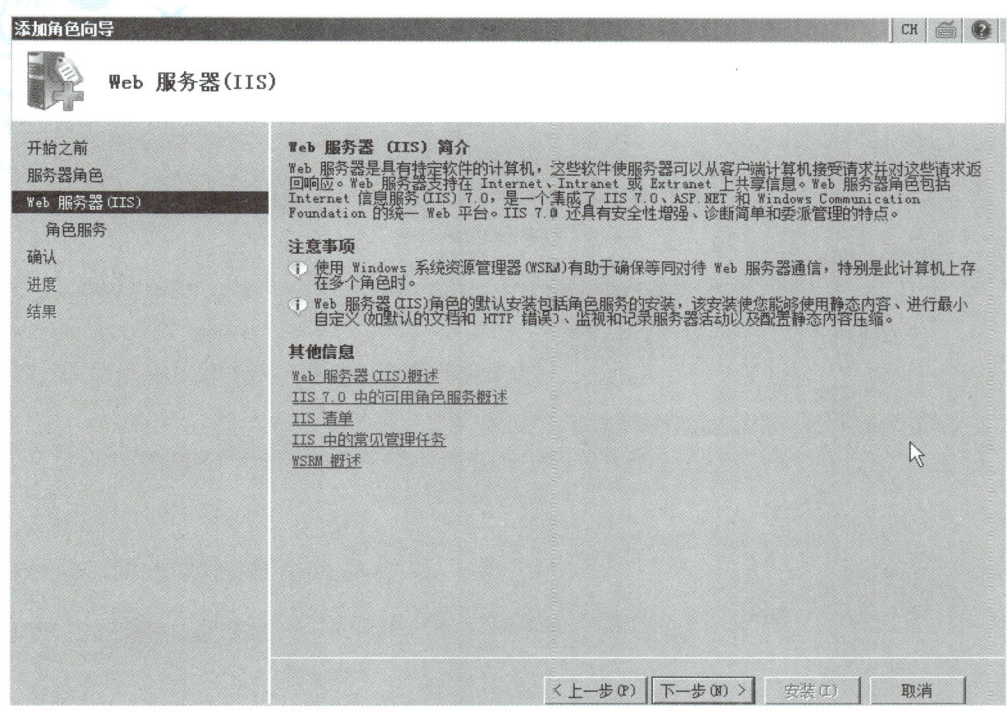

图 8-30　Web 服务器（IIS）界面

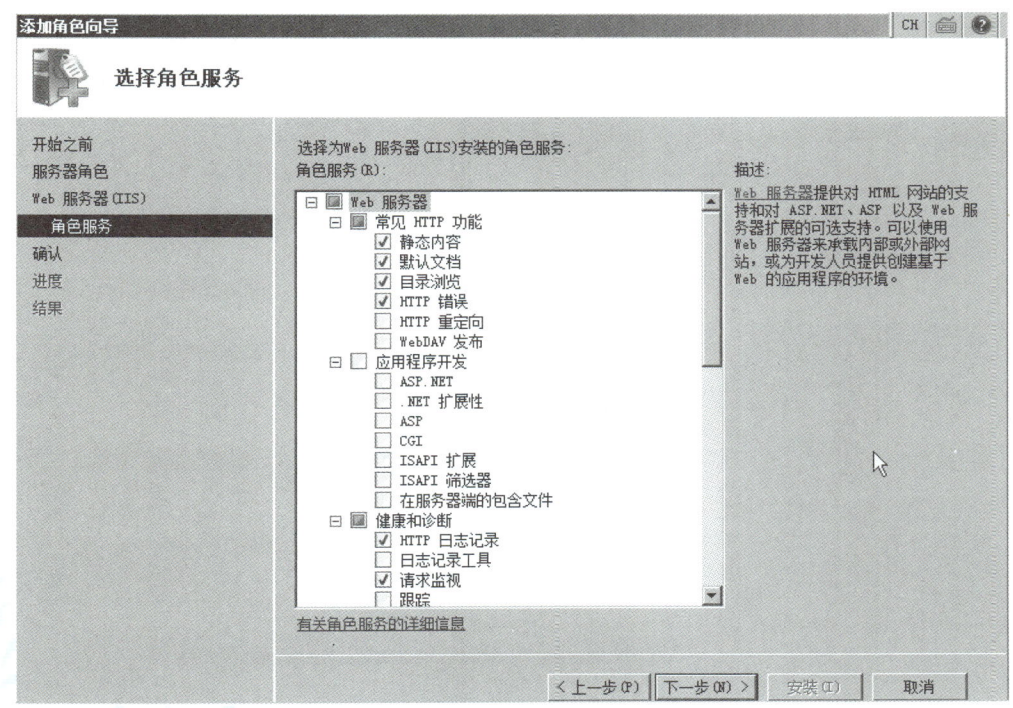

图 8-31　"角色服务"选择界面

3）可以使用默认配置，单击"下一步"按钮，进入确认安装界面，如图 8-32 所示。

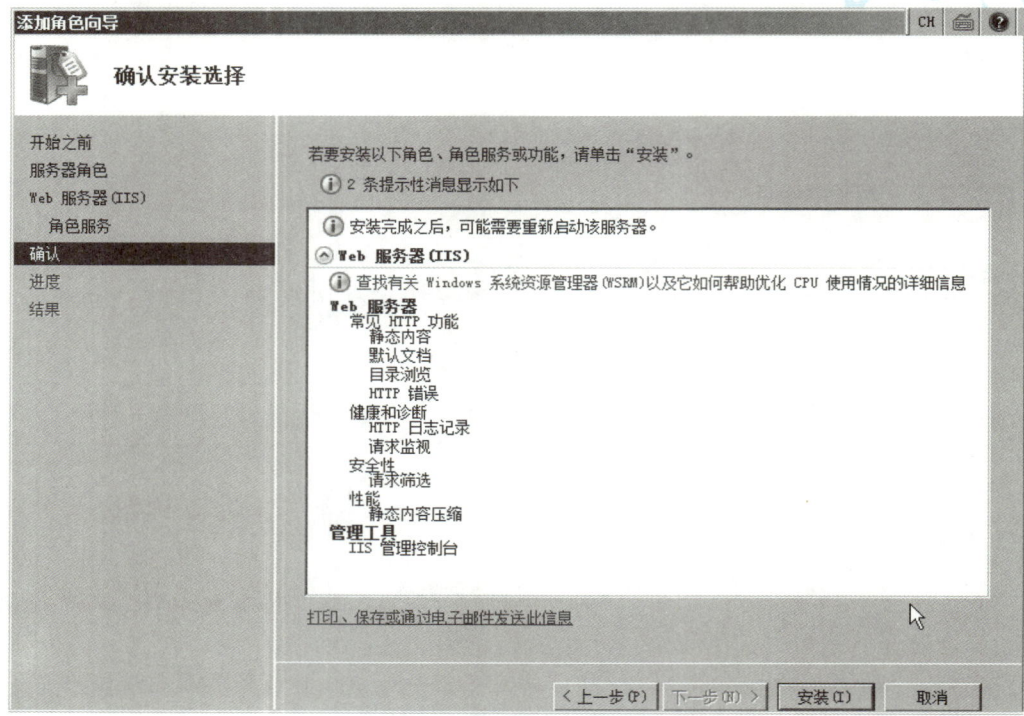

图 8-32 确认安装界面

4)单击"安装"按钮,进入安装进度页面,如图 8-33 所示,直至最终安装完成。

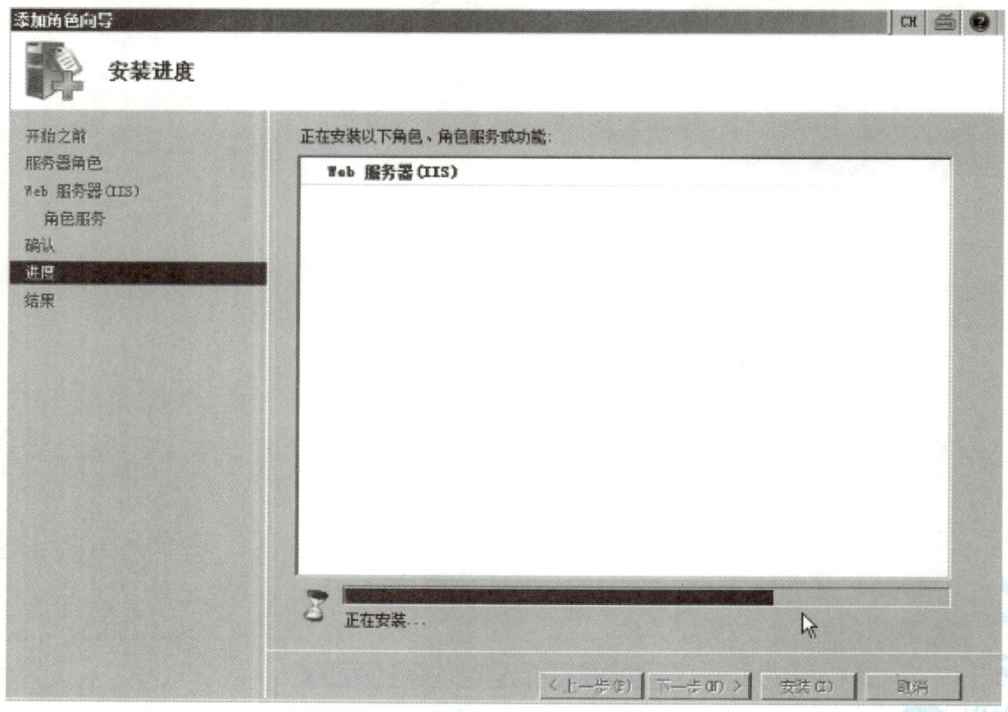

图 8-33 安装进度

8.4.2 建立和配置 Web 服务器

IIS 安装完成后,打开"开始"菜单可以看到 IIS 配置管理程序,如图 8-34 所示。在浏览器的地址栏中输入 http://localhost 并运行,可以浏览 IIS 7.0 默认的欢迎页面,如图 8-35 所示。

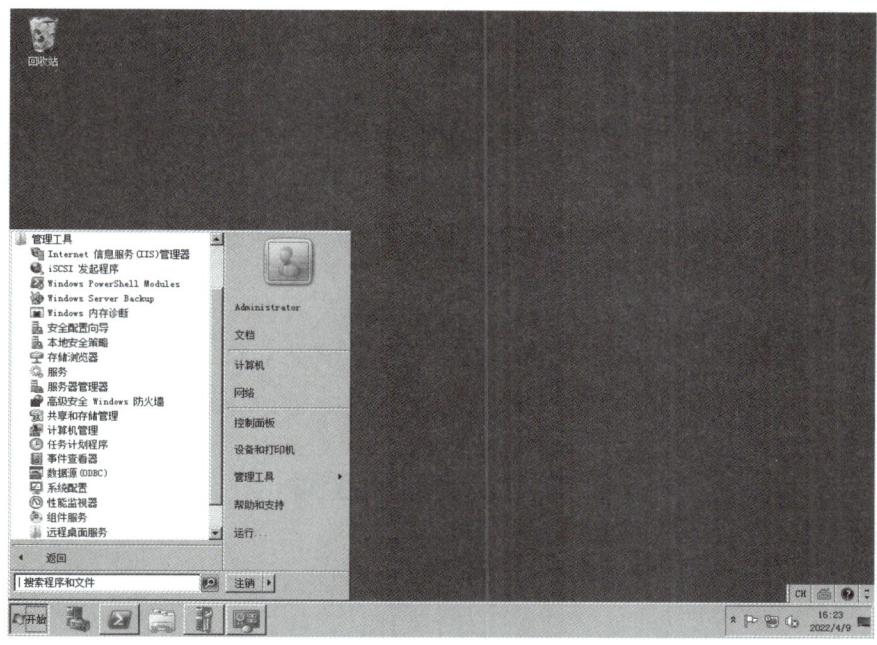

图 8-34 "开始"菜单中的 IIS 配置管理程序

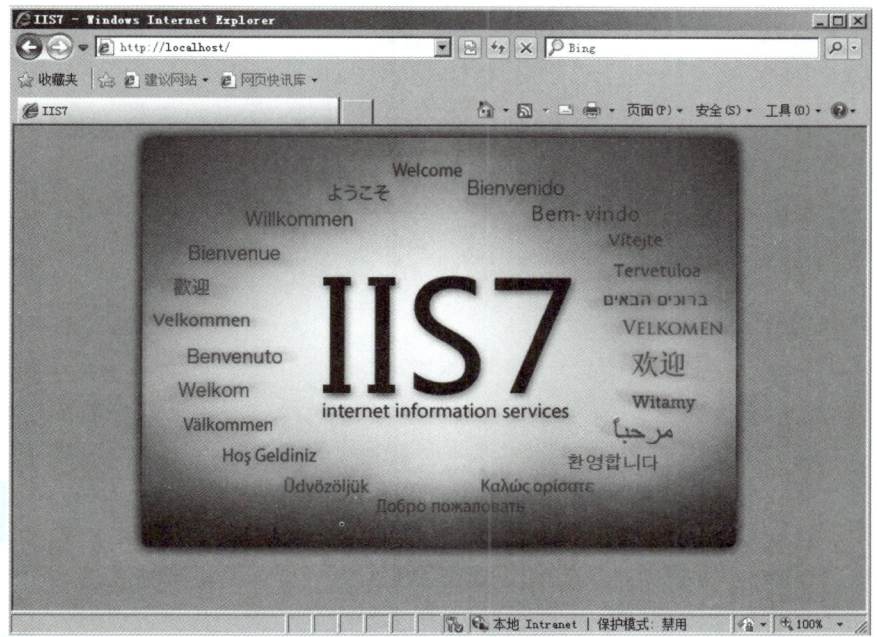

图 8-35 IIS 7.0 默认的欢迎页面

打开 IIS 管理器，可以看到相应的设置模块，如图 8-36 所示。

图 8-36 IIS 管理器

IIS 默认的网站目录为 C:\inetpub 下的 wwwroot 目录。如果仅发布静态网站，直接将网站文件放在该目录下即可。初次使用的用户可通过记事本程序打开目录中的 iisstart 文件，如图 8-37 所示。该文件就是图 8-35 所示 IIS 7.0 欢迎页面的源代码，在其中可以编辑相应的网页代码。

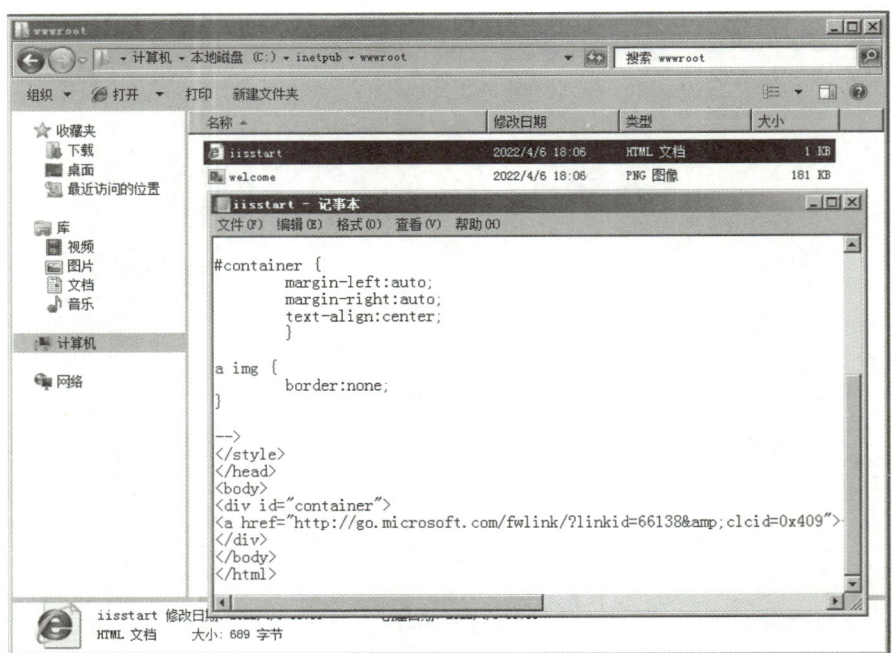

图 8-37 IIS 7.0 欢迎页面的源代码

第 8 单元　Windows Server 2008配置

IIS 7.0 也可以修改网站首页的默认名称。通常网站首页名称默认设置为 Default 和 index，用户可根据需要设置为 html 或 asp 等。如果欲设置的网站首页默认名称不在列表中，可自行添加。

需要说明的是，无论用户使用何种扩展名的文件，建议使用 Default 和 index 这两个默认的名称之一，如 index.php。这关系到网站的整体命名规范，规范的名称能让浏览者理解发布者的网站结构，特殊情况除外，例如出于安全考虑，要把每个文件名称都改成随机码。

要在小型网络中正式发布网站，还需要配置站点的地址，仍然按照提示操作即可完成配置。其中，发布者应了解以下两项内容。

1）网站类型可以为 HTTP 或 HTTPS。HTTP 是常见的超文本传输协议。而 HTTPS 是加密的传输协议，一般在涉及用户密码或与现金交易相关的网页中用到。例如，现在的电子商务越来越普及，在进行电子交易时常会用到用户的账户信息，如果仅用 HTTP，则极有可能暴露用户的敏感信息；而使用 HTTPS 将用户的账户信息进行加密传输，则会安全很多。

2）通常在访问网站时，只需输入网址或 IP 地址即可访问，但这是建立在一种默认的情况下完成的，即都是通过访问服务器的 80 端口得到需要的网站。这个 80 端口并非实际存在的物理端口，而是通过网络协议规定的计算机逻辑端口，它保证了从网络中来的各种信息，在通过 IP 地址找到目标计算机后，能够有效地发给相应的软件去处理。如果需要在不影响已有网站的情况下进行另一个网站的测试，只需在配置中将默认的 80 端口改成其他端口即可，如 192.168.100.1:8080。

网站默认路径为 %SystemDrive%\inetpub\wwwroot，如图 8-38 所示，表示默认将所有网站文件放在系统盘下的 inetpub 文件夹中的 wwwroot 文件夹内，初学者可以保持这个默认路径不变。但是在商业运营中，这个默认路径不具有隐蔽性，通常会成为黑客的攻击目标，因此通常需要把默认路径指向另一个非系统盘的某个路径，如 D:\web 等。

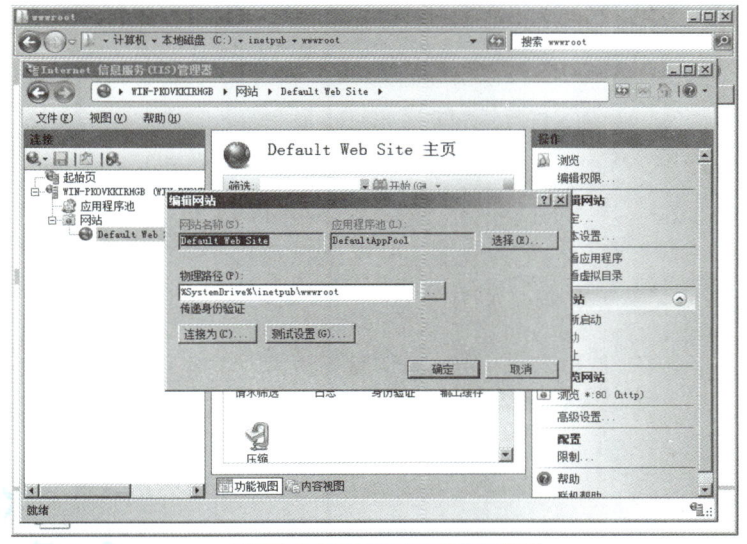

图 8-38　设置网站路径

8.4.3 管理 IIS

IIS 的主要作用是为网络提供各种信息,包括为网站形式提供信息、为直接发布文件的形式提供信息等。IIS 7.0 不仅继承了 IIS 6.0 的功能,还在诸多方面有了更新,这需要深入了解 IIS 7.0 才能体会到。这里要说明的是,Windows 为用户提供了方便的设置界面,但从实际工作的角度考虑,仅从功能上完成基本操作是不够的,其在安全方面仍然存在隐患,在将 IIS 实际应用于互联网前,应参考其他有关安全配置的资料。

8.5 DHCP 服务器配置

8.5.1 DHCP 简介

动态主机控制协议(DHCP)的作用是在网络中动态分配网络地址、控制分配具体的 IP 地址并及时收回。相对于静态 IP 地址来说,动态 IP 地址分配不仅极大地节省了管理人员的工作,降低了人为错误,而且提高了 IP 地址的使用效率,即使用时分配,不使用时收回,从而可以实现用 100 个 IP 地址满足 120 台计算机的使用。与直接分配 IP 地址的计算机相比,受 DHCP 控制客户机的开机速度要慢一些,因为 DHCP 的工作流程比较长,具体为:服务器开通服务并监听,准备提供服务→客户端开机向网络发送要求 IP 地址的请求→所有收到请求的服务器响应→客户机根据响应选择一个 IP 地址意向发给服务器→服务器与客户端相互确认提供 IP 地址,同时客户端拒绝其他服务器→服务器与客户端签订租约并定期续约。

8.5.2 安装 DHCP 服务器

在 Windows Server 2008 中安装 DHCP 服务器的步骤如下:
1)在安装之前,先确保虚拟机设置了固定 IP 地址,如图 8-39 所示。

图 8-39 设置固定 IP 地址

2）在所示的对话框中选择"DHCP 服务器"，单击"下一步"按钮，如图 8-40 所示，在"选择网络连接绑定"页面勾选网络连接窗口中的复选框，单击"下一步"按钮。

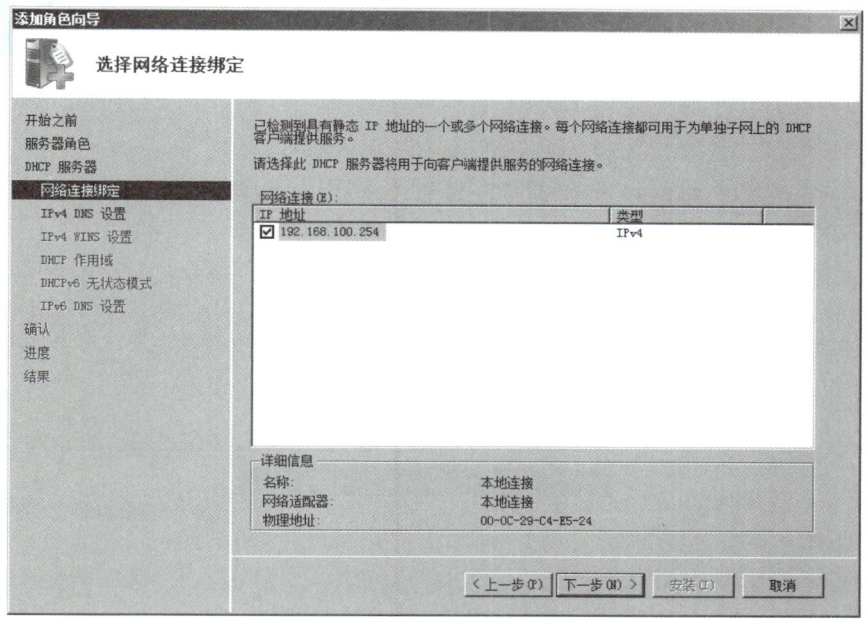

图 8-40　设置网络连接绑定

3）在"IPv4 DNS 设置"页面进行配置，单击"下一步"按钮，如图 8-41 所示。

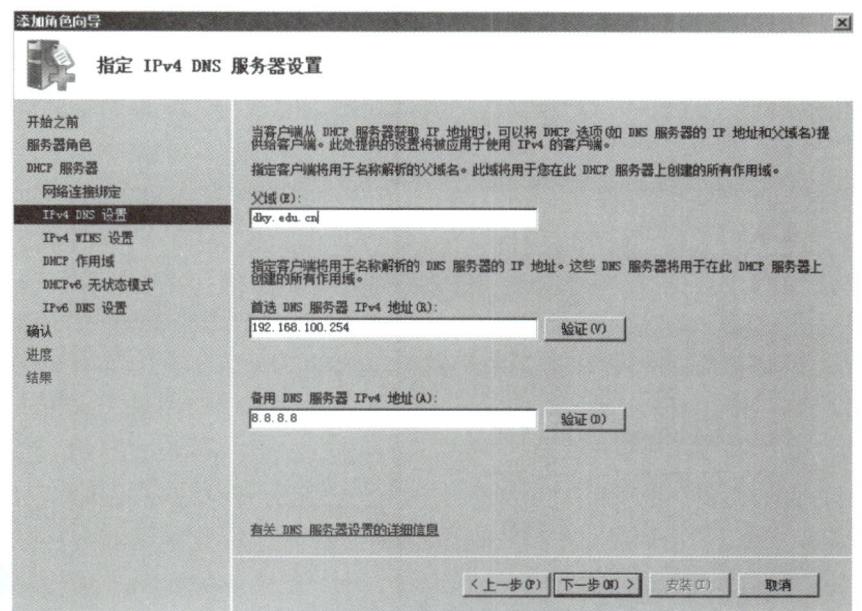

图 8-41　IPv4 DNS 设置

4）在"DHCP 作用域"页面单击"添加"按钮，打开"添加作用域"对话框，如图 8-42 所示，在其中可以修改参数。

图 8-42　DHCP 配置 IP 地址

参数说明如下：

作用域名称：根据需求自行变更。

起始/结束 IP 地址：预备分配给客户端的 IP 地址范围。

子网类型：用于设置租期类型，可根据需要选择。当租期过半时系统会询问客户端是否续租，到期则收回 IP 地址。

注意： 起始和结束 IP 地址必须设置在同一网段内，否则系统会自动报错。

5）在"DHCPv6 无状态模式"页面，选择禁用，单击"下一步"按钮，进入确认安装信息页面，如图 8-43 所示，如需变更，则单击"上一步"按钮进行修改；确认无误后，单击"安装"按钮，等待安装完毕即可。

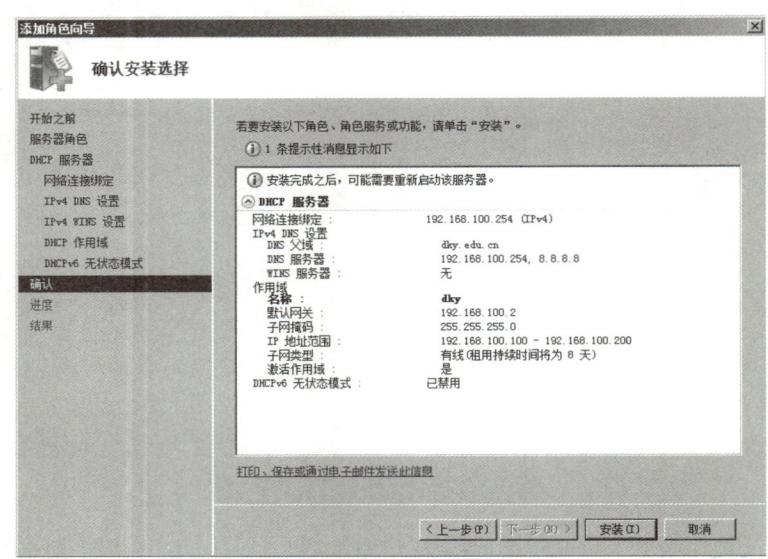

图 8-43　确认安装信息页面

8.5.3 管理 DHCP 服务器

DHCP 安装完成后基本不需要变更，其主要工作是日常的维护，其中事件查看器可作为日常监控管理的管理软件，如图 8-44 所示。

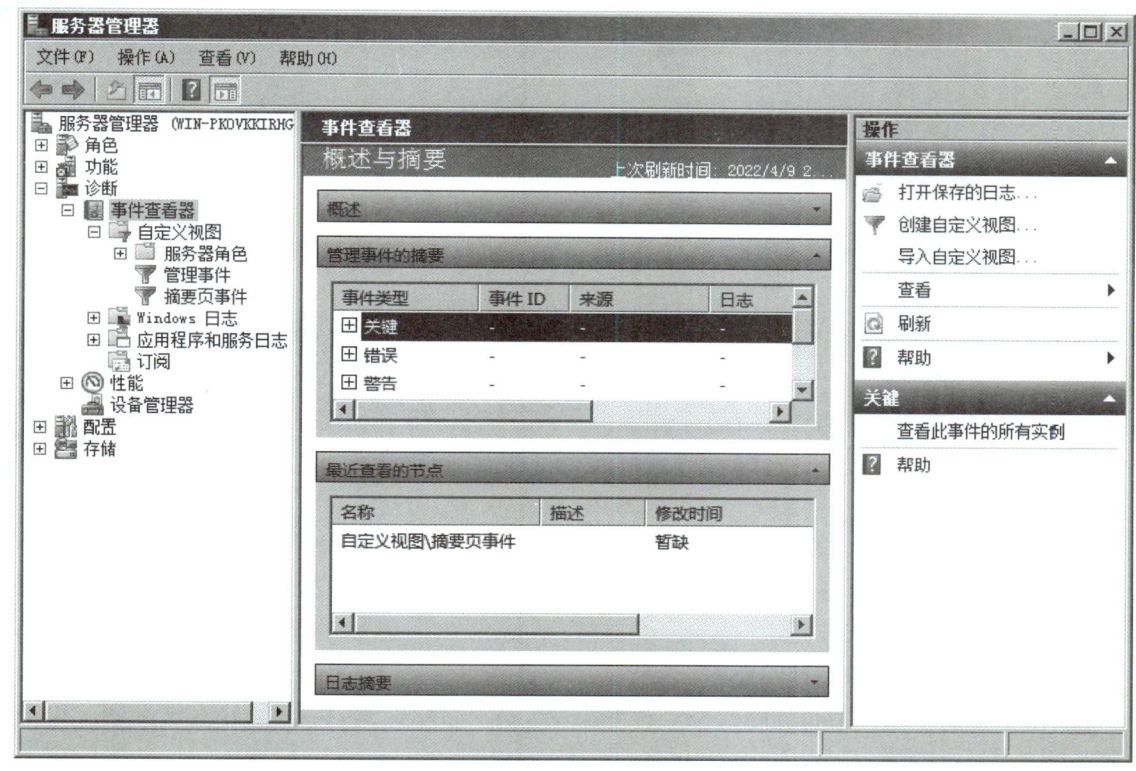

图 8-44　事件查看器

8.6　DNS 服务器配置

8.6.1　DNS 简介

互联网主要通过 IP 地址识别网络中的每台计算机，但 IP 地址不便于人们记忆。为了解决这个问题，人们设置域名（如 www.baidu.com）来标识网站，方便记忆。但域名对于机器来说是不可理解的，因此需要一种服务来解释域名与 IP 地址的对应关系，这个服务就是域名系统（DNS）。由域名到 IP 地址的解释为正向，反之为反向。

8.6.2　安装 DNS 服务器

DNS 的安装与 Web 服务器的安装类似，在"添加角色向导"对话框中选择"DNS 服务器"，如图 8-45 所示，然后根据提示操作完成 DNS 服务器的安装。

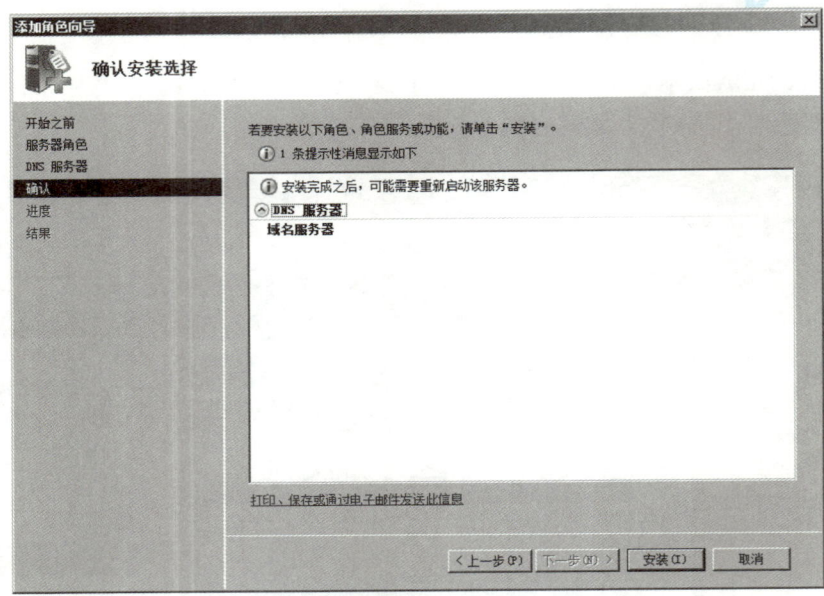

图 8-45 DNS 服务器安装页面

8.6.3 创建和配置区域

前面到了 DNS 的正向与反向，下面以创建、配置正向 DNS 为例进行说明，反向配置读者可自行设置。

1．打开 DNS 服务器管理界面

执行"开始"→"所有程序"→"管理工具"→"DNS"命令打开 DNS 管理器。单击 DNS 服务器名称，将在窗口的中间区域显示该 DNS 服务器的详细信息，包括全局日志、正向查找区域和反向查找区域等，如图 8-46 所示。

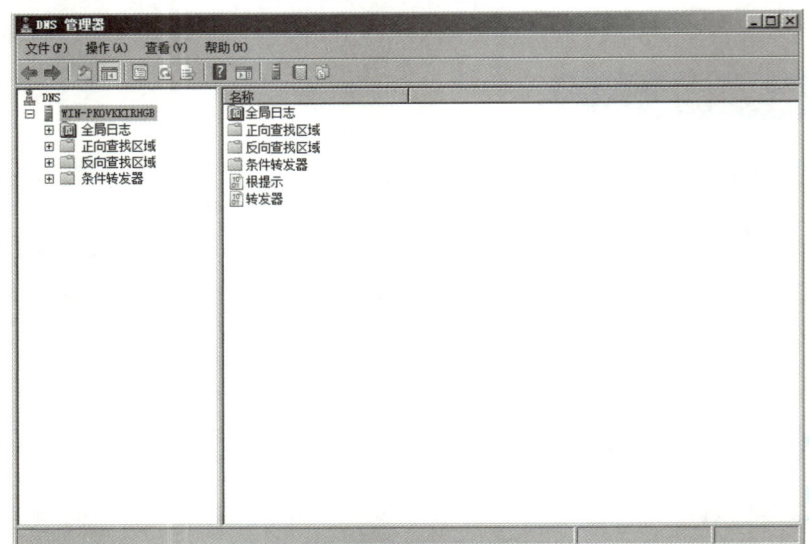

图 8-46 DNS 管理器

2. 创建 DNS 主要区域

右击现有的 DNS 服务器名称,在弹出的快捷菜单中选择"新建区域"命令,打开"新建区域向导"对话框,可选择区域类型,包括主要区域、辅助区域和存根区域。这里选择"主要区域",如图 8-47 所示。单击"下一步"按钮,弹出"正向或反向查找区域"对话框。

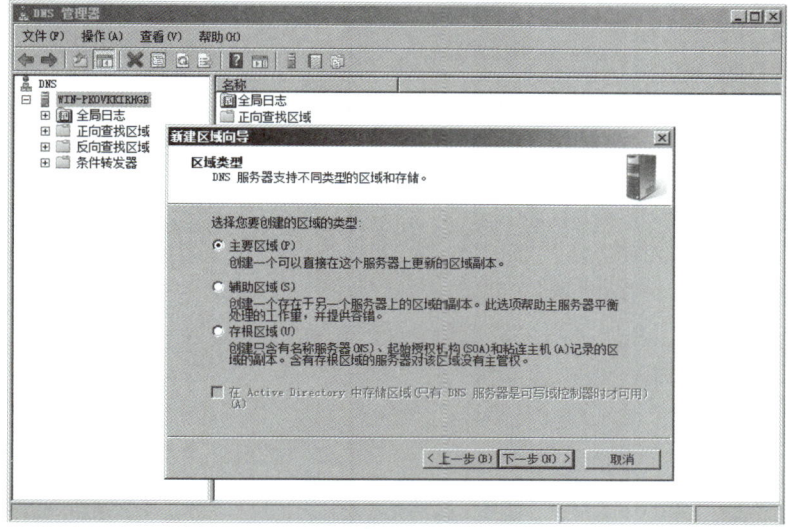

图 8-47 区域类型选择

3. 新建正向查找区域

正向查找区域可将域名转换为 IP 地址,并提供可用网络服务的信息。通常用户在 IE 浏览器的地址栏输入网站地址即可打开网站,实质上就是利用了 DNS 的正向查找区域功能,由服务器自动解释域名所对应的 IP 地址,从而完成网络连接。这里选择"正向查找区域"单选按钮,如图 8-48 所示。单击"下一步"按钮,打开"区域文件"对话框。

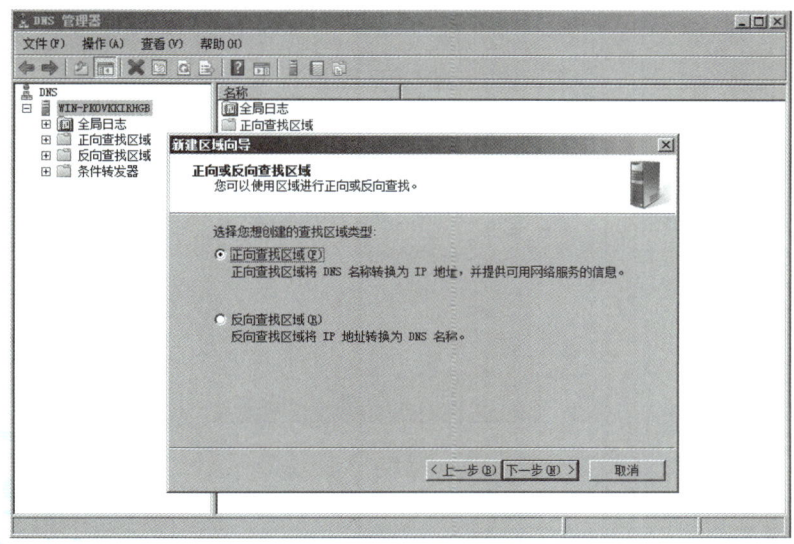

图 8-48 选择"正向查找区域"

4．创建区域文件

区域建立完成后需在服务器中存储相关映射文件，创建形如 .dns 的文件，如图 8-49 所示。单击"下一步"按钮根据系统提示操作，完成区域文件的创建。

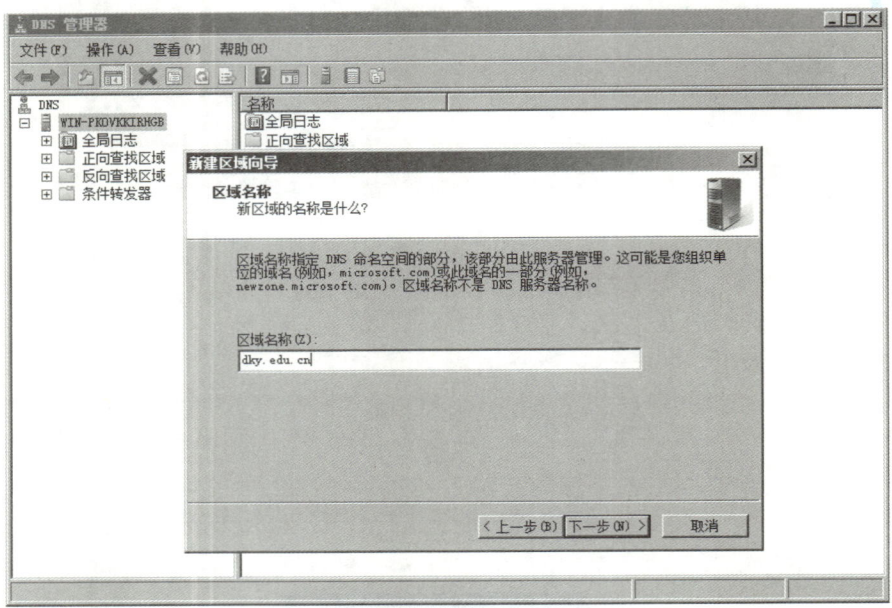

图 8-49　创建区域名称

5．新建主机

右击创建的区域文件，从弹出的快捷菜单中选择"新建主机"命令，打开"新建主机"对话框，配置 DNS 服务器主机的 IP 地址，如图 8-50 所示。

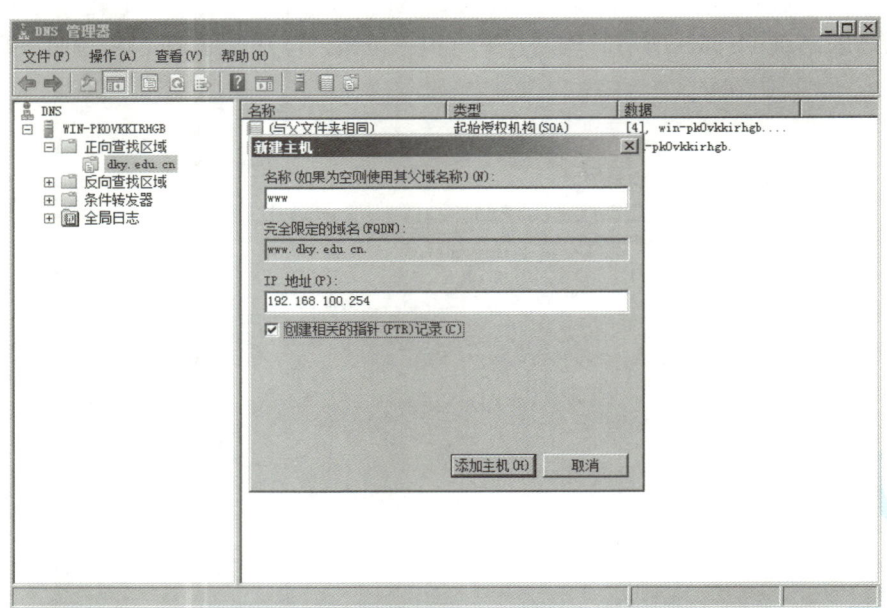

图 8-50　配置 DNS 服务器主机的 IP 地址

这里应注意，之前建立的域名是不包含 www 的域名，而在设置 DNS 主机时，将主机名设置为 www，两者结合在一起才是完整的域名。

主机创建完成后即可实现域名与 IP 地址的关联，即在客户端输入相关域名后，由服务器指向该域名所对应的 IP 地址，从而使客户端找到相应的网站。

8.7 子项目 7——模拟网管招聘

某公司欲招聘一名网管，现小张应聘该职位。通过笔试后，公司要求小张实际操作演示，在 40min 内完成 IIS、DHCP 与 DNS 服务器的配置，动态获取客户机的 IP 地址，并访问与服务器域名相对应的网站。

1．案例分析

公司明确要求小张在规定时间内完成 IIS、DHCP 和 DNS 服务器的配置，并实现相应功能，主要是考察小张的基本操作能力、网络规划能力与决策能力。从技术上讲，作为一个大中型网络的网管，仅能配置这些服务器是不够的，但通过这些操作可以看出应聘者的基本职业素养，例如是否有良好的操作习惯、对基本配置的熟悉程度、基本操作的熟练程度等。

2．实施要求

1）最低要求是计算机在规定时间内可以连通且正常配置服务器。

2）IIS 服务器要能够显示基本页面。可以对基本页面稍做修改，以体现操作者对服务器的熟悉程度，如在页面中显示操作者的名字。

3）DHCP 服务器的 IP 地址配置应合理，IP 地址提供的范围也应在正常范围内。通常将服务器的 IP 地址配置为网段的首 IP 地址或尾 IP 地址。如果将服务器的 IP 地址设置为 192.168.100.54，虽然不会影响服务器的工作效果，但很可能会让操作者失去这份工作，因为这不符合行业习惯。

4）DNS 服务器的设置要求与 DHCP 服务器的类似，除了掌握基本的设置技能外，名称的设置也要符合习惯。例如，在没有具体要求的情况下可以将域名设置为 www.dky.edu.cn 等，这是比较规范的网站名称。而如 www.23fdf.edp.kk 一类的域名则完全不符合命名规范。

3．实施提示

很多初学者在实际配置服务器时会遇到难题，因为不熟练，由不熟练变为不确定，由不确定变为不敢做，导致最后即使做出来也会耽误很多时间。例如，有的人在配置 DHCP 时，面对设置 IP 地址区域的界面不敢下手。设置 IP 地址看似简单，实则包含了很多基础知识。如果公司没有要求把 IP 设置为 30 ～ 200，则可以任意设置，只要配置合理即可，换句话说，无论怎么配置，只要能够清楚地解释网络结构即可。如果操作者心中没有一个明确的网络设计结构，这其实是很难做到的。由此可以看出，前后的内容是层层深入的，而非毫无关联，要时常回顾前面学习的内容。

4．实施步骤

本项目没有设定具体的参数，要求操作者根据相关知识自行设定网络参数，下面给出一个实施步骤样例供参考。

1）项目至少需要一个服务器和一个客户端。如果是在虚拟机中操作并演示，则需要对虚拟机软件进行合理设置，保持与主机 IP 地址相对独立，保证虚拟为两台网络计算机。

2）设置服务器与客户机的 IP 地址，例如分别设置为 192.168.100.1 和 198.168.100.5；子网掩码为 255.255.255.0。测试连通性。

3）安装服务器角色 IIS、DHCP 和 DNS，均可配置本机 IP 地址为 192.168.100.1。

4）配置 IIS 检测默认网页是否能够通过 http://localhost 打开。

5）配置 DHCP。IP 地址池可以设置为 192.168.100.10 ～ 192.168.100.20。注意，第 3 步为客户机配置 IP 地址的目的是检测连通性，此时为了测试 DHCP 是否成功，可将客户机的 IP 地址改为自动获取 IP 地址。

6）配置 DNS。域名任意设置，如 dky.edu.cn 等，主机名为 www。然后从客户端分别通过 IP 地址或域名访问服务器网站，如果经验证均访问正常，如图 8-51 所示，则实验完毕。

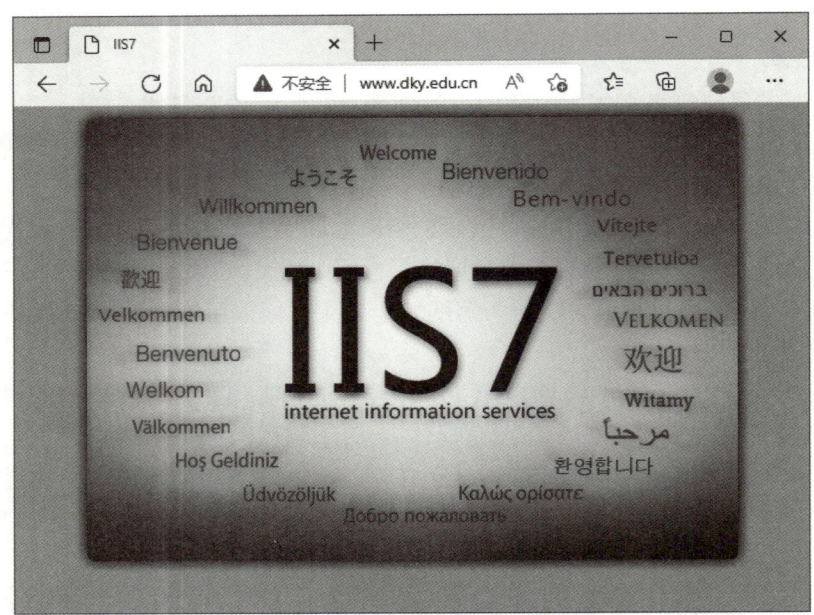

图 8-51　通过域名访问成功

5．注意事项

在配置过程中应分步检测，如果在应聘过程中有相关人员检查，这一点是很重要的。分步检测可最大限度地排除干扰项，一旦调试过程中出现问题，可在最快时间内检测出错误点。服务器配置的初学者通常会由于紧张或操作不熟练，只记得不断配置服务器，忽略了中间的检测步骤，这是很不好的习惯。计算机配置过程中出现一些意外情况是非常常见的，当结果与预期不一致时切勿紧张慌乱，应认真检查配置参数是否正确。如果一直无法检查出配置的错误点，可以将所有配置删除并重新开始。

第8单元　Windows Server 2008配置

单元小结

本单元重点讲解了基于VMware Workstation 16 Pro虚拟机软件安装配置Windows Server 2008 R2的操作步骤，主要包括作为客户端的基本配置和用于常见服务器的简单配置等内容。通过本单元的学习，学生应该能够熟练掌握基于Windows Server 2008 R2的基础配置和常见的服务器搭建等工作任务点。

本单元要重点掌握的知识：
Windows Server 2008 的管理方式
Windows Server 2008 提供的基本服务
Windows Server 2008 使用的协议

本单元要重点掌握的技能：
能够正确安装 Windows Server 2008 操作系统
能够正确配置 Windows Server 2008 的用户权限
能够正确配置 Windows Server 2008 的网络服务

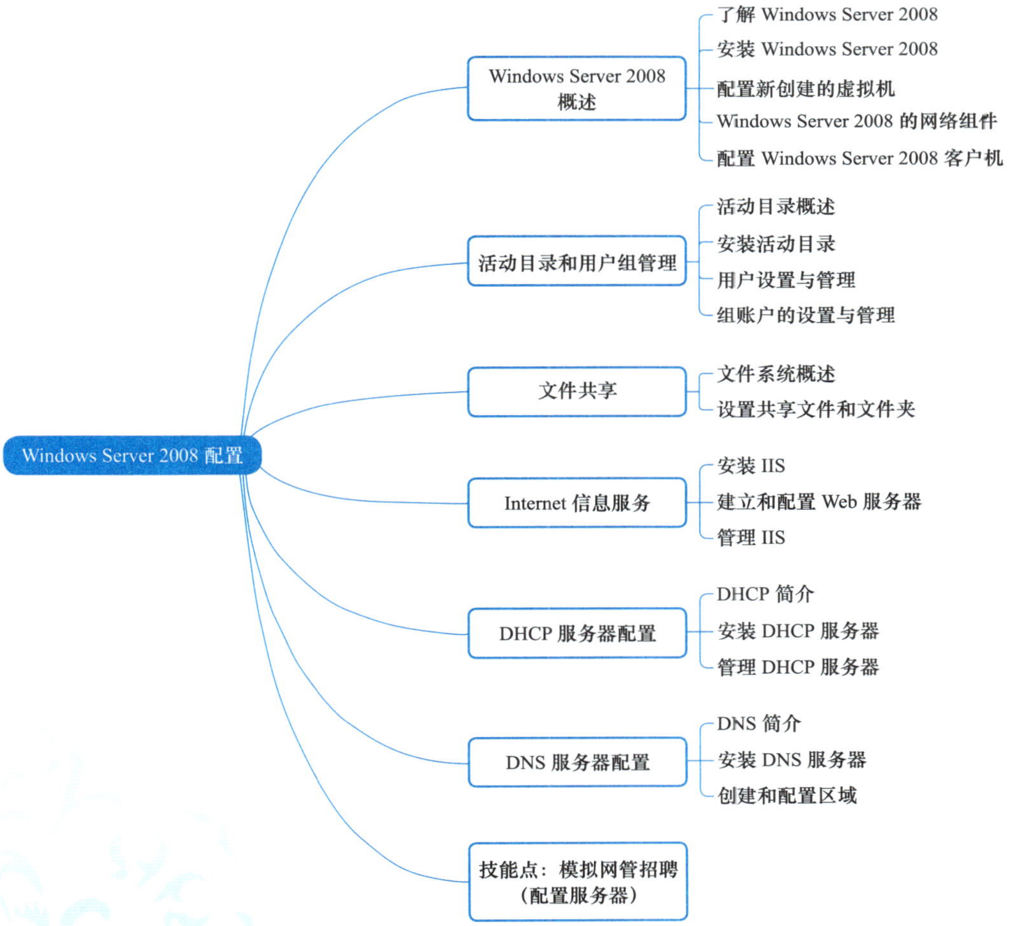

```
Windows Server 2008 配置
├─ Windows Server 2008 概述
│   ├─ 了解 Windows Server 2008
│   ├─ 安装 Windows Server 2008
│   ├─ 配置新创建的虚拟机
│   ├─ Windows Server 2008 的网络组件
│   └─ 配置 Windows Server 2008 客户机
├─ 活动目录和用户组管理
│   ├─ 活动目录概述
│   ├─ 安装活动目录
│   ├─ 用户设置与管理
│   └─ 组账户的设置与管理
├─ 文件共享
│   ├─ 文件系统概述
│   └─ 设置共享文件和文件夹
├─ Internet 信息服务
│   ├─ 安装 IIS
│   ├─ 建立和配置 Web 服务器
│   └─ 管理 IIS
├─ DHCP 服务器配置
│   ├─ DHCP 简介
│   ├─ 安装 DHCP 服务器
│   └─ 管理 DHCP 服务器
├─ DNS 服务器配置
│   ├─ DNS 简介
│   ├─ 安装 DNS 服务器
│   └─ 创建和配置区域
└─ 技能点：模拟网管招聘（配置服务器）
```

计算机网络基础

思考与练习

1．静态 IP 地址和动态 IP 地址相比哪个更好？

2．用户是否可以在局域网中将自己的网站域名设置为 www.sina.com.cn？

3．在计算机名词的缩写中，以 P 结尾的通常是协议（protocol），试列举以 P 结尾的缩写名称。

4．在 Windows Server 2008 中，Windows 的更新默认为是自动更新，试说明其利弊。

5．DHCP、DNS、IP、IIS 是 Windows 系统独有的吗？

6．IIS、DHCP、DNS 服务器配置完成后，在客户端输入 http://www.dky.edu.cn 却无法访问，可能的原因有哪些？（至少说出 4 种情况）

第 9 单元
计算机网络安全

2022 年 2 月 25 日，中国互联网络信息中心（CNNIC）在北京发布第 49 次《中国互联网络发展状况统计报告》（以下简称《报告》）。《报告》显示，截至 2021 年 12 月，我国网民规模为 10.32 亿，较 2020 年 12 月新增网民 4296 万，互联网普及率达 73.0%，较 2020 年 12 月提升 2.6 个百分点，如图 9-1 所示。截至 2021 年 12 月，我国手机网民规模为 10.29 亿，较 2020 年 12 月新增手机网民 4373 万，网民中使用手机上网的比例为 99.7%。这些数据充分说明，网络已经成为生活的重要组成部分，全面深刻地改变着人们的生产生活方式。

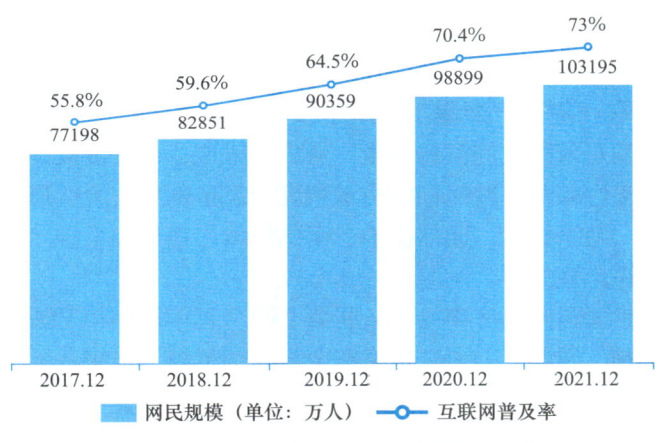

图 9-1 我国网民规模与互联网普及率

然而，互联网的迅速发展同时也伴随着巨大的风险。网络安全已经成为关系着政治、经济、军事、文化、教育等社会生活领域的重大问题。因此，要给予网络安全威胁充分的重视。政府对网络安全技术的研发给予了积极支持，普通网络使用者和网络提供商也应该充分认识到网络安全及网络管理的重要性，保护个人、集体乃至国家的利益不受侵害。

9.1 网络安全概述

近年来各种类型的网络攻击都呈现不断增长趋势，网络空间安全面临的形势持续复杂多变。网络空间对抗趋势更加突出，大规模针对性网络攻击行为不断增加。

据中国互联网应急响应中心发布的《2021 年上半年我国互联网网络安全监测数据分析报告》统计，2021 年上半年，捕获恶意程序样本数量约 2307 万个，日均传播次数达 582 万余次，涉及恶意程序家族约 20.8 万个。国家信息安全漏洞共享平台（CNVD）收录通用型安全漏洞 13083 个，同比增长 18.2%。其中，高危漏洞收录数量为 3719 个（占 28.4%），同比减少 13.1%；"零日"漏洞收录数量为 7107 个（占 54.3%），同比大

幅增长55.1%。按影响对象分类统计，排名前三的是应用程序漏洞（占46.6%）、Web应用漏洞（占29.6%）、操作系统漏洞（占6.0%）。2021年上半年，CNVD验证和处置涉及政府机构、重要信息系统等网络安全漏洞事件近1.8万起。

安全漏洞、数据泄露、网络诈骗、勒索病毒、供应链攻击等网络安全威胁日益凸显，有组织、有目的的网络攻击形势愈加明显，为网络安全防护工作带来更多挑战。

多国基础设施和重要信息系统遭受网络攻击，对国家安全稳定造成巨大风险，引发了全球关于加强关键信息基础设施安全保护的思考。网络安全防护事关重大，刻不容缓。

在我国，网络安全已经上升为国家战略，并已成为网络强国建设的核心内容。习近平总书记早在2014年曾指出：没有网络安全就没有国家安全。在2018年全国网络安全和信息化工作会议上，再次强调：没有网络安全就没有国家安全，就没有经济社会稳定运行，广大人民群众利益也难以得到保障。所以网络安全不仅是计算机网络技术领域的问题，更是关乎国计民生的重大国家战略。

9.1.1 网络安全简介

网络安全是指网络系统的硬件、软件及其系统中的数据受到保护，不因偶然的或者恶意的原因而遭受到破坏、更改、泄露，系统连续可靠正常地运行，网络服务不中断。网络安全从其本质上来讲就是网络上的信息安全。从广义来说，凡是涉及网络上信息的保密性、完整性、可用性、真实性和可控性的相关技术和理论都是网络安全的研究领域。网络安全是一门涉及计算机科学、网络技术、通信技术、密码技术、信息安全技术、应用数学、数论、信息论等多种学科的综合性学科。

在《中华人民共和国国民经济和社会发展第十四个五年规划和2035年远景目标纲要》（以下简称《"十四五"规划》）中，网络安全已经确定成为未来我国发展建设工作的重点之一。明确提出健全国家网络安全法律法规和制度标准，建立健全关键信息基础设施保护体系，提升安全防护和维护政治安全能力。加强网络安全风险评估和审查，加强网络安全基础设施建设，加强网络安全关键技术研发，加强网络安全宣传教育和人才培养。网络安全是"十四五"规划中建设数字中国战略的基座，不仅关乎国家安全、社会安全、城市安全、基础设施安全，也和每个人的生活密切相关。

1．网络安全现状

中国国家互联网应急中心（CNCERT，网址：http://www.cert.org.cn/）于2021年7月20日发布了《2020年中国互联网网络安全报告》。该报告依托CNCERT多年来从事网络安全监测、预警和应急处置等工作的实际情况，对我国互联网网络安全状况进行总体判断和趋势分析，具有重要的参考价值。报告汇总分析了国家互联网应急中心自有网络安全监测数据和CNCERT网络安全应急服务支撑单位报送的数据，数据显示当前我国网络安全的现状不容乐观。

（1）移动互联网恶意程序监测情况数据分析

移动互联网恶意程序是指在用户不知情或未授权的情况下，在移动终端系统中安装、运行以达到不正当的目的，或具有违反国家相关法律法规行为的可执行文件、程序模块或程序片段。移动互联网恶意程序一般存在以下一种或多种恶意行为，包括恶意扣费类、信息窃取类、远程控制类、恶意传播类、资费消耗类、系统破坏类、诱骗欺诈类和流氓行为类。2020年，CNCERT/CC捕获及通过厂商交换获得的移动互联网恶意程序样本数量为3 028 414个。2016～2020年，移动互联网恶意程序样本总量持续高速增长，如图9-2所示。

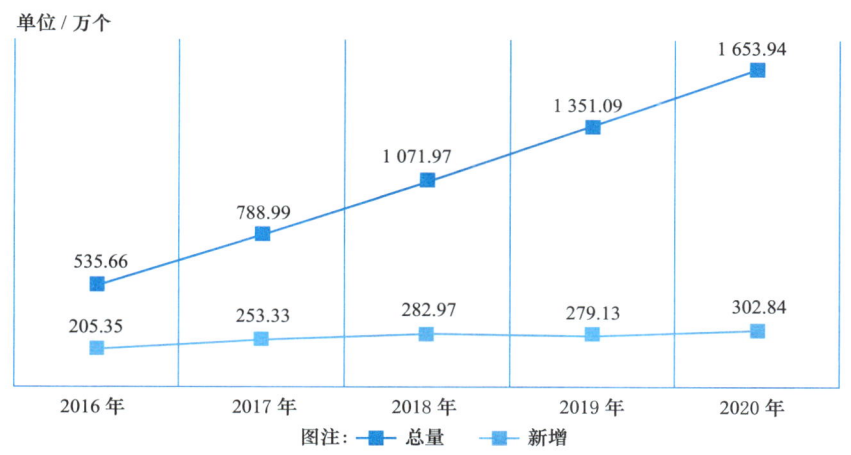

图9-2　2016—2020年移动互联网恶意程序样本数量对比

2020年，CNCERT/CC捕获和通过厂商交换获得的移动互联网恶意程序数量占比按行为属性统计如图9-3所示。其中，流氓行为类的恶意程序数量仍居首位，为1 464 352个（占48.4%），资费消耗类639 605个（占21.1%）、信息窃取类385 518个（占12.7%）分列第二、三位。

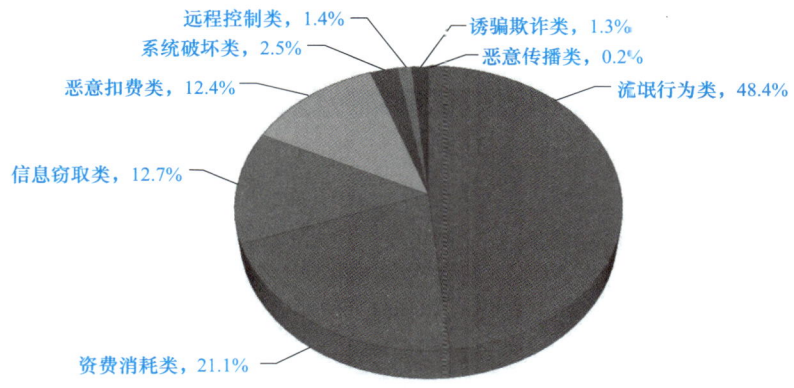

图9-3　2020年移动互联网恶意程序数量占比按行为属性统计

（2）联网智能设备漏洞收录情况数据分析

联网智能设备存在的软硬件漏洞可能导致设备数据和用户信息泄露、设备瘫痪、感染僵尸木马程序、被用作跳板攻击内网主机和其他信息基础设施等安全风险和问题。2020年，联网智能设备通用型漏洞数量按漏洞类型分类，排名前3位的是权限绕过、信息泄露和缓冲区溢出漏洞，分别占公开收录漏洞总数的17.0%、13.3%、12.5%，如图9-4所示。

2020年联网智能设备通用型漏洞数量按设备类型分类，排名前3位的是手机设备、路由器和智能监控平台，分别占公开收录漏洞总数的38.3%、21.0%、19.5%，如图9-5所示。

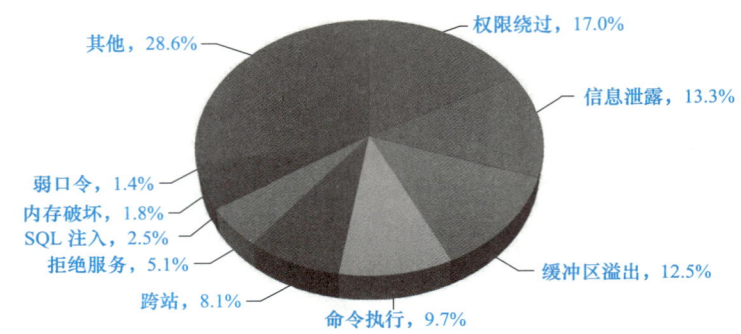

图9-4　2020年联网智能设备通用型漏洞数量占比按漏洞类型分类统计情况

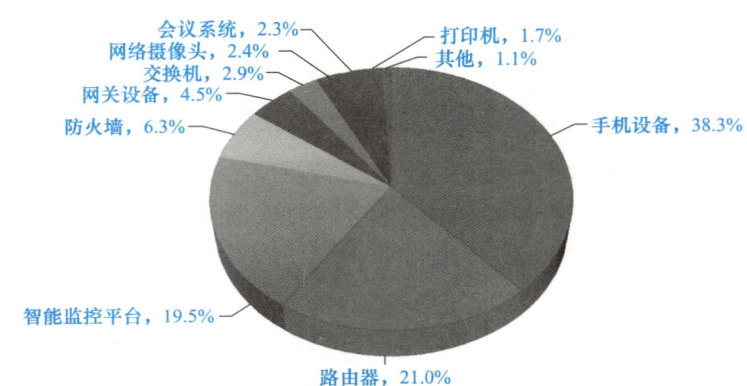

图9-5　2020年联网智能设备通用型漏洞数量占比按设备类型分类统计情况

（3）工业控制系统安全监测情况数据分析

CNCERT/CC持续扩大监测和巡检范围，发现境内有大量暴露在互联网的工业控制设备和系统。其中，设备类型包括可编程逻辑控制器、串口服务器等，各类型数量占比如图9-6所示。

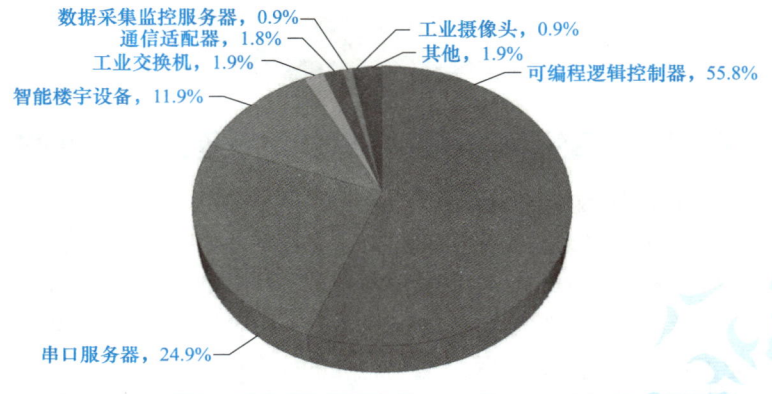

图9-6　2020年监测发现的联网工业设备数量占比按类型统计

工业控制系统涉及电力、石油天然气、轨道交通等重点行业，覆盖企业生产管理、企业经营管理、政府监管、工业云平台等几大类型，如图9-7所示。

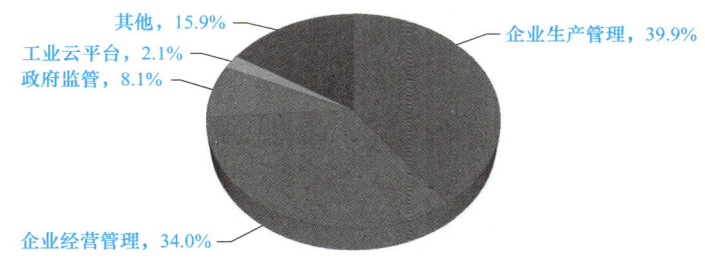

图9-7　2020年监测发现的重点行业联网监控管理系统的类型占比统计

（4）安全漏洞监测情况数据分析

2020年CNVD收录安全漏洞数量共计20 704个，继续呈上升趋势，同比增长27.9%，2016年以来年均增长率为17.6%。其中，高危漏洞数量为7 420个（占35.8%），同比增长52.1%；零日漏洞数量为8 902个（占43.0%），同比增长56.0%，如图9-8所示。

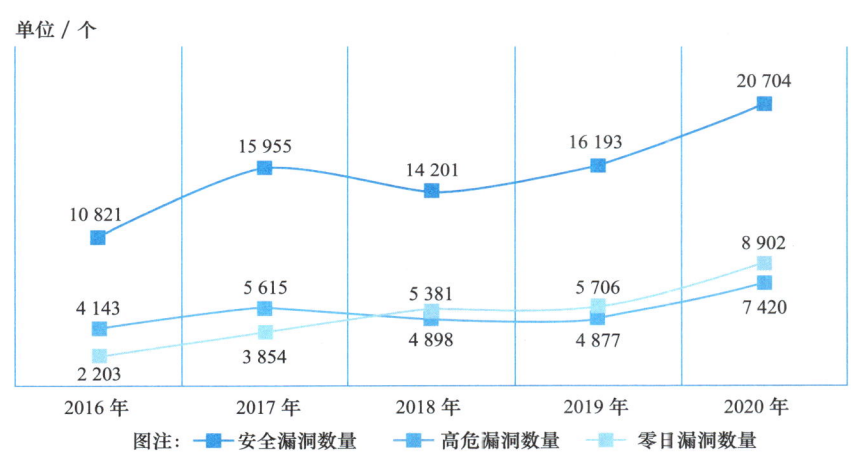

图9-8　2016—2020年CNVD收录的安全漏洞数量对比

按影响对象分类统计，排名前3位的是应用程序漏洞（占47.9%）、Web应用漏洞（占29.5%）、操作系统漏洞（占10.0%），如图9-9所示。

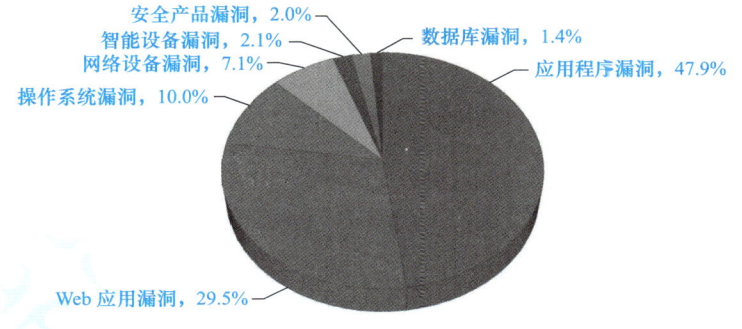

图9-9　2020年CNVD收录的安全漏洞数量占比按影响对象分类统计

2．网络安全特点

一个网络系统是否安全，依赖于它所应用的环境、目的以及外在的威胁等多种因素。网络安全问题具有以下特点：

1）攻击与防护的不对称性，攻击容易，防护困难，不对称明显。

2）网络安全的动态性，没有一种安全技术或解决方案可以做到一劳永逸。

3）网络安全依赖于投入，以合理的代价达到一定程度的网络安全是网络安全策略的出发点。

4）人是网络安全问题的核心。必须有人的参与，安全措施才能发挥作用，因此培养网络安全意识、强化网络安全管理尤为重要。

9.1.2　网络安全面临的威胁

网络安全所面临的威胁来自方方面面，可能包括自然灾害、意外事故、计算机犯罪、"黑客"行为、内部泄密、外部泄密、信息丢失、电子谍报，甚至于信息战等。综合分析来看，网络安全威胁主要包括渗入威胁和植入威胁。其中渗入威胁主要包括假冒、旁路控制、授权侵犯等；植入威胁包括：特洛伊木马、蠕虫、勒索软件等。

网络安全面临的威胁多种多样，举例来说有：

1．漏洞

漏洞是指信息系统中的软件、硬件或通信协议中存在缺陷或不适当的配置，从而可使攻击者在未授权的情况下访问或破坏系统，导致信息系统面临安全风险。

2．恶意程序

恶意程序是指在未经授权的情况下，在信息系统中安装、执行以达到不正当目的的程序。恶意程序分类说明如下：

1）特洛伊木马（Trojan Horse）：简称木马，是以盗取用户个人信息，甚至是远程控制用户计算机为主要目的的恶意程序。由于它像间谍一样潜入用户的计算机，与战争中的"木马"战术十分相似，因而得名。按照功能，木马程序可进一步分为：盗号木马、网银木马、窃密木马、远程控制木马、流量劫持木马、下载者木马和其他木马六类。

2）僵尸程序（Bot）：僵尸程序是用于构建大规模攻击平台的恶意程序。按照使用的通信协议，僵尸程序可进一步分为：IRC 僵尸程序、HTTP 僵尸程序、P2P 僵尸程序和其他僵尸程序四类。

3）蠕虫（Worm）。蠕虫是指能自我复制和广泛传播，以占用系统和网络资源为主要目的的恶意程序。按照传播途径，蠕虫可进一步分为：邮件蠕虫、即时消息蠕虫、U盘蠕虫、漏洞利用蠕虫和其他蠕虫五类。

4）病毒（Virus）。病毒是通过感染计算机文件进行传播，以破坏或篡改用户数据，影响信息系统正常运行为主要目的的恶意程序。

5）勒索软件。勒索软件是攻击者用来劫持用户的信息资产或资源，以此为条件向用户勒索钱财的一种恶意程序。通常会把用户计算机系统内的文档、邮件、数据库、源代码、图片等文件进行特殊形式的加密,导致其不可以使用,或者通过修改配置文件、干扰用户正常使用系统的方法使系统的可用性降低,并通过弹窗等方式向用户发出勒索钱财的通知,要求其向指定账户支付赎金(通常为虚拟货币)来获得解密密钥或者恢复系统运行。

6)间谍软件(Spyware)。间谍软件是一种能够在计算机用户无法察觉或给计算机用户安全假象的情况下,秘密收集计算机信息并将其发送至目标机器的程序。虽然安装间谍软件的计算机使用跟正常计算机没有明显区别,但是用户隐私数据和重要信息会被间谍软件捕获,并发送给目标程序。这些安装间谍软件的计算机将成为攻击者的重要目标。

7)移动终端恶意代码。移动终端是可以在移动中使用的计算机设备,通常情况下指手机或具有多种应用功能的智能手机以及平板计算机,其可以在移动中完成语音、数据和图像等各种信息的交换和再现。一般认为,移动终端恶意代码是指以移动终端为感染对象,通过无线或有线方式对移动终端进行攻击,并造成移动终端出现工作异常的程序代码。

8)其他。上述分类未包含的其他恶意程序。

3. 僵尸网络

僵尸网络是被黑客集中控制的计算机集群,其核心特点是黑客能够通过一对多的命令与控制信道操纵感染木马或僵尸程序的主机执行相同的恶意行为,例如可同时对某目标网站进行分布式拒绝服务攻击,或发送大量的垃圾邮件等。

4. 拒绝服务攻击

拒绝服务攻击是向某一目标信息系统发送密集的攻击型数据包,或执行特定攻击操作,致使目标系统不能正常工作,而停止提供服务。

5. 网页篡改

网页篡改是恶意破坏或更改网页内容,使网站无法正常工作或出现黑客插入的非正常网页内容。

6. 网页仿冒

网页仿冒,也称为网络钓鱼(Phishing),是通过构造与某一目标网站高度相似的页面(俗称钓鱼网站),并通常以垃圾邮件、即时聊天、手机短信或网页虚假广告等方式发送声称来自于被仿冒的权威机构的欺骗性消息,诱骗用户访问精心设计的钓鱼网站,以获取用户个人秘密信息(如银行账号和账户密码等信息)。通常攻击者不易察觉上述攻击过程。网络钓鱼攻击属于当前比较流行的"社会工程学"攻击。

7. 网页挂马

网页挂马是通过在网页中嵌入恶意程序或链接,致使用户计算机在访问该页面时被植入恶意程序。

8. 网站后门

网站后门事件是指黑客在网站的特定目录中上传远程控制页面，从而能够通过该页面秘密远程控制网站服务器的攻击事件。

9. 垃圾邮件

垃圾邮件是将不需要的消息（通常是未经请求的广告）发送给众多收件人。包括收件人事先没有提出要求或者同意接收的广告、电子刊物、各种形式的宣传品等具有宣传性的电子邮件；收件人无法拒收的电子邮件；隐藏发件人身份、地址、标题等信息的电子邮件；含有虚假的信息源、发件人、路由等信息的电子邮件。

10. 域名劫持

域名劫持是通过拦截域名解析请求或篡改域名服务器上的数据，使得用户在访问相关域名时返回虚假IP地址或使用户的请求失败。

11. 非授权访问

非授权访问是没有访问权限的用户以非正当的手段访问数据信息。非授权访问事件一般发生在存在漏洞的信息系统中，黑客利用专门的漏洞利用程序（Exploit）来获取信息系统访问权限。

12. 路由劫持

路由劫持是通过欺骗方式更改路由信息，以导致用户无法访问正确的目标，或导致用户的访问流量绕行黑客设定的路径，以达到不正当的目的。

9.1.3 网络出现安全威胁的原因

网络遭到安全威胁的原因很多，可以总结为两方面：一是客观原因，网络的结构本身就有其不安全的因素；二是人为原因，在多方的利益驱动下，使得一些别有用心的人制造网络安全事故。

1. 客观原因

客观原因方面主要是各种威胁网络安全的漏洞。

（1）协议安全漏洞

TCP/IP现已成为Internet框架协议，TCP/IP的发展促进了人与人之间的互动交流和信息共享，同时也因为协议本身构造的问题，而成为攻击工具。

首先，通过TCP三次握手建立连接的过程来说明TCP SYN flood的简单原理。

1）客户端（client）发送一个包含SYN（synchronize）的数据包至服务器，此数据包内包含客户端端口及TCP序列号等基本信息。

2）服务器（server）接收到SYN包之后，将发送一个SYN-ACK包来确认。

3）客户端在收到服务器的SYN-ACK包之后，将回送ACK至服务器，服务器接收到此数据包，则TCP连接建立完成，双方可以进行通信。

问题就出在第 3 步，如果服务器收不到客户端的 ACK 包，将会等待下去，这种状态叫作半连接状态。它会保持一定时间（具体时间根据操作系统而不同），如果 SYN 请求超过了服务器能容纳的限度，缓冲区队列满，那么服务器就不再接收新的请求了，其他合法用户的连接都被拒绝掉。这种攻击"杀伤力"超强。

（2）操作系统安全漏洞

Windows、UNIX 等网络操作系统都存在一些安全漏洞，厂商在不断升级系统的同时也在不断产生新的漏洞。例如微软公司每月都要公布月度例行安全公告，包含若干项更新补丁，用来修复 Windows 操作系统存在的漏洞。2017 年 5 月的 wannaCry 勒索病毒就是利用计算机上的共享端口 445，并基于微软操作系统上的 MS17-010 漏洞实施攻击。在全球大爆发后，至少 150 个国家、30 万名用户中招，造成损失达 80 亿美元，严重影响到了金融、能源、医疗等众多行业，造成严重的危机管理问题。我国部分 Windows 操作系统用户也被感染，校园网用户受害严重，大量实验室数据和毕业设计被锁定加密。部分大型企业的应用系统和数据库文件被加密后，无法正常工作。

（3）其他应用程序、厂商漏洞

国家信息安全漏洞共享平台（CNVD）会定期公布新增漏洞，比如 2022 年 2 月新增漏洞 1703 个，包括高危漏洞 484 个（占 28.4%）、中危漏洞 1079 个（占 63.4%）、低危漏洞 140 个（占 8.2%）。上述漏洞中，可被利用来实施远程网络攻击的漏洞有 1363 个（80.0%）。

根据漏洞影响对象的类型，漏洞可分为 Web 应用、应用程序、操作系统、网络设备（交换机、路由器等网络端设备）、数据库、安全产品（如防火墙、入侵检测系统等）和智能设备（物联网终端设备）漏洞。不同类型漏洞的分布如图 9-10 所示，该月应用程序占比例较大。与前 12 个月相比，该月数据库、智能设备（物联网终端设备）漏洞的数量处于高位，操作系统、应用程序、Web 应用、网络设备（交换机、路由器等网络端设备）、安全产品漏洞的数量处于低位。

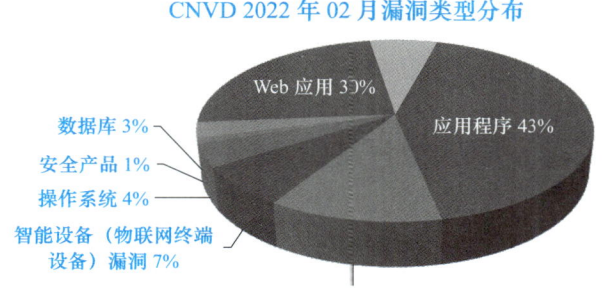

图 9-10　不同类型漏洞的分布

该月 CNVD 收集整理信息安全漏洞 1703 个，与前 12 个月平均收录数量 2250 个相比，处于低位；该月公布高危漏洞 484 个，与前 12 个月高危漏洞平均收录数量 619 个相比，处于低位。该月的总体漏洞趋势如图9-11所示。

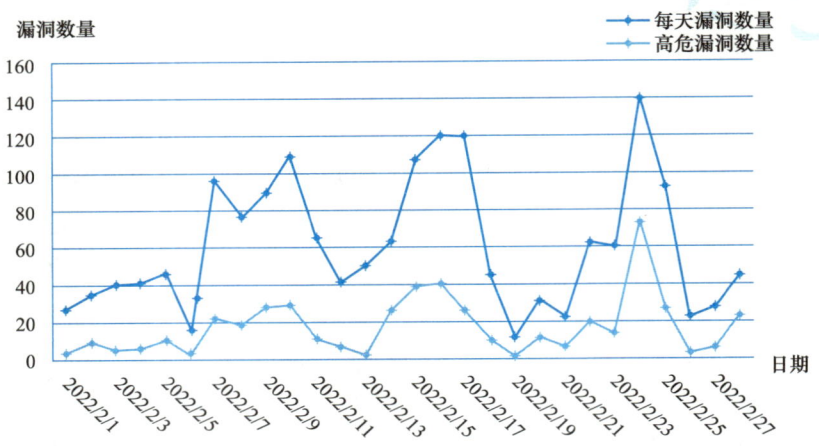

图9-11 CNVD 2022年2月漏洞发布趋势

2．人为原因

网络安全攻击的实施者多种多样，包括国家或组织、黑客组织、计算机恐怖分子、有组织犯罪团体、商业竞争对象，甚至心怀不满或操作失误的员工等。安全威胁可分为故意的和偶然的两类，故意威胁又可进一步表现为主动攻击和被动攻击。人为的恶意攻击是目前计算机网络所面临的最大威胁。

（1）主动攻击

主动攻击是指企图避开或打破安全防护、引入恶意程序代码以及转换数据或破坏系统的完整性等。主动攻击的主要形式有：

1）假冒。假冒是指一个实体假装成另一个实体。

2）重放。重放是指出于非法目的而重新发送所截获的合法通信数据项的复制，通过截获数据后重新传送，以产生未经授权的结果。

3）修改信息内容。修改消息内容是指改变消息的内容或将消息延迟等。

4）拒绝服务。拒绝服务指对信息或其他资源的合法访问被无条件地拒绝或推迟。

5）攫取主机或网络信任。通过操作文件向远程主机提供服务，从而攫取传递信任。

6）完整性破坏。指通过对数据进行未授权的创建、修改或破坏，使得数据的一致性和完整性遭受损害。

（2）被动攻击

被动攻击主要表现为监视网络信息以及通信量分析等。

1）信息泄露。信息泄露指信息被泄露或暴露给某个未授权实体，造成信息中所含的机密信息泄露。

2）通信量分析。通过对通信量的观察和分析，造成信息被泄露给未授权的实体。通信量分析的方法主要包括分析通信量的有无、数量、方向、频率等。

9.1.4 网络安全机制

1. 网络安全的目标

网络安全的目标就是保护有可能被侵犯或破坏的机密信息不被外界非法操作者进行控制。具体目标为：保密性、完整性、可用性、可控性等。

1）使用访问控制机制，阻止非授权用户进入网络，即"进不来"，从而保证网络系统的可用性。

2）使用授权机制，实现对用户的权限控制，即不该拿走的"拿不走"，同时结合内容审计机制，实现对网络资源及信息的可控性。

3）使用加密机制，确保信息不暴露给未授权的实体或进程，即"看不懂"，从而实现信息的保密性。

4）使用数据完整性鉴别机制，保证只有得到允许的人才能修改数据，而其他人"改不了"，从而确保信息的完整性。

5）使用审计、监控、防抵赖等安全机制，使得攻击者、破坏者、抵赖者"跑不掉"，并进一步对网络出现的安全问题提供调查依据和手段，实现信息安全的可审查性。

2. 网络安全机制

在各层次间进行的安全机制包括：

（1）加密机制

加密机制用于解决信息的私有性问题。衡量一个加密技术的可靠性，主要取决于解密过程的难度，而这取决于密钥的长度和算法。常见的加密技术包括对称密钥技术，又称传统密钥技术或保密密钥技术）和非对称密钥加密技术，又称公开密钥技术。

（2）安全认证机制

在电子商务活动中，为保证商务、交易及支付活动的真实可靠，需要有一种机制来验证活动中各方的真实身份。安全认证是维持电子商务活动正常进行的保证，它涉及安全管理、加密处理、PKI 及认证管理等重要问题。目前已经有一套完整的技术解决方案可以自用，即采用国际通用的 PKI 技术、X.509 证书标准和 X.500 信息发布标准等技术标准可以安全发放证书，进行安全认证。当然，认证机制还需要法律法规支持。安全认证机制所需要的法律包括信用立法、电子签名法、电子交易法、认证管理法律等。

安全认证机制的主要形式有数字签名和数字证书等。

（3）安全策略机制

安全策略是一个组织为了实现其业务目标而制定的一组规定，用来规范用户行为、指导信息资源的保护和管理。

访问控制是网络安全防范和保护的主要策略，其主要任务是保证网络资源不被非法使用和非授权访问。访问控制策略是维护网络系统安全、保护网络资源的重要手段。各种安全策略必须相互配合才能真正起到保护作用。常见的安全策略主要有：入网访问控制、网络的权限控制和目录级安全控制等。

9.2 数据安全

扫码观看视频

扫码观看视频

数据安全有两方面的含义：一是数据本身的安全，主要是指采用现代密码算法对数据进行主动保护，例如采用数据保密、数据完整性、双向强身份认证等措施保护数据；二是数据防护的安全，主要是采用现代信息存储手段对数据进行主动防护，例如通过磁盘阵列、数据备份、异地容灾等手段保证数据的安全。

数据安全是一种主动的保护措施，数据本身的安全必须基于可靠的加密算法与安全体系，加密算法主要是有对称算法与非对称算法两种。

9.2.1 数据加密与解密

任何系统都不可能保证信息传送途中不被人截获。有效的保密措施之一是只允许获得许可者读懂信息内容。其实早在古罗马时代，人们就已经在使用这种对信息进行加密和解密的方法。

加密（Encryption）的过程就是发送者使用加密算法和加密密钥将明文转变为密文再送到网络上。解密（Decryption）的过程是接收者使用解密算法和解密密钥将密文转变为原始的明文。数据加密通信的基本过程如图 9-12 所示。

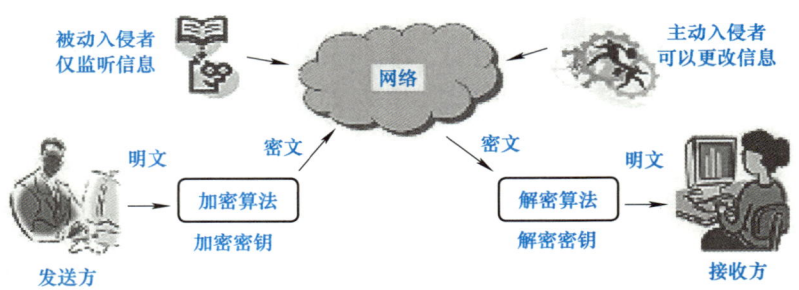

图 9-12 数据加密通信的基本过程

知识链接

数据加密通信过程中涉及的基本概念主要有：
- 明文（plaintext）：需要发送的原始数据称为明文。
- 密文（ciphertext）：明文经过加密得到的另一种形式的数据，称为密文。
- 加密（encipher、encode）：从明文到密文的变换过程。
- 解密（decipher、decode）：从密文恢复为明文的过程。
- 加密算法（cipher）：对明文进行加密时所采用的一组规则的集合。
- 解密算法（decipher）：对密文进行解密时所采用的一组规则的集合。
- 密钥（key）：加解密过程中只有发送者和接收者知道的用于加解密的关键信息。
- 密码算法强度：对给定密码算法进行破解的困难程度。

加密算法通常分为两大类:"对称密钥算法"和"非对称密钥算法"。

1. 对称密钥算法

对称密钥算法就是加密和解密使用同一个密钥,加密密钥能够从解密密钥中推算出来,反过来也成立。这个密钥通常称之为"Session Key",这种加密技术目前被广泛采用,例如1970年IBM公司开发的数据加密标准(Data Encryption Standard,DES)就是一种典型的对称加密算法,它的Session Key长度为56bit。

其他典型的对称密钥算法包括高级加密标准(Advanced Encryption Standard,AES)、RC2、RC4、RC5等。

> **知识链接**
>
> DES的安全性:理论上DES算法具有极高的安全性。除了用穷举搜索法对DES算法进行攻击外,还没有发现更有效的办法。而56bit长密钥的密钥空间为2^{56},这意味着如果一台计算机的计算速度是每秒检测一百万个密钥,则它搜索完全部密钥就需要将近2280年的时间。
>
> 而事实上,早在20世纪70年代后期,专家们就指出DES作为一种安全算法的时代已经屈指可数了,随着处理器速度的提高和硬件成本的下降,快速破解DES的时代很快就会到来。1998年7月1日,一个代号为EFF的组织使用了一台造价低于25万美元的专用"DES破解机",宣布其已经攻破了DES加密算法。攻击所费时间仅为56h。EFF还发布了这台破解机的细节,使其他人可以建造自己的破解机。
>
> 2000年10月2日,美国国家标准局使用AES取代了DES,从此DES作为一项加密标准的时代正式结束。但是在许多并非极高机密级的应用中,DES仍在广泛使用。

2. 非对称密钥算法

非对称式密钥算法也称为公开密钥算法,是指加密和解密所使用的不是同一个密钥,通常有两个密钥,称为"公钥"和"私钥",它们两个必须配对使用,否则不能打开加密文件。这里的"公钥"是指可以对外公布的密钥,"私钥"则不能对外公布,只能由持有人掌握。"私钥"的优越性就在于此。如果采用对称式加密方式,通过网络传输加密文件,但是把密钥发送给接收方具有较大的难度,不管用什么方法密钥都有可能被窃听截获。而非对称式的加密方法中使用两个密钥,其中的"公钥"是可以公开的,也就不怕别人知道,收件人解密时只需要使用自己的私钥即可以完成解密,这样就很好地避免了密钥的传输安全性问题。

RSA加密算法是一款典型的非对称密钥算法,该算法是1977年由Ron Rivest、Adi Shamirh和Len Adleman在美国麻省理工学院开发的,RSA名称取自开发者的名字首字母。

RSA是目前最有影响力的公钥加密算法,它能够抵抗截至目前已知的所有密码攻击方式,已被ISO推荐为公钥数据加密标准。目前RSA算法已经用于大多数使用公用密码进行加密和数字签名的产品和标准。RSA算法的原理致使其实现速度相当的慢,通常比同样安全级别的对称密码算法要慢100倍甚至1000倍左右。

> **知识链接**
>
> RSA 算法基于一个十分简单的数学事实,即将两个大质数相乘十分容易,但如果想要对其乘积进行因式分解却极其困难,因此可以将乘积公开作为加密密钥。

9.2.2 数据压缩

1. 数据压缩的概念

数据压缩是指在不丢失信息的前提下,缩减数据量以减少存储空间,以提高其传输、存储和处理效率的一种技术方法。

对于任何形式的通信来说,只有当信息的发送方和接收方都能够理解编码机制的时候,压缩数据通信才能够工作。如果接收方了解了编码方法,就可以正确理解压缩数据。一些压缩算法利用了这个特性,在压缩过程中对数据进行加密,例如利用密码加密,以保证只有获得授权的接收方才能正确地得到数据。从数据安全角度来说,数据压缩可以提高数据存储的安全性。

由于数据压缩有助于减少存储空间(如磁盘空间),还可以减少连接带宽的消耗,所以数据压缩非常重要,然而数据压缩需要消耗信息处理资源,这也可能引起成本上升,所以数据压缩机制的设计需要综合考虑压缩能力、失真度、所需计算资源以及其他需要考虑的不同因素。

2. 数据压缩的分类

数据压缩可分成两种类型,一种叫作无损压缩,另一种叫作有损压缩。

无损压缩是指通过使用压缩后的数据进行还原,还原后的数据与原来的数据完全相同。也就是说,无损压缩机制是可逆的,可以恢复原始的数据。

常见的无损压缩如磁盘文件的压缩。根据目前的技术水平,无损压缩算法一般可以把普通文件的数据压缩到原来的 1/2~1/4。一些常用的无损压缩算法有霍夫曼(Huffman)算法和 LZW(Lenpel-Ziv & Welch)压缩算法。

有损压缩是指通过使用压缩后的数据进行还原,还原后的数据与原来的数据有所不同,但不会引起人们对于原始数据表达的信息造成误解。例如,图像和声音的压缩就可以采用有损压缩,因为图像和声音文件中包含的数据往往多于人们视觉系统和听觉系统所能接收的信息,所以丢掉一些不重要的数据而不至于对声音或者图像所表达的意思产生误解,这种方式可大大提高压缩比。

9.2.3 数据备份

数据备份是指为防止系统出现操作失误或系统故障导致数据丢失,而将全部或部分数据集合从应用主机的硬盘或阵列复制到其他的存储介质的过程。传统的数据备份主要是采用内置或外置的磁带机进行冷备份,这种方式只能防止操作失误等人为操作故障,而且恢复时间也很长。随着技术的不断发展,数据的大量增加,不少企业开始采用网络备份的数据备份方式。网络备份一般通过专业的数据存储管理软件并结合相应的硬件和存储设备来实现。

计算机里重要的数据、档案或历史记录,不论是对企业用户还是对个人用户,都至关重要，一时不慎丢失或损坏都会造成不可估量的损失。对数据自身安全的威胁通常比较难于防范，这些威胁一旦变为现实，不仅会毁坏数据，也会毁坏访问数据的系统。因此数据备份是维护数据安全的重要手段。

1. 数据备份方式

（1）定期磁带备份数据

远程磁带库、光盘库备份是将数据传送到远程备份中心制作完整的备份磁带或光盘。远程关键数据进行磁带备份是采用磁带备份数据，生产机实时向备份机发送关键数据。

（2）远程数据库备份

远程数据库备份是在与主数据库所在生产机相分离的备份机上建立主数据库的一个拷贝。

（3）网络数据镜像

这种方式是对生产系统的数据库数据和需跟踪的重要目标文件更新进行监控与跟踪，并将更新日志实时通过网络传送到备份系统，备份系统则根据日志对磁盘进行更新。

（4）远程镜像磁盘

通过光纤通信技术和磁盘控制技术将镜像磁盘延伸到远离生产机的地方，镜像磁盘数据与主磁盘数据完全一致，更新方式可以选择为同步或异步。

数据备份必须要考虑数据恢复的问题，包括采用双机热备、磁盘镜像或容错、备份磁带异地存放、关键部件冗余等多种灾难预防措施。这些措施能够在系统发生故障后进行系统恢复，但是一般只能针对计算机单点故障进行处理，而对区域性、毁灭性灾难则束手无策，也不具备灾难恢复能力。

2. 数据备份策略

备份策略指确定需备份的内容、备份时间及备份方式。各个单位要根据自己的实际情况来制定不同的备份策略。目前采用最多的备份策略主要有以下三种。

（1）完全备份（Full Backup）

每天都对于系统进行完全备份。例如，星期一用一盘磁带对整个系统进行备份，星期二再用另一盘磁带对整个系统进行备份，依此类推。这种备份策略的好处是，当发生数据丢失的灾难时，只要用一盘磁带（即灾难发生前一天的备份磁带）就可以恢复丢失的数据。这种方式也有不足之处，首先，由于每天都对整个系统进行完全备份，导致备份的数据大量重复。这些重复的数据占用了大量的磁带空间，这无疑增加了用户的成本。其次，由于需要备份的数据量较大，因此备份所需的时间也就较长。对那些业务繁忙、备份时间有限的单位来说，这种备份策略并不合适。

（2）增量备份（Incremental Backup）

每周进行一次完全备份，然后在接下来的六天里只对当天新增的或被修改过的数据进行备份。这种备份策略的优点是节省了磁带空间，缩短了备份时间。但它的缺点在于，当灾难发生时，数据的恢复比较麻烦。例如，系统在星期三的早晨发生故障，丢失了大量的数据，那么现在就要将系统恢复到星期二晚上时的状态。这时系统管理员就要首先找出星期天的那盘完全备份磁带进行系统恢复，接着再找出星期一的磁带来恢复星期一的数据，最后找出星期二的磁带来恢复星期二的数据。很明显，这种方式很烦琐。另外，这种备份的可靠性也很差，各盘磁带间的关系就像链子一样，一环套一环，其中任何一盘磁带出了问题都会导致整条链子脱节。比如在上例中，若星期二的磁带出了故障，那么管理员最多只能将系统恢复到星期一晚上时的状态。

（3）差分备份（Differential Backup）

管理员先在星期天进行一次系统完全备份，然后在接下来的几天里，管理员再将当天所有与星期天不同的数据（新增的或修改过的）备份到磁带上。差分备份策略在避免了以上两种策略缺陷的同时，又具有其所有优点。首先，它无需每天都对系统做完全备份，因此备份所需时间短，并节省了磁带空间，其次，灾难恢复也很方便。系统管理员只需两盘磁带，即星期天的磁带与灾难发生前一天的磁带，就可以将系统恢复。

在实际应用中，备份策略通常是采用以上三种策略的结合体。例如每周一至周六进行一次增量备份或差分备份，每周日进行全备份，每月底进行一次全备份，每年底进行一次全备份。

3. 存储数据备份恢复

随着各组织的局域网应用和互联网应用数量的逐步增加，系统内服务器上部署了众多企业的关键应用，存储了大量重要的信息和数据，为决策部门提供综合信息查询服务，为网络环境下的大量客户机提供快速高效的信息查询、数据处理和 Internet 等各项服务。因此，建立可靠的网络数据备份系统，保护关键应用的数据安全是网络建设的重要任务，在发生人为或自然灾难的情况下，保证数据不丢失。

9.3 计算机病毒

国家计算机病毒应急处理中心（https://www.cverc.org.cn/）发布了《第十八次计算机病毒和移动终端病毒疫情调查报告》。报告显示，2018 年，我国计算机病毒感染率为 64.59%，比上年上升了 32.85%；移动终端病毒感染率为 45.4%，比上年上升 11.84%。在利益的驱使下，更多领域的犯罪分子投入到了挖矿病毒与勒索病毒领域，病毒持续更新迭代，病毒数量持续增长，感染率不断提升。综上所述，2018 年我国计算机病毒感染率和移动终端病毒感染率均呈现上升态势，网络安全问题呈现出易变性、不确定性、规模性和模糊性等特点，网络安全事件发生成为大概率事件，信息泄漏、勒索病毒等重大网络安全事件多有发生。

9.3.1 计算机病毒的特性和分类

1. 计算机病毒的定义

1994 年 2 月 18 日，我国正式颁布实施了《中华人民共和国计算机信息系统安全保护条例》，第二十八条中明确指出："计算机病毒，是指编制或者在计算机程序中插入的破坏计算机功能或者毁坏数据，影响计算机使用，并能自我复制的一组计算机指令或者程序代码。"此定义具有法律性、权威性。

通俗来讲，计算机病毒是某些人利用计算机软、硬件所固有的脆弱性，编制具有特殊功能的程序。该程序或指令集合能够通过某种途径潜伏在计算机存储介质（或程序）里，当达到某种条件时即被激活，采用修改其他程序的方法将自身的拷贝或者可能演化的形式放入其他程序中，达到感染其他程序并对计算机资源进行破坏的目的。

2．计算机病毒的特性

总结起来，计算机病毒具有以下几个特性：

（1）繁殖性

计算机病毒可以像生物病毒一样进行繁殖，当正常程序运行的时候，它也运行，即进行自身复制，是否具有繁殖和感染的特征是判断某段程序为计算机病毒的首要条件。

（2）隐蔽性

病毒一般是具有很高编程技巧、短小精悍的程序。通常附在正常程序中或磁盘较隐蔽的存储位置，也有个别的以隐藏文件形式出现。目的是不让用户发现它的存在。如果不经过代码分析，病毒程序与正常程序是不容易区别开来的。一般在没有防护措施的情况下，计算机病毒程序取得系统控制权后，可以在很短的时间里感染大量程序，而且在受到传染后，计算机系统通常仍能正常运行，用户不会感到任何异常。试想，如果病毒在传染到计算机之后，机器马上停止正常运行，那么它本身也无法继续进行传染了。正是由于隐蔽性，计算机病毒才得以在用户没有察觉的情况下扩散到上百万台计算机中。

大部分病毒的代码之所以设计得非常短小，也是为了隐藏。病毒一般只有几百或1KB，而计算机对文件的存取速度可达每秒几十MB，所以病毒转瞬之间便可将这短短的几百字节附着到正常程序之中，很难被察觉到。

（3）传染性

计算机病毒的传染性是指病毒具有把自身复制到其他程序中的特性。计算机病毒是一段人为编制的计算机程序代码，这段程序代码一旦进入计算机并得以执行，它会搜寻其他符合其传染条件的程序或存储介质，确定目标后再将自身代码插入其中，达到自我繁殖的目的。一台计算机染毒，如果不及时处理，病毒就会在这台计算机上迅速扩散，机器上的大量文件（一般是可执行文件）会被感染，而且被感染的文件又成了新的传染源，再与其他机器进行数据交换或通过网络传播，病毒会继续进行传染。

正常的计算机程序一般不会将自身的代码强行连接到其他程序，而病毒却能使自身的代码强行传染到一切符合其传染条件且未受到传染的程序上。计算机病毒可通过各种可能的途径（如U盘或计算机网络）去传染其他的计算机。当在一台机器上发现了病毒时，往往曾经在这台计算机上用过的U盘已感染上了病毒，而与这台机器联网的其他计算机或许也被该病毒感染上了。是否具有传染性是判别一个程序是否为计算机病毒的最重要条件。

（4）潜伏性

有些病毒像定时炸弹一样，什么时间发作是预先设计好的。比如"黑色星期五"病毒，设定在逢13号的星期五发作，不到预定时间就察觉不出来，等到条件具备的时候就爆发了，对系统进行破坏。一个精心编制的计算机病毒程序，在进入系统之后一般不会马上发作，可以潜伏在磁盘里几天、甚至几年，一旦时机成熟，得到运行机会，就会大量繁殖和扩散，并造成危害。潜伏性的第二种表现是指，计算机病毒的内部往往有一种触发机制，不满足触发条件时，计算机病毒除了传染外没有破坏动作。一旦触发条件得到满足，有的在屏幕上显示信息、图形或特殊标识，有的则执行破坏系统的操作，如格式化磁盘、删除磁盘文件、对数据文件做加密、封锁键盘以及使系统死锁等。

（5）可触发性

病毒因某个事件或数值的出现，诱使病毒实施感染或进行攻击的特性称为可触发性。为了隐蔽自己，病毒必须潜伏，少做动作。如果完全不动，一直潜伏，则病毒既不能感染也不能进行破坏，便失去了杀伤力。病毒既要隐蔽又要维持杀伤力，必须具有可触发性。病毒的触发机制就是用来控制感染和破坏动作频率的。病毒具有预定的触发条件，这些条件可能是时间、日期、文件类型或某些特定数据等。病毒运行时，触发机制检查预定条件是否满足，如果满足，则启动感染或破坏动作，使病毒进行感染或攻击；如果不满足，则病毒继续潜伏。

（6）表现性

病毒运行后，按照制作者的设计意图，会有一定的表现特征，比如 CPU 占用率飙升，甚至达到 100%；在用户无任何操作下读写硬盘或其他磁盘数据；蓝屏死机；鼠标右键无法使用等。当计算机有这些异常的表现特征时，往往是感染了病毒，应立即进行全盘杀毒。

（7）破坏性

任何病毒只要侵入系统，都会对系统及应用程序产生程度不同的影响。轻者会降低计算机的工作效率，占用系统资源，重者可导致系统崩溃。根据该特性可将病毒分为良性病毒与恶性病毒。良性病毒可能显示某些画面，播放音乐和无聊语句，或者根本没有任何破坏动作，但通常会占用系统资源。这类病毒较多，如 GENP、小球、W-BOOT 等。恶性病毒则有明确目的，如破坏数据、删除文件或加密磁盘、格式化磁盘，甚至会对数据造成不可挽回的破坏。

（8）不可预见性

从对病毒的检测方面来看，病毒还具有不可预见性。不同种类病毒的代码千差万别，但有些操作是共有的，例如驻留内存或修改中断。有些人利用病毒的这种共性制作了声称可检查出所有病毒的程序。该类程序的确可以检查出一些新病毒，但由于目前软件种类极其丰富，且某些正常程序也使用了类似病毒的操作，甚至借鉴了某些病毒的技术。使用这种程序对病毒进行检测，势必会造成较多的误报，而且病毒的制作技术也在不断提高，病毒对反病毒软件永远是超前的。

3．计算机病毒的分类

根据中国国家计算机病毒应急处理中心发布的报告，计算机病毒被分为了以下几类：木马程序（近 45%）、蠕虫（25% 以上）、脚本病毒（15% 以上），其余的病毒类型分别是：文档型病毒、破坏性程序和宏病毒。

根据传统意义上的病毒分类，计算机病毒可以分为以下几种类型：

（1）开机型病毒（Boot Strap Sector Virus）

开机型病毒是藏匿在磁盘片或硬盘的第一个扇区。因为 DOS 的架构设计，使得病毒可以在每次开机时，在操作系统还没被加载之前就被加载到内存中，这个特性使得病毒可以对 DOS 的各类中断（Interrupt）进行完全控制，并且拥有更大的能力进行传染与破坏。

（2）文件型病毒（File Infector Virus）

文件型病毒通常寄生在可执行文件（如 *.COM，*.EXE 等）中。当这些文件被执行时，病毒的程序就跟着被执行。文件型病毒根据传染方式的不同，又分成非常驻型以及常驻型两种。

1）非常驻型病毒（Non-memory Resident Virus）：非常驻型病毒将自己寄生在*.COM，*.EXE 或*.SYS 的文件中。当这些中毒的程序被执行时，就会尝试去传染给另一个或多个文件。

2）常驻型病毒（Memory Resident Virus）：常驻型病毒躲在内存中，其行为就是寄生在各类的低阶功能（如 Interrupts），由于这个原因，常驻型病毒往往对磁盘造成更大的伤害。一旦常驻型病毒进入了内存中，只要执行文件被执行，它就对内存进行感染。将它赶出内存的唯一方式就是冷开机（完全关掉电源之后再开机）。

（3）复合型病毒（Multi-Partite Virus）

复合型病毒兼具开机型病毒以及文件型病毒的特性。它们可以感染 *.COM，*.EXE 文件，也可以感染磁盘的开机系统区（BootSector）。由于这个特性，这种病毒具有相当程度的传染力。一旦发病，其破坏的程度将会非常可怕。

（4）隐形飞机式病毒（Stealth Virus）

隐形飞机式病毒又称作中断截取者（Interrupt Interceptors）。顾名思义，它通过控制 DOS 的中断向量，把所有受其感染的文件"假还原"，再把"看似和原来一模一样"的文件丢回给 DOS。

（5）千面人病毒（Polymorphic/Mutation Virus）

千面人病毒可怕之处，在于每当它们繁殖一次，就会以不同的病毒码传染到别的地方去。每一个中毒的文件中所含的病毒码都不一样，对于扫描固定病毒码的防毒软件来说是一个严峻的考验。有些高感的千面人病毒，几乎无法找到相同的病毒码。感染千面人病毒后的 3 个月，即会在桌面上出现一堆任意排序的 X 符号。

（6）宏病毒（Macro Virus）

宏病毒主要是利用软件本身所提供的宏能力来设计病毒，所以凡是具有写宏能力的软件都有宏病毒存在的可能，如 Word、Excel、AmiPro 等。

（7）特洛伊木马病毒和计算机蠕虫

特洛伊木马（Trojan）和计算机蠕虫（Worm）之间有某种程度上的依附关系，越来越多的病毒同时结合这两种病毒形态的破坏力，达到双倍的破坏能力。

计算机蠕虫指的是某些恶性程序代码会像蠕虫般在计算机网络中爬行，从一台计算机爬到另外一台计算机，方法有很多种，例如透过局域网或 E-mail。最著名的计算机蠕虫案例就是"ILOVEYOU-爱情虫"。

事实上，许多恶性程序不但具有传统病毒的特性，更是结合了"特洛伊木马"和"计算机蠕虫"来造成更大的影响力。一个耳熟能详的案例是"探险虫"（ExploreZip）。探险虫会覆盖掉在局域网上远程计算机中的重要文件（此为特洛伊木马程序特性），并且会透过局域网将自己安装到远程计算机上（此为计算机蠕虫特性）。

（8）黑客型病毒

自从 2001 年 7 月红色警戒（CodeRed）利用 IIS 漏洞揭开黑客与病毒"并肩作战"的攻击模式以来，CodeRed 在病毒史上的地位，就如同第一只病毒 Brain 一样难以磨灭。

如同网络安全专家预料的，以 CodeRed 为样本，黑客型病毒将变本加厉地在网络上展开新形态的攻击行为。果不其然，同样攻击 IIS 漏洞的 Nimda 病毒，其破坏指数远高于 CodeRed。

9.3.2 计算机病毒的识别

计算机病毒虽然具有隐蔽性、潜伏性等特点，但是它也具有表现性。一旦计算机病毒表现出了明显的特征，就可以借此来识别病毒，因此通过计算机的一些异常表现判断并识别病毒对清除病毒很有帮助。

计算机感染病毒的症状

通过了解计算机感染病毒的症状，可以便于识别病毒。常见的中毒症状有：

1）计算机系统运行速度减慢。
2）计算机系统经常无故发生死机。
3）计算机系统中的文件长度发生变化。
4）计算机存储的容量异常减少。
5）系统引导速度减慢。
6）丢失文件或文件损坏。
7）计算机屏幕上出现异常显示。
8）计算机系统的蜂鸣器出现异常声响。
9）磁盘卷标发生变化。
10）系统不识别硬盘。
11）对存储系统异常访问。
12）键盘输入异常。
13）文件的日期、时间、属性等发生变化。
14）文件无法正确读取、复制或打开。
15）命令执行出现错误。
16）虚假报警。
17）恶意更换当前盘符，有些病毒会将当前盘符切换到 C 盘。
18）时钟倒转，有些病毒会命令系统时间倒序运转，逆向计时。
19）Windows 操作系统无故频繁出现错误。
20）系统异常重新启动。
21）一些外部设备工作异常。
22）异常要求用户输入密码。
23）Word 或 Excel 提示执行"宏"。
24）使不应驻留内存的程序驻留内存。

通过上述计算机的异常状况，可以识别计算机是否感染了病毒。一旦感染病毒，首先务必将计算机断网，隔离查杀，避免病毒通过网络泛滥，甚至感染局域网中的其他计算机。

9.3.3 计算机病毒的防治

安装计算机反病毒软件是防治计算机病毒最基本的方法。反病毒软件是用于消除计算机病毒、特洛伊木马和恶意软件的一类软件。杀毒软件通常集成监控识别、病毒扫描和清除以及自动升级等功能，有的杀毒软件还带有数据恢复等功能，是计算机防御系统（包含杀毒软件、防火墙、针对特洛伊木马和其他恶意软件的查杀程序和入侵防御系统等）的重要组成部分。

市场上常见的杀毒软件品种繁多，大致可以分为国产软件和进口软件两大类。进口产品主要包括来自俄罗斯的卡巴斯基（Kaspersky）、来自美国的迈克菲（McAfee）以及来自美国的赛门铁克（Symantec）公司出品的诺顿（Norton）等。国产杀毒软件有360安全卫士、腾讯电脑管家等。

扫码观看视频

扫码观看视频

9.4 黑客攻击及防范

黑客一词最早源自英文Hacker，原指热心于计算机技术而且水平高超的计算机专家，尤其是程序设计人员。但如今黑客一词往往指那些"软件骇客"（Software Cracker）。通常情况下，黑客被定义为专门入侵计算机或网络通信系统进行不法行为的专业高手。现在，网络上出现了越来越多的黑客，他们采用各种手段对网络进行攻击和破坏，无益于计算机和网络技术的发展，反而有害于网络安全并引起网络瘫痪，给人们造成巨大的经济和精神损失。

9.4.1 黑客攻击的目的与手段

有人认为"黑客存在的意义就是使网络变得日益安全完善"，然而黑客让网络遭受到了前所未有的威胁。黑客发起攻击的目的多种多样，要想更好地保护网络不受黑客的攻击，就必须对黑客的攻击手段、攻击原理、攻击过程有深入和详细的了解，只有这样才能更有效、更具有针对性地进行主动防护。下面介绍有关黑客攻击的目的与主要手段。

1．黑客攻击的目的

黑客攻击的目的主要是为了窃取信息、获取密码、控制中间站点和获得超级用户权限。其中，窃取信息是黑客最主要的目的，窃取信息不一定只是复制该信息，还包括对信息的更改、替换和删除，也包括把机密信息公开发布等行为。

黑客攻击的三个阶段是：

1）踩点、确定目标。
2）扫描，收集与攻击目标相关的信息，并找出系统的安全漏洞。
3）实施攻击行为。

2．黑客攻击的手段

黑客通常采用扫描器和网络监听作为基本手段。

扫描器是指自动监测远程或本地主机安全性漏洞的程序。可以被黑客利用的扫描器有主机存活扫描器、端口扫描器和漏洞扫描器。这里所指的端口不是指物理意义上的端口，而是特指TCP/IP中的端口。

网络监听是指获取在网络上传输的信息。这种攻击手段只是被动"窃听"信息，并不直接攻击目标。但是在以太网通信过程中，用户的账号和密码都是以明文形式进行传输，因此黑客常用网络监听来寻找防护措施比较薄弱的主机，利用入侵该主机作为"跳板"来攻击同网段的服务器。

黑客对网络的攻击方式是多种多样的，一般来讲，攻击大多利用系统配置的缺陷、操作系统的安全漏洞或通信协议的安全漏洞。黑客所采用的主要攻击方式可以归纳为以下几种。

（1）拒绝服务攻击

一般情况下，拒绝服务攻击是通过使被攻击对象（通常是工作站或重要服务器）的系统关键资源过载，从而使被攻击对象停止对外提供部分或全部服务。目前已知的拒绝服务攻击有几百种，它是最基本的入侵攻击手段，也是最难对付的入侵攻击之一，典型示例有SYN Flood 攻击、Ping Flood 攻击、Land 攻击、Win Nuke 攻击等。

（2）非授权访问尝试

非授权方式访问尝试是指攻击者对被保护文件进行读、写或执行的访问尝试，也包括为获得被保护文件的访问权限所做的尝试。

（3）预探测攻击

预探测攻击是指在连续的非授权访问尝试过程中，攻击者为了获得网络内部及网络周围信息所采取的攻击尝试，典型示例包括 SATAN 扫描、端口扫描和 IP 地址半途扫描等。

（4）可疑活动

可疑活动通常是指定义的"标准"网络通信范畴之外的活动，也可以指用户不希望网络上出现的各种活动，例如 IP Unknown Protocol 和 Duplicate IP Address 事件等。

（5）协议解码

协议解码可应用于以上任何一种黑客攻击方式中，网络或安全管理员需要进行解码工作，并获得相应的结果，解码后的协议信息可表明用户所期望的活动，例如，FTU User 和 Port mapper Proxy 等解码方式。

（6）系统代理攻击

系统代理攻击通常是针对单个主机，而并非整个网络所发起，通过 RealSecure 系统代理可以对其进行监视。

9.4.2 特洛伊木马攻击和远程控制

1. 特洛伊木马

简单地说，特洛伊木马程序是一个包含在一个合法程序中的非法程序，该非法程序被用户在不知情的状态下执行。

特洛伊木马的名称来自古希腊的特洛伊木马神话。传说希腊人围攻特洛伊城，久攻不下，于是设下木马计，让一队精兵藏匿于巨大的木马中，大部队假装撤退而将木马弃于城外。特洛伊人中计，将木马作为战利品拖入城中，精兵们在夜晚特洛伊人欢庆胜利的时候，乘机爬出木马，与城外部队里应外合攻下特洛伊城。

特洛伊木马一般有两个程序，即服务器程序和控制器程序。假如计算机被安装了服务器程序，则黑客就可以使用控制器进入计算机，并通过命令操控服务器程序，最终达到控制该台计算机的目的，这就是远程控制。

木马程序具有隐蔽性强、功能特殊等特点。它与 PC Anywhere 等远程控制软件不同，而且往往没有利用系统和软件的任何漏洞，也没有利用任何微软未公开的内部 API，所以普通的防火墙和代理服务器难以对其有效应付。

2．特洛伊木马控制远程计算机的过程

（1）木马服务端程序的植入

攻击者要通过木马攻击用户的系统，一般所要完成的第一步就是要把木马服务器端程序植入用户的计算机中。植入的方法包括通过下载软件、交互脚本和利用系统漏洞等。

（2）木马将入侵主机信息发送给攻击者

木马在植入被攻击主机后，会通过特定的方式把入侵主机的信息，包括主机的IP地址和木马植入的端口等发送给攻击者，这样攻击者就可以与木马里应外合控制受攻击主机。

（3）木马程序启动并发挥作用

黑客通常都是和用户计算机中的木马程序进行联系，当木马程序进入用户电脑后，黑客就可以通过控制器端的软件来向木马程序下达命令了。

木马的传播方式主要有两种，一种是通过E-Mail方式，控制端将木马程序以附件的形式通过电子邮件发送到指定用户（收信人），收信人只要打开附件就会被植入木马程序。

另一种是黑客将木马程序捆绑在软件安装程序上，用户在不知情的情况下下载并安装，木马程序随着安装程序自动地安装到用户的计算机上。木马程序首先将自身复制到Windows的系统文件夹中，然后在注册表、启动组、非启动组中设置好木马的触发条件，这样木马的安装就结束了。随后，控制端就可以利用植入到用户端的木马程序进行远程控制。一般而言，木马程序都有一个信息反馈机制，它会收集一些服务端的软硬件信息，并通过E-mail、IRC或ICO的方式告知控制端。

那么，控制端和用户端之间是如何通过木马程序进行连接的呢？由于用户端已经被植入了木马程序，那么只要控制端和用户端都同时在线，控制端就可以通过木马端口与服务端建立连接。

控制端要与用户端建立连接必须知道用户端的木马端口和IP地址，由于用户端的木马端口是控制端事先设定好的，所以只要获得用户端的IP地址即可进行攻击。通常而言，控制端主要通过IP扫描的方法来获取IP地址。由于用户端装有木马程序，所以其特定木马端口一定处于开放状态，此时假设用户端的IP地址是202.199.160.56，当控制端的扫描程序扫描到这个IP时，发现其特定端口是开放的，就会把这个IP添加到列表中。随后控制端会向用户端发出连接信号，用户端的木马程序收到信号后立即做出响应，当控制端收到响应的信号后，就会开启一个端口与用户端的木马端口建立连接。

木马连接建立后，控制端就可以通过木马程序对用户端进行远程控制。远程控制的主要形式有以下几种：

1）窃取密码：以明文的形式保存或缓存在CACHE中的密码都可能被木马获得。目前一些较高级的木马程序还具有键盘记录功能，它能够记录用户端每次敲击键盘的行为，并反馈给控制端。

2）文件操作：控制端可对用户端上的文件进行删除、修改、运行、更改属性等一系列操作，基本拥有普通用户在自己计算机上所能进行的全部文件操作权限。

3）修改注册表：控制端可随意修改用户端注册表，所以控制端就可以禁用用户端的光驱，或其他更高级的操作。

4）系统操作：控制端可以控制用户端的操作系统、鼠标和键盘，监视服务端桌面操作，查看服务端进程等，控制端甚至可以随时向用户端发送信息。

木马要能发挥作用必须具备以下三个因素：

1）木马需要一种启动方式，一般在注册表启动组中。

2）木马需要在内存中才能发挥作用。

3）木马会打开特别的端口，以便攻击者通过这个端口和木马取得联系。

3. 特洛伊木马程序的删除

删除木马最简单的方法是安装杀毒软件，现在很多杀毒软件都能删除多种木马。但是由于木马的种类和花样越来越多，有的木马在启动后会被加载到注册表的启动组中，所以手动删除是最好的办法。例如，先用杀毒软件附带的注册表恢复工具来删除木马的键值，然后手动删除木马的程序。

9.4.3 邮件炸弹与拒绝服务

1. 邮件炸弹

邮件炸弹是指在短时间内连续发送大量的邮件给同一收件人，使得收件人的信箱爆满至崩溃而无法正常收发邮件。它与垃圾邮件有着明显的区别。垃圾邮件是指将同一邮件一次寄给多个收件人，一般的垃圾邮件不会对收件人邮箱造成伤害。而邮件炸弹通过数以千万计的大容量信件使得收件箱服务器不堪重负，而最终"爆炸"。

邮件炸弹的原理十分简单，由于每个人的邮件信箱都是有限的，当庞大的邮件垃圾到达信箱的时候，就会把信箱挤爆，它把正常的邮件给"冲掉"的同时，由于占用了大量的网络资源，常常会导致网络拥塞，使大量用户不能正常地工作。

邮件炸弹是指含有活动数据的电子邮件，其目的是对邮件接收者的计算机或终端进行恶意破坏。在 UNIX 系统中，邮件炸弹还可以使其部分内容在邮件接收端被编译成 shell 命令。这种攻击可以导致服务拒绝。

邮件炸弹起初只是网络中"流行"的一种恶作剧，然而这种攻击手段不仅会干扰用户电子邮件系统的正常使用，甚至还能影响到邮件系统所在服务器系统的安全，造成整个网络系统全部瘫痪，所以邮件炸弹具有很大的危害。

邮件炸弹攻击可以说是最简单的拒绝服务攻击。现在网上的邮件炸弹程序很多，其安全性各异，但绝大多数都能保证隐藏攻击者。事实上各种层出不穷的邮件炸弹工具正是使得这种攻击方式广泛流传的根源。由于邮件需要空间来保存，而且邮件信息也需要系统来处理，过多的邮件会加剧网络连接负担，消耗大量的存储空间；过多的邮件投递会导致系统日志文件变得巨大，甚至溢出文件系统，这将会给许多操作系统如 UNIX、Windows 等带来危险，除了操作系统有崩溃的危险之外，由于大量垃圾邮件集中涌来将会占用大量的处理器时间与带宽，造成正常用户的访问速度急剧下降。对于个人免费邮箱来说，由于其邮箱容量有一定限制，一旦超过限定容量，系统就会拒绝服务。

在该类型攻击中，攻击者一般都需要隐藏踪迹，一是使用匿名邮件发送，由于很多SMTP 服务器发送邮件不需要认证，所以很容易实现匿名发送；二是需要隐藏发件者 IP 地址通常可以使用随机的邮件服务器，同一个邮件服务器不使用两次或者通过第三者转信，比

如通过新闻组。一种完全可以隐藏自身而且效果持久的方法是，给被攻击者订阅上千份网络上由邮件发送的免费杂志，这种杂志一般是定期通过电子邮件发送给订阅者，任何时候订阅者想中止订阅必须发一个电子邮件回去。

针对邮件炸弹的泛滥，解决方案是使用软件快速删除炸弹邮件，或者使用系统提供的邮件过滤系统来拒绝接收此类邮件，但总的来说，目前对于邮件炸弹还没有什么十分有效的解决手段，主要还是预防为主，不随便对外暴露自己的邮件地址。

2．拒绝服务攻击概述

拒绝服务（Denial of Service）简称DoS，是指大批量非法用户请求导致计算机硬件、软件或者两者同时失去工作能力，使得当前的系统不可访问，并因此拒绝合法用户的服务请求，最终合法系统用户不能及时获取服务或资源。这是一种简单的破坏性攻击，其原理是利用TCP/IP中的某些弱点或系统存在的某些漏洞，发起大规模攻击，使目标主机瘫痪。

拒绝服务的显著特征是攻击者企图阻止合法用户访问可用资源。黑客的攻击方式通常为传送很多需要确认的信息给服务器，并且设定虚假地址，要求服务器回复信息给虚假地址。当服务器试图响应时，却找不到用户，而不得不等待一段时间后再切断连接，在服务器切断连接时，黑客又用不同的虚假地址传送一批要求确认的信息。这样循环往复，最终导致服务器崩溃，拒绝所有的服务请求。邮件炸弹可能会导致邮件服务器拒绝服务。

目前更恶劣的是DDoS（Distributed Denial of Service，分布式拒绝服务），攻击者在客户端通过非法入侵，控制了大量系统主机作为攻击源，使它们同时向攻击目标发起拒绝服务攻击。分布式拒绝服务攻击指借助于客户机/服务器技术，将多个计算机联合起来作为攻击平台，对一个或多个目标发动DoS攻击，从而成倍地提高拒绝服务攻击的威力。通常攻击者使用一个偷窃账号将DDoS主控程序安装在一个计算机上，在一个设定的时间主控程序将与大量代理程序通信，代理程序已经提前安装在Internet上的许多计算机上。代理程序收到指令时后就发动攻击。利用客户机/服务器技术，主控程序能在几秒内激活成百上千个代理程序运行。

3．拒绝服务攻击的症状

当网络中出现以下现象时，很有可能是遭到了拒绝服务攻击：

1）被攻击主机上有大量等待的TCP连接。

2）网络中充斥着大量的无用的数据包，源地址为假。

3）网络上有高流量的无用数据，造成网络拥塞，使受害主机无法正常和外界通信。

4）利用受害主机提供的服务或传输协议上的缺陷，以较高速度反复地发出特定服务请求，使受害主机无法及时处理所有正常请求。

5）严重时会造成系统死机。

当对一个Web站点执行DDoS攻击时，该站点的一个或多个Web服务会接到非常多的请求，最终它无法再正常使用。在DDoS攻击期间，不知情的用户发出了正常的页面请求，这个请求会完全失败，或者是页面下载速度变得极其缓慢，看起来就是站点无法使用。典型的DDoS攻击利用许多计算机同时对目标站点发出成千上万个请求。为了避免被追踪，攻击者会入侵网络上无保护的计算机内，在其中藏匿DDoS程序，将它们作为同谋和跳板。

最后联合起来发动匿名攻击。

9.5 防火墙技术

防火墙技术是一种用于保护网络不受来自其他网络攻击的安全技术。防火墙一般部署在内部网与外部网之间，它通过监测、限制、修改跨越防火墙的数据流，尽可能地对外部屏蔽内部网络的结构、信息和运行情况，拒绝未经授权的非法用户访问或存取内部网络中的敏感数据，保护其不被偷窃或破坏，同时允许合法用户不受妨碍地访问网络资源。

9.5.1 防火墙概述

防火墙是一个或一组系统，能够增强机构内部的网络安全性。该系统可以用于设定允许被外界访问的内部服务，设定外部对内部的访问权限，以及设定允许被内部人员访问的外部服务等。所有来往于 Internet 的信息都必须经过防火墙的检查。防火墙只允许安全的数据通过，并且防火墙本身具有相当程度的安全性，能够抵抗攻击渗透。

1. 防火墙的定义

防火墙是用于设置在内部与外部网络之间或网络不同安全区域之间的一道防御系统。通常情况下，防火墙的部署位置如图 9-13 所示，图 9-14 是思科的一款防火墙 ASA5520。

从逻辑上来看，防火墙是分离器、限制器和分析器，有效地将内部网络和外部网络之间的活动进行隔离，保证内部网络安全；从物理角度来看，防火墙的物理实现方式不尽相同。防火墙通常是一组硬件设备与软件的结合体。该内部网络流入流出的所有网络通信和数据包均要经过此防火墙。

另外，除了安装在两个网络之间的防火墙，还有一种安装在主机上的"个人防火墙"。它属于防火墙软件类别，通过用户设定规则来管理主机与网络间的数据传输。

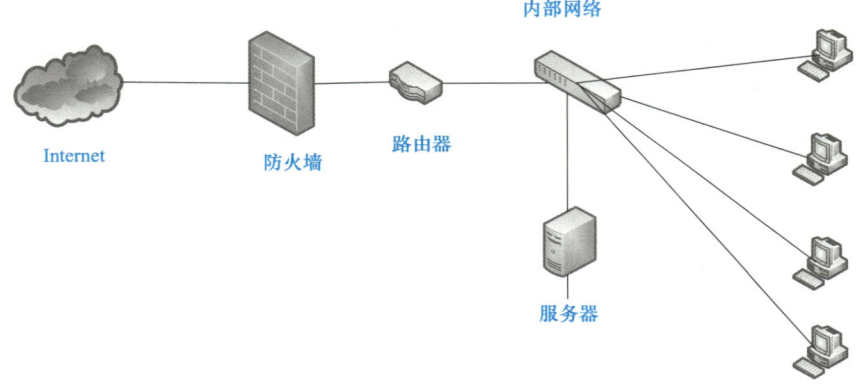

图 9-13 防火墙部署位置示意图

图 9-14 思科的一款防火墙 ASA5520

2. 防火墙的功能

（1）保护网络安全

防火墙最基本的功能就是控制在计算机网络中不同信任程度的区域间所传送的数据流。例如互联网是不可信任的区域，而内部网络是高度信任的区域，防火墙通过在信任区域和不信任区域之间，控制数据的进出，从而提高网络安全性能。

（2）强化网络安全策略

通过以防火墙为中心的安全策略的配置，能将所有安全策略配置在防火墙上。与将网络安全策略分散配置在多个设备上相比，防火墙的集中安全管理有助于强化网络安全策略。

（3）对网络的访问进行监控审计

根据防火墙的基本特性要求，内部网络和外部网络之间的所有网络数据流都必须经过防火墙，那么通过防火墙可以记录下所有网络数据流并生成日志，同时也能提供对网络使用情况的统计数据，起到监控和审计的作用。

（4）防止内部信息的外泄

通过防火墙对内部网络进行管理，可以实现对于内部网络重点网段的隔离，从而限制了局部网中的安全问题对全网的影响。

3. 防火墙的局限性

需要说明的是，防火墙不能防范不通过它的连接，如防火墙内部的攻击者，或者站点允许对防火墙管理的内部系统进行访问。所以防火墙只用于防止来自外部网络非法用户的恶意攻击，是一种被动的防御技术。而网络安全事件中有很大比例的攻击来自网络的内部而不是外部。

要进一步提高网络的安全性，还应该采用主动防御技术，如入侵检测系统（Intrusion Detection System，IDS），其作用是对潜在的入侵行为做出记录，并对攻击后果进行预测；还包括入侵防御系统（Intrusion-Prevention System，IPS），其功能是对那些被明确判断为攻击行为，会对网络、数据造成危害的恶意行为进行检测和防御，能够及时中断、调整或隔离一些不正常或是具有伤害性的网络攻击行为。

9.5.2 防火墙的基本类型

防火墙从结构上看，可以是专用的硬件设备（硬件防火墙），也可以是运行于某个计算机系统上的软件系统（软件防火墙），还可以集成在路由器中。从工作原理来看，防火墙可以分为：包过滤防火墙、应用级网关（代理服务器）、状态检测防火墙等几种基本类型。

1. 包过滤防火墙

包过滤防火墙通过检查数据流中每一个数据包的源地址、目的地址、所用端口号和协议状态，按网络管理员设定的过滤规则确定是否允许该数据包通过。包过滤防火墙工作在网络层。

包过滤防火墙根据过滤规则来决定是否让数据包通过。数据包过滤是通过对数据包的IP头和TCP头或UDP头的检查来实现的。在TCP/IP中存在一些标准的服务端口号，例

如 HTTP 的端口号为 80。通过屏蔽特定的端口，可以禁止特定的服务。包过滤防火墙可以阻塞内部主机和外部主机或另外一个网络之间的连接，例如，可以阻塞一些被视为是有敌意的或不可信的主机或网络连接到内部网络中。

包过滤防火墙的优点主要是速度快、成本低和易于安装，并且对用户透明。广泛应用于路由器上。但是它也有缺点，最突出的就是配置好包过滤规则比较困难，易出现漏洞。单纯的包过滤防火墙容易被黑客用"IP 欺骗攻击"等手段攻破，所谓 IP 欺骗攻击是指通过向防火墙发出含有一系列 IP 地址的信息包，一旦某个包通过了防火墙，就可用这个 IP 地址伪装成被信任的主机建立应用连接。

2．应用级网关

应用级网关又称为代理服务器，它像一堵墙一样挡在内部网络和外部网络之间，从外部只能看到该代理服务器而无法获知任何内部资源。它能够检查进出的数据包，通过网关复制传递数据，放置在受信任服务器和客户机，与不受信任的主机间直接建立连接。

应用级网关能够理解应用层上的协议，能够做复杂的访问控制、注册和审核。但每一种协议需要相应的代理软件，降低了工作效率。

这类防火墙的优点是比单一的包过滤防火墙更可靠，且可以详细记录所有访问连接的状态信息。它的缺点是执行速度慢、实现困难和缺乏透明度。而且安装代理服务器的操作系统本身易遭到攻击。

3．状态检测防火墙

状态检测防火墙能对网络通信的各层进行检测，同包过滤技术一样，能够通过检测 IP 地址、端口号以及 TCP 标记，过滤进出的数据包。它允许受信任的客户机和不受信任的主机建立直接连接，不依靠应用层的代理程序，而是依靠某种算法来识别进出的应用层数据，这些算法通过应用已知的合法数据包比较进出数据包，因此理论上说，状态检测防火墙比应用级代理在过滤数据包上更有效。

状态检测防火墙采用状态检测包过滤技术，是传统包过滤技术的功能扩展。状态检测防火墙在网络层通过"检查引擎"截获数据包并抽取出有关信息，按有关安全规定进行检查和分析，做出接纳、拒绝、身份认证、报警等反应。

这种技术提供了高度安全的解决方案，同时具有较好的适应性和扩展性。状态检测防火墙一般也包括一些代理级的服务，它们提供附加的对特定应用程序数据内容的支持。状态检测技术最适合提供对 UDP 的支持，它将所有通过防火墙的 UDP 分组均视为一个虚连接，当反向应答分组送达时，就认为一个虚拟连接已经建立。状态检测防火墙克服了包过滤防火墙和应用代理服务器的局限性，不仅检测"to"和"from"的地址，还不要求每个访问的应用都有代理。

目前，市场上多使用状态检测防火墙，因为这类防火墙对用户透明，在 OSI 最高层上加密数据，而无需修改客户端程序，也无需对每个在防火墙上运行的服务额外增加一个代理，且非常坚固。但是它的缺点是会降低网络的速度，且配置比较复杂。

9.5.3 防火墙产品选购策略和使用

当前市场上主流防火墙产品各具优势,例如,CheakPoint 的 GUI 界面是一大特色;Juniper NetScreen 以性能和简单易用出名;Palo Alto 采用定制硬件、特定功能处理和创新软件设计相结合的方式,提供高性能、低延迟吞吐量;Fortinet 防火墙充分发挥专用安全处理芯片(ASIC)的优势,在保证高性能的同时,以安全功能丰富、攻击和病毒识别率高著称。常见品牌的防火墙设备如图 9-15 所示。

图 9-15 几款常见品牌防火墙产品

在选购防火墙产品时,首先应考查它的安全功能和特性,然后才是其他的功能。基本原则包括以下几点:

1)明确安全和功能需求,从而决定所期望的防火墙产品的安全性、功能和性能。
2)明确预算范围和标准,以此来衡量防火墙的性价比。
3)在相同的基准和条件下,比较不同防火墙的各项指标和参数。
4)综合考虑安全管理人员的经验、能力和技术素质,考查防火墙产品管理和维护的手段和方式。
5)根据实际应用的需求,了解防火墙的附加功能以及日常系统的维护手段和策略。

1. 防火墙自身安全功能

防火墙的安全性是最重要的参考指标,首先,防火墙从类型上划分为包过滤、应用层网关和状态检测型等。一般认为应用层网关最安全、包过滤最不安全。关键看是否适合网络环境和安全需要。

其次,要注意防火墙系统和防火墙产品的区别。防火墙系统包括了防火墙产品、防火墙运行平台和环境、防火墙安全控制策略、防火墙审计策略及防护墙管理手段等;防火墙产品只是防火墙系统的一部分,是由厂商所提供的防火墙软硬件产品。

一般情况下,厂商所说的防火墙安全性是指产品本身的安全性,不等同于客户环境下防火墙系统的安全性;各个评测机构所说的防火墙的安全性指的是测试环境下防火墙系统的安全性,它体现了防火墙及其部署策略和安全配置的安全性,其中包含了测试安装人员的经验和技术。

最后,从安全性的实现方式看,主要有基于专用硬件和操作系统的硬件防火墙和基于商用操作系统的软件防火墙。

对于硬件防火墙，安全性只和防火墙产品及其安全策略有关。操作系统是专门为防火墙设计的，充分考虑了操作系统的安全，无需打补丁和加固。这类防火墙的安全性只与管理手段和配置策略有关系。

对于基于商用操作系统的软件防火墙，安全性包括操作系统本身的安全性、防火墙的安全性、配置和策略的合理性及管理的安全性。操作系统是通用的，有大量的与安全有关的补丁，互联网上对它的攻击方式也很多。要保证这类防火墙的安全性需要花大量的时间来巩固所运行的操作系统的安全性，对用户的要求比较高。

2．防火墙的性能指标

防火墙的性能包含以下几个方面的评价指标：

1）防火墙的并发连接数，与同时访问的用户数有关。

2）防火墙的包速率，每秒包转发速率，与包的大小有关。

3）防火墙的转发速率，每秒通信吞吐量。

4）防火墙的延时，由防火墙带来的通信延时。

防火墙性能衡量的基准是与没有防火墙时的网络情况做比较，即直接连接通信时的性能。在应用中，防火墙系统的性能和防火墙产品的性能是不一样的，客户通常需要的是防火墙系统的性能。影响防火墙系统性能的相关因素不仅有防火墙产品的性能，还有防火墙所运行的硬件环境、防火墙的安全策略以及相关附加功能等。

除此之外，还应该考虑防火墙的稳定性、可靠性、易用性、可扩展、可升级性等，在实际选择时应权衡各方面的利弊做出选择。

3．构建个人防火墙

对于广大个人用户而言，通过使用个人防火墙能有效地防止用户数据直接暴露在Internet上，保护主机和Internet的数据交换，从而保证用户安全。这种防火墙软件简单易用，使用成本低。市面上有很多免费的软件产品，如天网防火墙、瑞星个人防火墙等。

与防火墙系统不同，个人防火墙通常直接接管用户操作系统对网络的控制，使得运行在系统上的网络应用软件在访问网络的时候都必须经过防火墙，从而达到控制用户计算机和Internet之间连接的目的。

9.5.4 防火墙技术的发展

1．防火墙 DMZ 技术

DMZ（Demilitarized Zone，隔离区，也称非军事化区）是设立于非安全系统与安全系统之间的缓冲区，目的是为了解决安装防火墙后外部网络不能访问内部网络服务器的问题。该缓冲区位于企业内部网络和外部网络之间的网络区域内，其中可以放置一些需要公开的服务器设施，如企业Web服务器、FTP服务器和论坛等。另一方面，通过这样一个DMZ区域，更加有效地保护了内部网络，因为与一般的防火墙部署方案相比，采用这种网络部署方式对攻击者来说，又多了一道关卡。典型的企业防火墙DMZ区域部署如图9-16所示。

第 9 单元　计算机网络安全

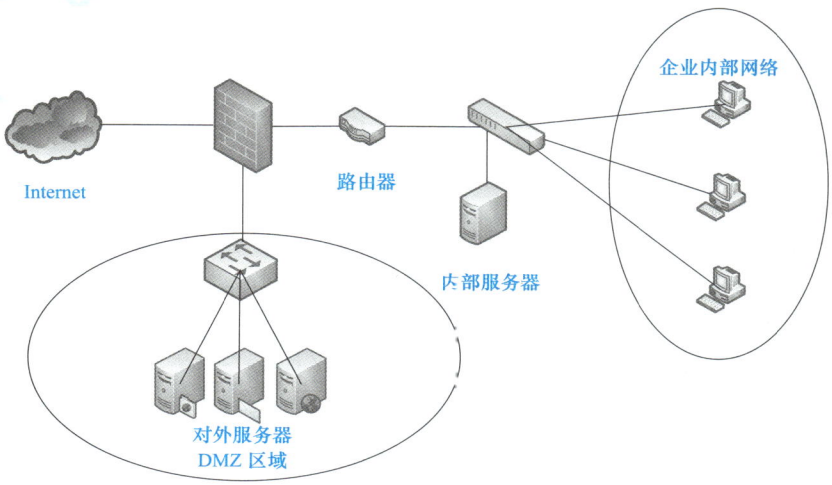

图 9-16　典型的企业防火墙 DMZ 区域部署

网络安全设备厂商利用 DMZ 技术开发了相应的防火墙解决方案，称为"非军事区结构模式"。DMZ 作为起到过滤作用的子网，在内部网络和外部网络之间构造了一个安全地带。DMZ 防火墙解决方案为需要保护的内部网络增加了一道安全防线，同时也提供了放置公共服务器的区域，从而能够有效地避免因为一些互联网应用需要公开，与内部安全策略相矛盾的情况发生。在 DMZ 区域中通常包括堡垒主机、Modem 池，以及所有的公共服务器，但是需要注意的是电子商务服务器只能用作用户连接，真正的电子商务后台数据需要放在内部网络中。

在这个防火墙方案中包括两个防火墙，外部防火墙抵挡外部网络的攻击，并管理所有外部网络对 DMZ 的访问。内部防火墙管理 DMZ 对于内部网络的访问。内部防火墙是内部网络的第三道安全防线（前面有了外部防火墙和堡垒主机），当外部防火墙失效的时候，它还可以起到保护内部网络的功能。在局域网内部，对于 Internet 的访问由内部防火墙和位于 DMZ 的堡垒主机控制。从互联网的角度来看，堡垒主机是公司局域网中唯一可以直接寻址的计算机主机。这么做是为了屏蔽其他网络，提高网络安全性。上述 DMZ 防火墙解决方案的具体部署模式如图 9-17 所示。

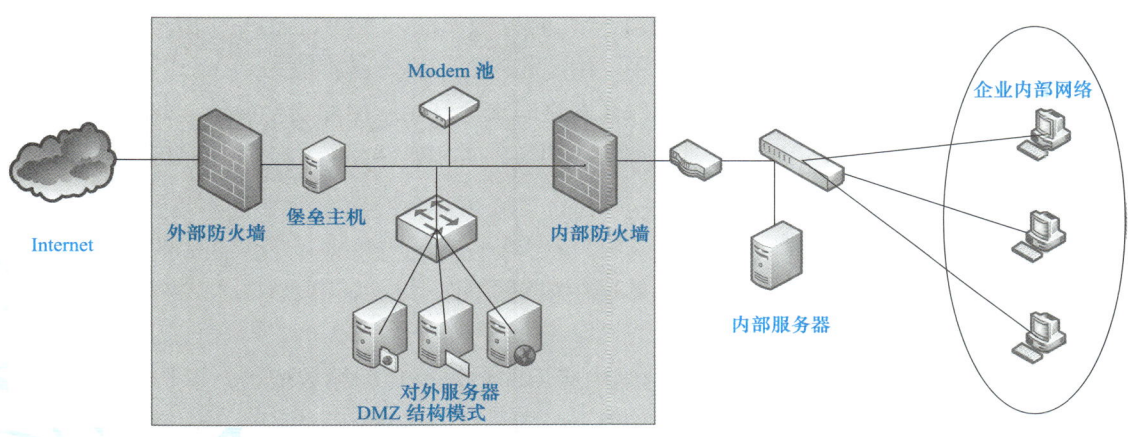

图 9-17　非军事化区域结构部署示意图

201

通过该结构设计分析，黑客必须穿越三个独立的设备（外部防火墙、内部防火墙和堡垒主机）才能够到达局域网，攻击难度大幅增加，从而加强了内部网络的安全性，同时投资成本也相应提高。

2．下一代防火墙技术

防火墙技术从最初的包过滤至今，可以说总共经过了七代。第一代防火墙技术几乎与路由器同时出现，采用了包过滤（Packet Filter）技术。1989年，贝尔实验室的Dave Presotto和Howard Trickey推出了第二代防火墙，即电路层防火墙，同时提出了第三代防火墙——应用层防火墙（代理防火墙）的初步结构。1992年，USC信息科学院的Bob Braden开发出了基于动态包过滤（Dynamic Packet Filter）技术的第四代防火墙，后来演变为目前所说的状态检测（Stateful Inspection）技术。1994年，以色列的CheckPoint公司开发出了第一个采用这种技术的商业化的产品。

1998年，NAI公司推出了一种自适应代理（Adaptive proxy）技术，并在其产品Gauntlet Firewall for NT中得以实现，给代理类型的防火墙赋予了全新的意义，可以称之为第五代防火墙。

2004年国际数据公司（IDC）提出统一威胁管理（Unified Threat Management，UTM）的概念，即将防病毒、入侵检测和防火墙安全设备划归统一威胁管理。随后UTM市场得到了快速发展，也面临了新的问题，首先是应用层信息的检测程度受到限制；其次，是性能问题，因为UTM中多个功能同时运行，设备的处理性能会严重下降。

2008年，Palo Alto公司发布了下一代防火墙，解决了多个功能同时运行所带来的性能下降问题，还支持基于用户、应用和内容进行管控。2009年权威咨询机构Gartner首次提出了"下一代防火墙"的技术名词。下一代防火墙的出现就是为了在新的网络环境下更好地满足用户对于网络安全方面的要求。阻断越权访问和恶意连接并提供可预测的功能是用户对安全网关设备的最基本要求。通过设置适当的安全策略对企业的业务流量进行最小特权和白名单模式的放行，并实时检测存在于被允许流量中的威胁，是安全网关产品部署的最佳实践。

近些年，各大安全厂商纷纷推出了下一代防火墙产品，业界普遍认为下一代防火墙是部署于两个或多个计算机网络间，以应用、用户和内容识别为基本能力，在对网络流量深度可视化的基础上，通过统一策略管理确保在网络间安全开启应用的安全设备。此外，下一代防火墙应提供多维信息关联，具有风险感知、异常分析和事件回溯功能，并能与外部智能系统联动。

3．防火墙的新技术趋势

下一代防火墙技术发展趋势将重点体现在下列方面：

（1）应用识别能力提升

在随着移动互联网的迅猛发展，网络中应用的数量呈几何级数增长，下一代防火墙要向用户提供深度可视化和精细化控制的功能，必须建立在对网络应用和应用内容全面而准确识别的基础上。因此，下一代防火墙对于网络流量的识别深度和精度将持续提升。

(2)可视化提升

随着威胁环境的变化,安全能力正在由防范为主向快速检测和响应能力的构建转实现安全启用应用,首先应"看见"应用,其次是在此基础上持续监控和感知应用的风险异常变化等,这些信息将为制定适合企业业务的安全策略提供基础的决策依据。下一代防火墙对于网络流量、应用风险和情境的可见性将直接决定其安全性和有效性。未来,下一代防火墙将持续提升其可视化能力,以满足用户要求越来越高的网络全局"能见度"的需求。

(3)智能化程度提升

安全防护正逐步从个体或单个组织的防护方式转变为安全情况驱动的信息共享和集体协作方式。下一代防火墙依靠单点的防护并不足以实现安全,所以会融合更加丰富的功能,并与外部智能系统联动,例如,沙箱或威胁情况检测、基于云计算的安全信誉机制、基于大数据的异常行为分析技术等,从而提高其对于策略执行的判断力和事件响应的智能化程度。

(4)处理性能提升

下一代防火墙需要处理的安全事务将会越来越复杂。当前下一代防火墙的最大处理性能可以适用于大型企业网、数据中心等场景。要满足大型数据中心、运营商网络环境的高性能要求,必须优化软硬件架构,并持续提高应用层处理性能和安全检测性能。

(5)云端虚拟化

随着云计算技术的逐步成熟和应用,越来越多的应用和服务由云端提供。用户可以根据需求租用或者购买云端提供的虚拟化防火墙服务,而不是购买防火墙硬件设备部署在网络边界。云端虚拟化技术不仅是防火墙发展的趋势,也是各种应用和服务发展的趋势。目前,防火墙和 WAF(Web Application Firewall,Web 应用防火墙)等设备也趋向云端虚拟化,云端虚拟化的防火墙和 WAF 可以在云环境中实现无缝迁移、弹性调配资源功能,达到为云中租户提供快速、有效的边界安全防护的目的。

9.6 子项目 8——某公司瑞星安全方案服务成功案例

1.概述

该单位信息中心实行内外网分离管理,分别部署一套瑞星杀毒软件网络版产品,已安装的客户端数量均在授权点数的百分之九十以上。单位员工约 500 人,至少每人一台计算机,大部分办公计算机是内网计算机,严禁接入互联网。需要查阅资料和处理非涉密信息时,可以使用外网计算机。

该单位信息中心有两名信息管理人员,负责公司全部的 IT 运行维护,工作压力较重,未设置专职人员负责病毒防范处理和瑞星产品的运行使用。同时,对瑞星产品的熟悉度较低。只要病毒问题没有影响到工作就等同于没有问题,对局域网内的病毒问题关注度较低。对于外网计算机,由于没有重要的信息和应用程序,经常通过系统还原处理病毒问题。

2.网络状况

该单位网络拓扑图如图 9-18 所示。

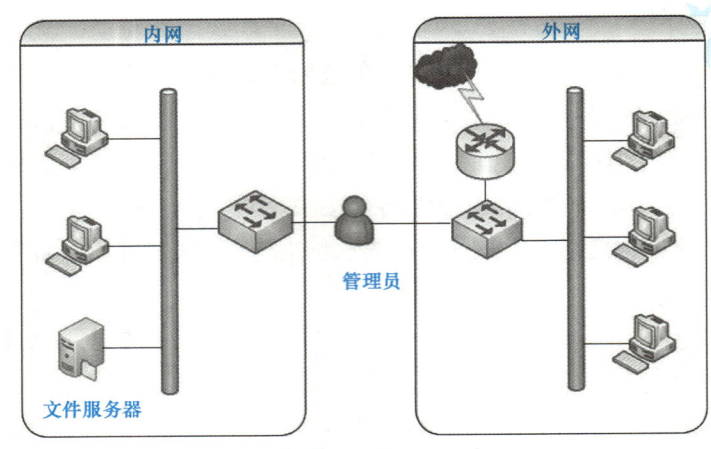

图 9-18 某单位网络拓扑示意图

外网计算机功能较为单一，也没有引起信息管理员的重视，主要存在以下现象：计算机运行缓慢、U 盘病毒泛滥、瑞星监控被人为关闭。目前采取的办法是每个月进行一次系统还原。

由于人员短缺，该单位内网计算机管理较为混乱，对于信息的交互没有严格的管理，内网中并没有安排其他的安全和审计类软件，经常出现外来 U 盘直接插入内网计算机，进行数据的输入输出操作。通过 U 盘传播病毒的途径成为该单位内部网络的主要漏洞，同时系统密码简单、共享没有密码并且存在读写权限、存在大量系统漏洞，导致病毒一旦通过 U 盘传入内部网络后，迅速在局域网内传播，出现断网、计算机运行缓慢的现象，更有泄露公司重要数据的风险，严重影响日常工作，并存在重大安全隐患。该单位最近爆发的大规模病毒问题正是通过 U 盘传播引起的。

总结：内网是该单位的重中之重，信息管理员急需瑞星产品的使用培训，并针对目前的网络状况提供一份可行的安全解决方案。

3．紧急响应

该单位内网爆发严重病毒问题，内网中的一个文件服务器染毒严重，计算机运行十分缓慢，导致内网文件办公工作处于停滞状态。据相关员工介绍，办公室内几台计算机先后插入同一个外来 U 盘后，开始出现病毒症状。具体表现如下：

1）客户端瑞星杀毒软件监控状态均为关闭状态，无法手动开启。

2）客户端瑞星杀毒软件单击杀毒没有反应。

3）安全模式被病毒破坏，无法进入安全模式，会出现蓝屏，代码为：0x00000078。

4）局域网内瑞星监控关闭的计算机大规模感染此病毒。

5）个别客户端计算机开机启动项加载完成后，软驱出现异响。

接到客户的电话，在充分了解情况后，瑞星网络安全工程师对该单位进行上门服务，挑选 5 台染毒严重且重要的客户端计算机进行手动处理。具体的处理流程如下：

1）将瑞星维护工具刻录成光盘带入内网使用。

2）进入正常模式，使用安全维护软件分析提取病毒样本。

3）使用安全维护软件修复安全模式。

4）重启计算机进入安全模式，断网后，进行全盘杀毒。

5）进入正常模式，调高监控级别，接入网络后，病毒问题未复发。

6）对染毒较严重的几台计算机，采用同样的方法进行手动处理。

在将几台染毒情况较严重的客户端计算机处理完成后，保证客户单位的文件工作基本恢复正常，将病毒样本带回公司提交给研发部，研发人员通过加急分析处理，提供了专杀工具和病毒分析文档。专杀工具提供给客户后，指导客户操作，全网内的病毒问题得到及时解决，且没有再次复发。客户对应急响应的处理速度非常满意。病毒分析的部分信息如下。

Worm.Win32.DownLoader.ns 病毒主进程分析：

1）病毒会在 system32 目录生成一个以 tmp 结尾的随机数命名的文件。

2）挂钩本进程空间的 imm32.dll 导出的 ImmLoadLayout 函数和 ntdll.dll 导出的 ZwQueryValueKey。

3）被挂钩的 ZwQueryValueKe 的处理流程是：若查询的键值是"Ime File"，则把之前生成的 tmp 文件名复制到输入缓冲区中返回给调用者，其他情况恢复原来流程执行。

4）显式调用 user32 的函数 LoadKeyboardLayoutA 来加载新的键盘布局，该函数经过 win32k 的处理后最终调用 ntdll 的 ZwQueryValueKey，所以病毒生成的 tmp 文件被返回给系统。

5）通过 FindWindow（0，"Program Manager"）；找到 explorer.exe 的窗口句柄，并调用 PostMessage 向该窗口发送 WM_INPUTLANGCHANGEREQUEST 消息。

这样 Explorer.exe 就将病毒动态库加载起来了。

4．问题分析

在上门服务过程中，通过与该单位的信息管理人员沟通了解到，客户对瑞星产品的熟悉度较低，缺乏对病毒的防范和处理能力。希望能够提供一些合理的防范建议，减少染毒后的被动局面，尽量将工作做在出现问题前。在该单位信息管理人员的带领下，查看了一些客户端存在的问题，同时仔细检查了在中心指定的防毒策略。主要发现以下问题，后期通过文档的形式给用户提供了合理的处理方法和防范意见。

1）通过瑞星系统中心控制台查看，内网部分客户端出现监控被关闭的问题，通过远程开启没有效果。客户表示，很多客户端还安装有其他类安全软件，从未设置过客户端密码。

2）通过瑞星系统中心控制台查看，内网部分客户端未升级到最新版。在控制台远程通知客户端立即升级没有反应，且有两台客户端的版本仍是 2008 版的程序。

3）内网瑞星产品未设置定时查杀策略，只依靠瑞星的实时监控进行防御。客户表示主要担心制定查杀计划对日常工作产生影响。

4）内网大部分客户端存在级别为高以上的安全漏洞。客户很少使用此功能，没有认识到系统漏洞造成的重大安全隐患。

5）内网计算机经常性通过 U 盘传播病毒。外来 U 盘在内网环境下随意使用，使用者缺乏安全措施，未对 U 盘自动播放设定禁止自动播放的安全策略。

6）外网计算机实时监控报告大量病毒，染毒文件主要为网页格式文本，染毒路径主要为系统临时文件夹。

5．解决方案

1）首先，建议客户通过瑞星系统中心控制台设置客户端密码，防止客户端人为退出实时监控，形成防御漏洞。其次，建议客户到客户端本地查看，是否安装了其他安全类软件，建议卸载其他安全类软件后，将瑞星杀毒软件网络版客户端进行修复。

2）首先，建议客户将两台版本是 2008 版程序的客户端卸载，使用瑞星网站提供的最新安装包或通过系统中心制作的安装包进行安装。其次，对于未升级到最新版的客户端，到客户端本地查看，是否与系统中心客户端列表显示版本一致。如果客户端本地已是最新版本，那么原因可能是该客户端在系统中心的注册信息未更新，该客户端下次重启后就会显示正常。如果客户端确实不是最新版，则通过手动通知客户端进行升级，根据报错进行修复或升级操作。

3）定期地进行局域网全网查杀可以及时发现病毒，防止通过局域网快速传播。建议在系统中心控制台制定查杀计划，根据工作时间可以安排在中午吃饭时间进行定时查杀，到设定的结束时间后，杀毒会自动退出，不会对工作造成影响。

4）告知客户系统漏洞的重大危害，及时修补漏洞是十分重要的工作。针对客户内外网分离的网络环境，向客户讲解漏洞工具的具体使用方法。在外网环境下，可以设置自动下载补丁和自动安装补丁。在内网环境下，可以通过下载工具批量下载补丁，然后导入系统中心计算机，再进行客户端的漏洞修复工作。

5）建议客户应该严格把控 U 盘的使用。最好设立中间机，实现 U 盘的信息过渡。同时，通过策略禁止 U 盘自动运行。方法包括：安装微软 KB971029 补丁，该补丁可以限制 U 盘的自动运行；通过计算机组策略禁止所有盘符下 autorun.inf 文件的创建；通过瑞星杀毒软件的 U 盘防护功能防止在各个盘符下创建 autorun.inf 文件等方法。

6）建议客户外网瑞星系统中心上设定客户端密码，防止用户手动退出。同时调高实时监控级别为高，加强主动防御的效果。并建议安装卡卡安装助手等安全辅助类软件，经常性扫描流氓软件和恶意插件，并保证漏洞及时更新。对 U 盘的自动运行进行限制，最好做到 U 盘插入后先杀毒。

6．意见建议

1）系统密码建议使用高强度密码，至少每三个月更改一次新密码，注意不要与旧密码重复。目前很多病毒都会尝试使用弱密码来获取系统权限，也会尝试使用本地保存的访问远程机器的账号密码去获取目标机器的管理权，定期更改密码和使用高强度密码可进一步提高局域网安全。

2）局域网共享，建议只保留只读共享，对于共享的写入权限，针对不同用户设定不同权限和密码。

3）漏洞修复，不论是外网还是内网，都要保证漏洞补丁的及时安装。对于外网客户端，可以开启系统本身的自动更新。对于内网用户，在系统中心将漏洞下载地址批量导出，使用下载工具进行下载，下载后，批量导入系统中心，再完成客户端的漏洞补丁安装工作。

4）U盘病毒防范，不论外网还是内网，限制U盘的自动运行，U盘插入客户端计算机后，先进行杀毒。打开U盘可以通过更稳妥的方法：执行"开始"→"运行"命令，输入"*:"（*为U盘盘符）。尽量减少右击、双击、资源管理器等打开方式。

5）关注日志，瑞星杀毒软件网络版的日志管理工具可以实时反馈客户端的病毒信息。通过查看发现病毒的方式、染毒路径、染毒名称等，对病毒进行有效的防范。针对染毒路径为系统还原路径的病毒，需要关闭系统还原后进行全盘杀毒；针对处理结果为删除失败的病毒，需要进入安全模式进行全盘杀毒，如果仍不能删除，则需及时将文件提交给瑞星网络安全工程师分析处理。针对反复出现的病毒信息，需断网杀毒判断是通过网络传播，还是在本地难以彻底清除，并联系瑞星网络安全工程师进行分析处理。

6）加强使用计算机的安全意识。可以通过以下方式降低感染病毒的概率：浏览可信度高的网站；下载官方软件使用；安装辅助类安全软件，防范流氓软件和恶意插件；开启系统本身的自动更新功能。插入U盘后，首先进行杀毒；设置文件夹选项，确认显示隐藏文件和文件扩展名，方便查看异常文件。

7）订购巡检服务：每月由瑞星公司的企业服务工程师上门对网络和病毒方面的问题进行及时分析和处理，并可由企业服务部分析得出的巡检报告对局域网的下一步方案实施提供依据，消除隐患。

单元小结

随着移动互联网的迅猛发展以及云计算和大数据技术的日益普及，网络信息的保密问题和计算机系统的安全问题也日益凸显，网络威胁的攻击和破坏事件层出不穷。本单元从网络安全的发展现状说起，介绍了数据安全技术、病毒的原理和检测技术、黑客攻防技术以及防火墙技术等。最后从实际工程案例角度，介绍了瑞星杀毒软件网络版的实施案例。

本单元重点要掌握的知识：

（1）网络安全的概念和网络中面临的威胁

（2）数据安全：数据的加密、压缩和备份

（3）计算机病毒的概念和病毒查杀技术

（4）黑客攻击的方式

（5）防火墙的概念和分类

本单元重点掌握的技能：

（1）使用杀毒软件对计算机病毒进行查杀，并保护计算机运行环境无毒

（2）使用防火墙软件防止计算机遭到攻击

计算机网络基础

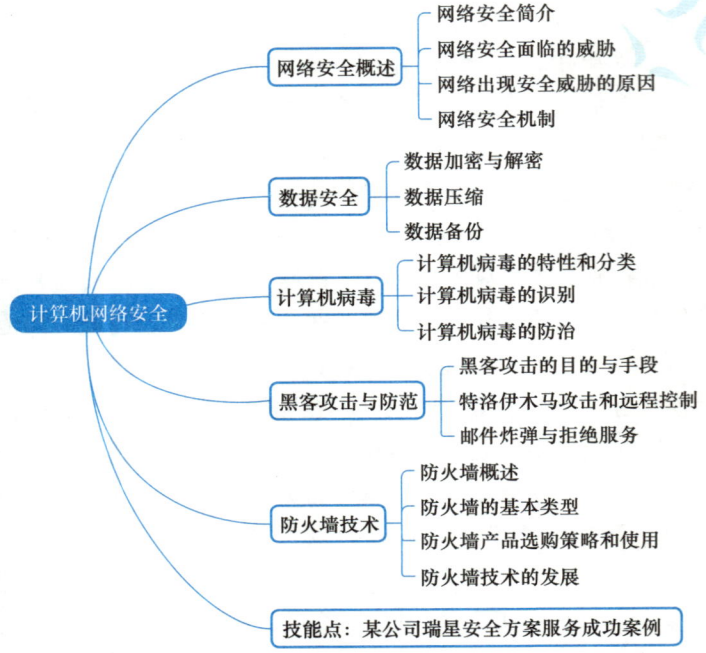

思考与练习

1. 访问 CNNIC 官方网站或查询其他资料，以《当前我国网络安全的现状与发展趋势》为题，写一篇小报告。
2. 黑客攻击的基本手段有哪些？
3. 针对你感兴趣的某一种网络攻击方式，就该攻击方式的原理、目的、手段和具体攻击方式等方面写一篇小报告，题目自拟。
4. 什么是防火墙，它有哪几种类型？
5. 简述密码学中的两种不同加密技术的区别。

参 考 文 献

[1] 谢希仁. 计算机网络 [M]. 7版. 北京：电子工业出版社，2017.
[2] 吴功宜，吴英. 计算机网络 [M]. 5版. 北京：清华大学出版社，2021.
[3] 多伊尔. TCP/IP 路由技术：第一卷 [M]. 2版. 葛建立，吴剑章，译. 北京：人民邮电出版社，2007.
[4] 多伊尔. TCP/IP 路由技术：第二卷 [M]. 2版. 夏俊杰，译. 北京：人民邮电出版社，2009.
[5] 王卫亚，孙大跃，李晓莉，等. 计算机网络：原理、应用和实现 [M]. 北京：清华大学出版社，2007.